人力资源和社会保障部规划教材

AutoCAD建筑设计与绘图

(第三版)

主　编　张　燕　阚玉萍
副主编　蓝　茜　陶玉鹏
　　　　周　欣　吴　荣
主　审　张　军

南京大学出版社

图书在版编目(CIP)数据

AutoCAD建筑设计与绘图 / 张燕, 阚玉萍主编.
3版. — 南京：南京大学出版社，2025.8. — ISBN
978-7-305-29348-1

Ⅰ. TU204

中国国家版本馆CIP数据核字第2025P0Q530号

出版发行　南京大学出版社
社　　址　南京市汉口路22号　　　邮编　210093
书　　名　**AutoCAD建筑设计与绘图**
　　　　　AutoCAD JIANZHU SHEJI YU HUITU
主　　编　张　燕　阚玉萍
责任编辑　朱彦霖　　　　　　　　　编辑热线　025-83597482
照　　排　南京开卷文化传媒有限公司
印　　刷　盐城市华光印刷厂
开　　本　787 mm×1092 mm　1/16　印张 16.75　字数 429千
版　　次　2015年9月第1版　2021年6月第2版
　　　　　2025年8月第3版　2025年8月第1次印刷
ISBN　978-7-305-29348-1
定　　价　49.80元

网　　址：http://www.njupco.com
官方微博：http://weibo.com/njupco
官方微信号：NJUYUNSHU
销售咨询热线：(025)83594756

* 版权所有，侵权必究
* 凡购买南大版图书，如有印装质量问题，请与所购
　图书销售部门联系调换

第三版前言 Foreword

在建筑业数字化转型与智能建造技术蓬勃发展的时代背景下,计算机辅助设计技术已成为建筑行业的核心竞争力之一。作为建筑类专业必修的专业基础课程,《AutoCAD建筑设计与绘图》肩负着传承工程制图精髓与培育数字化设计能力的双重使命。本教材立足新时代职业教育发展要求,紧密对接建筑产业转型升级需求,以培养"精技术、懂规范、善创新"的复合型技术人才为目标,构建了理论与实践深度融合的教学体系,力求为建筑类专业的数字化人才培养提供优质教学资源。

本书为人社部"十四五"规划教材,全书编写注重教学实践性和学生主体性,以具体图形的绘制为载体,真实体现职业情景,依照职业工作过程展开教学。本书既可作为高等职业院校、中等职业院校及技工院校建筑类相关专业教材,也可作为相关技术人员培训学习参考用书。本教材以党的二十大精神为指引,深入贯彻"深化产教融合、校企合作"的教育方针,将课程思政与专业教育有机融合。在编写过程中,我们始终秉持"职业能力导向、产教深度融合"的核心理念,系统构建了"基础-应用-拓展"三级能力培养体系。通过系统化的知识架构和渐进式的技能训练,着力培养学生三大核心能力:一是扎实的软件操作能力,二是规范的工程制图能力,三是创新的数字化设计能力。教材内容覆盖从二维制图到三维建模,充分体现职业教育"岗课赛证"融通培养的改革方向。

教材内容编排凸显四大特色:其一,采用模块化项目设计,将行业标准与教学规律有机结合。全书设置9个循序渐进的技能模块,模块1—2着重软件基础操作与简单图形绘制,通过大量基础训练夯实命令应用能力;模块3—8对接真实工程项目,融入最新《房屋建筑制图统一标准》(GB/T 50001-2017),系统训练建筑平、立、剖面图及结构图的规范绘制,拓展三维建模技术,培养空间思维与可视化表达能力;模块9介绍天正建筑软件与PKPM结构软件,这种"基础夯实-专项突破-综合应用"的阶梯式结构,既符合认知规律,又紧贴职业成长路径。

其二,创新案例驱动教学模式,实现"教、学、做"一体化。每个模块精选典型工程案例,按照"任务分析-命令学习-图纸绘制-成果评价"的四步教学法展开。例如在平面图绘制模块中,以某住宅楼施工图为载体,通过轴线定位、墙体绘制、门窗布置等典型任务,将CAD命令应用与制图规范有机融合。所有案例均来自扬州市建筑设计研究院等合作单位的真实项目,并配备完整的 DWG 格式图纸资源,确保教学内容与行业实践同步。

其三,深化课程思政改革,践行立德树人根本任务。在技术传授中巧妙融入思政元素:在制图规范教学中强调工匠精神培养,在绿色建筑案例中渗透可持续发展理念,在团队协作任务中培育职业责任感。特别设置"思政融入"专栏,通过大国工匠案例、优秀工程赏析等专题,激发学生的专业自豪感与社会责任感。

其四,构建立体化教学资源体系,赋能混合式教学改革。教材配套建设三大资源库:基础资源库包含电子课件、教学视频等数字化资源;拓展资源库提供项目图纸;创新资源库动态更新行业前沿技术资料。通过扫码即得的便捷方式,支持线上线下混合式教学,有效对接"1＋X"证书制度要求,助力学生实现"课证融通"。

本次修订充分吸收行业最新发展成果,主要体现以下提升:技术版本升级至 AutoCAD 2023,操作界面与功能演示全面更新;制图标准同步《房屋建筑制图统一标准》(GB/T 50001－2017)最新要求。

教材编写团队由具有丰富教学经验的一线教师与行业专家共同组成,主编张燕、阚玉萍深耕建筑设计与 CAD 教学领域十余年,副主编蓝茜、陶玉鹏、周欣等均具备"双师型"教师资质。全书编写充分体现校企协同育人特色,确保技术标准与行业接轨;所有工程案例均经过扬州市建筑设计研究院吴荣高工审核;技能训练项目对接真实岗位任务,充分体现"工学结合"的职业教育特色。

全书由张军教授主审,感谢扬州市建筑设计研究院提供实践案例支持,以及石亚勇、李永生、张雪雯等老师给予专业指导。编写过程中参考了国内外相关研究成果,在此一并致谢。限于编者水平,书中难免存在疏漏之处,恳请广大师生与行业同仁批评指正。

编　者

基础资源库
拓展资源库
创新资源库

目录
Contents

模块一　关于 AutoCAD ·· 001
　任务 1.1　AutoCAD 简介 ··· 001
　任务 1.2　AutoCAD 基础知识 ··· 003

模块二　简单图形的绘制 ·· 020
　任务 2.1　实用案例一——绘制五角星 ··· 021
　任务 2.2　实用案例二——绘制卫浴用品 ··· 024
　任务 2.3　实用案例三——绘制浴缸 ··· 030
　任务 2.4　实用案例四——绘制手轮 ··· 032
　任务 2.5　实用案例五——图纸的幅面、标题栏的绘制 ······················· 036

模块三　平面图的绘制 ·· 038
　任务 3.1　绘图环境的设置 ··· 039
　任务 3.2　绘制轴网 ·· 045
　任务 3.3　绘制柱子 ·· 049
　任务 3.4　绘制墙体 ·· 053
　任务 3.5　绘制门窗 ·· 062
　任务 3.6　绘制楼梯 ·· 067
　任务 3.7　绘制建筑细部构件 ··· 075
　任务 3.8　文字标注 ·· 080
　任务 3.9　尺寸标注 ·· 083

模块四　立面图的绘制 ·· 092
　任务 4.1　绘制立面框架轮廓 ··· 092
　任务 4.2　绘制立面窗构造 ··· 096
　任务 4.3　绘制立面门构造 ··· 103
　任务 4.4　绘制立面细部构造 ··· 105

任务 4.5　修整立面图 ·· 108

模块五　剖面图的绘制 ··· 111
任务 5.1　创建施工图样板文件 ·· 112
任务 5.2　绘制剖面框架轮廓 ·· 116
任务 5.3　绘制剖面构件 ·· 120
任务 5.4　修整剖面图 ·· 132

模块六　共享设计资源以及图形打印输出 ··· 134
任务 6.1　共享设计资源 ·· 134
任务 6.2　多文档界面 ·· 143
任务 6.3　AutoCAD 标准文件 ··· 144
任务 6.4　帮助系统 ·· 147
任务 6.5　打印输出图形 ·· 150

模块七　三维实体模型的绘制 ·· 172
任务 7.1　简单图形的绘制 ·· 173
任务 7.2　三维实体模型的绘制 ·· 181

模块八　结构施工图的绘制 ·· 186
任务 8.1　基础施工图 ·· 186
任务 8.2　框架柱施工图绘制 ·· 191
任务 8.3　框架梁施工图绘制 ·· 193
任务 8.4　现浇板施工图绘制 ·· 197

模块九　天正建筑软件和 PKPM 结构软件简介 ·· 199
任务 9.1　天正建筑软件简介 ·· 199
任务 9.2　PKPM 结构软件 ··· 215

附录一　Auto CAD 快捷键大全 ·· 237
附录二　配套图纸 ··· 239

模块一 关于 AutoCAD

思政融入

通过 AutoCAD 基础知识的学习,让学生了解 AutoCAD 绘图有时要求精确到毫米甚至更小单位,以此强调细节的重要性,引导学生养成严谨、细致的工作态度,培养精益求精的工匠精神。

大国工匠

思维导图

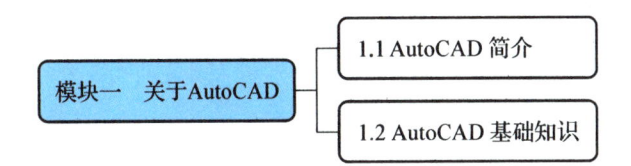

模块一 关于 AutoCAD
- 1.1 AutoCAD 简介
- 1.2 AutoCAD 基础知识

学习目标

◇ 熟悉 AutoCAD 的发展状况以及功能;
◇ 熟悉 AutoCAD 的操作界面,掌握 AutoCAD 图形文件的管理与操作;
◇ 掌握 AutoCAD 命令的输入以及操作过程中的基本辅助工具;
◇ 掌握 AutoCAD 的基本设置。

任务 1.1 AutoCAD 简介

1.1.1 AutoCAD 的发展状况

AutoCAD(Auto Computer Aided Design)计算机辅助设计,简称 CAD。即是利用计算机及其图形设备帮助设计人员进行设计工作。它是美国 Autodesk(欧特克)公司首次于 1982 年推出的一个通用的计算机辅助绘图与设计软件包,用于二维绘图、详细绘制、设计文档和基本三维设计。自 1982 年 12 月的 AutoCAD V1.0 版本起,AutoCAD 一共经历了数十次的版本升级,现已经成为国际上广为流行的绘图工具,广泛应用于建筑、机械、水利、服装、电子、气象、航天和军事等诸多工程领域,以及广告设计、美术制作等专业设计领域。

　　AutoCAD 能在 Windows 平台下更方便、更快捷地进行绘图和设计工作,具有良好的用户界面,通过交互菜单或命令行方式便可以进行各种操作,因此,彻底改变了传统的手工绘图模式,工程设计人员从繁重的手工绘图中解放了出来,从而极大地提高了设计效率和工作质量。AutoCAD 的多文档设计环境,让非计算机专业人员也能很快地学会使用,并且能在不断实践的过程中更好地掌握它的各种应用和开发技巧,从而不断提高工作效率。

　　在不同的行业中,Autodesk 开发了行业专用的版本和插件,在机械设计与制造行业中发行了 AutoCAD Mechanical 版本;在电子电路设计行业中发行了 AutoCAD Electrical 版本;在勘测、土方工程与道路设计发行了 Autodesk Civil 3D 版本;而学校里教学、培训中所用的一般都是 AutoCAD Simplified 版本。本教材是以 AutoCAD 2023 版本讲解建筑绘图的教程。

▶ 1.1.2　AutoCAD 的主要功能

AutoCAD 软件主要功能有以下几个方面

(1) 可以绘制二维图形和三维实体图形。

(2) 具有强大的图形编辑功能,能方便地进行图形的修改、编辑操作。

(3) 强大的尺寸整体标注和半自动标注功能。

(4) 开放的二次开发功能,提供多种开发工具进行二次开发。用户可以根据需要来自定义各种菜单及与图形有关的一些属性。AutoCAD 提供了一种内部的 Visual Lisp 编辑开发环境,用户可以使用 Lisp 语言定义新命令,开发新的应用和解决方案。

(5) 提供多种接口文件,如 DWF 数据信息交换方式,支持多种硬件设备和操作平台。

(6) 具有通用性、易用性,适用于各类用户,此外,从 AutoCAD 2000 开始,该系统又增添了许多强大的功能,如 AutoCAD 设计中心(ADC)、多文档设计环境(MDE)、Internet 驱动、新的对象捕捉功能、增强的标注功能以及局部打开和局部加载的功能。

▶ 1.1.3　AutoCAD 对计算机系统的要求

安装 AutoCAD 2023 所需的硬件配置

(1) 处理器:2.5—2.9 GHz 处理器(基础版)以上,不支持 ARM 处理器,建议配置为 3+GHz 的处理器(基础版),4+GHz(Turbo 版)。

(2) 内存:至少配置 8GB 内存,条件许可,应配置 16GB 容量。

(3) 硬盘:典型安装需要有 10GB 或更大的可用空间。

(4) 显示器:一个支持 Windows 的 1920×1080(真彩色)的显示器。

(5) 定点设备:与微软鼠标兼容。

安装 AutoCAD 2023 所需的软件要求

(1) AutoCAD 2023 使用的操作系统可以是 64 位的 Microsoft Windows 11/10 版本或更高版本。

模块一 | 关于 AutoCAD

任务 1.2　AutoCAD 基础知识

1.2.1　AutoCAD 中文界面

当正确安装了 AutoCAD 2023 之后，系统就会自动在 Windows 桌面上生成一个快捷图标，双击该图标即可启动 AutoCAD 2023。如图 1-1 所示为中文版 AutoCAD 2023 的工作界面。在 AutoCAD 2023 中，默认有"草图注释"、"三维基础"、"三维建模"等工作空间。初次打开 AutoCAD 2023，需要设置初始工作空间，自 AutoCAD 2015 版本开始，AutoCAD 默认取消了从 AutoCAD R14.0 以来一直延续的"AutoCAD"经典工作界面。为了方便使用不同版本软件的用户学习，我们先来学习如何将 AutoCAD 2023 的用户界面调整为经典工作空间。

图 1-1　中文版 AutoCAD 2023 工作界面

单击窗口左上角的下拉箭头，打开【自定义快速访问工具栏】，单击【显示菜单栏】，如图 1-2 所示。

003

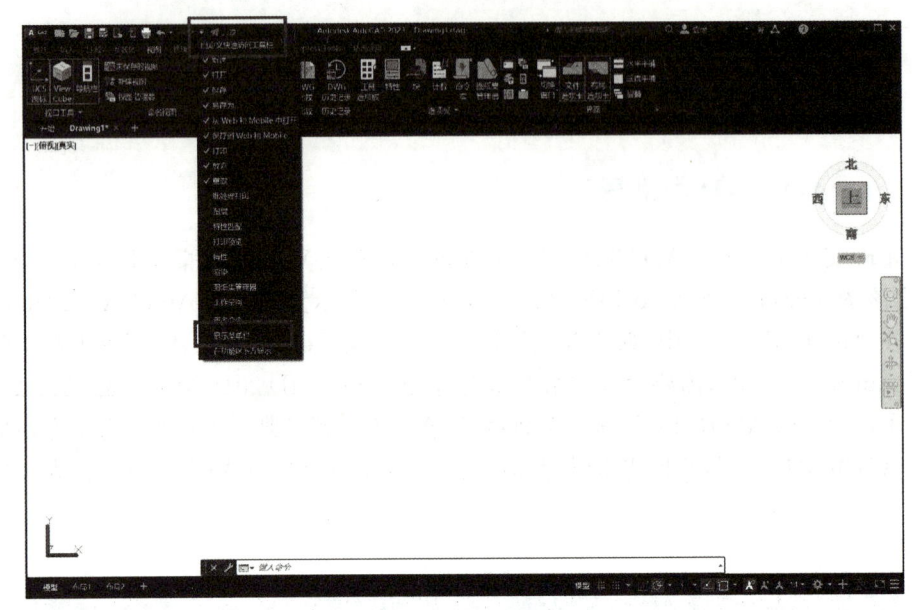

图 1-2　显示菜单栏

单击【工具】→【选项板】→【功能区】,如图 1-3 所示,关闭功能区,完成后的图形,如图 1-4所示。

图 1-3　工具→选项板→功能区

图 1-4 关闭功能区

单击【工具】→【工具栏】→【AutoCAD】,依次勾选【标准】、【样式】、【图层】、【绘图】、【修改】等,调出这些常用的工具栏,如图 1-5 所示。

图 1-5 调出工具栏

单击右下角的齿轮状图标,选择【将当前工作空间另存为…】,弹出保存工作空间对话框,将名称输入为"Auto CAD 经典",单击【保存】,即可将当前工作空间另存为"Auto CAD 经典"的工作空间。便于以后需要经典界面时,可以直接切换,如图 1-6 所示。

图 1-6 AutoCAD 经典界面调整与保存

调整后的 AutoCAD 2023 的工作界面,它主要由快速访问工具栏、标题栏、绘图区、十字光标、命令行和状态栏等部分组成,如图 1-7 所示。

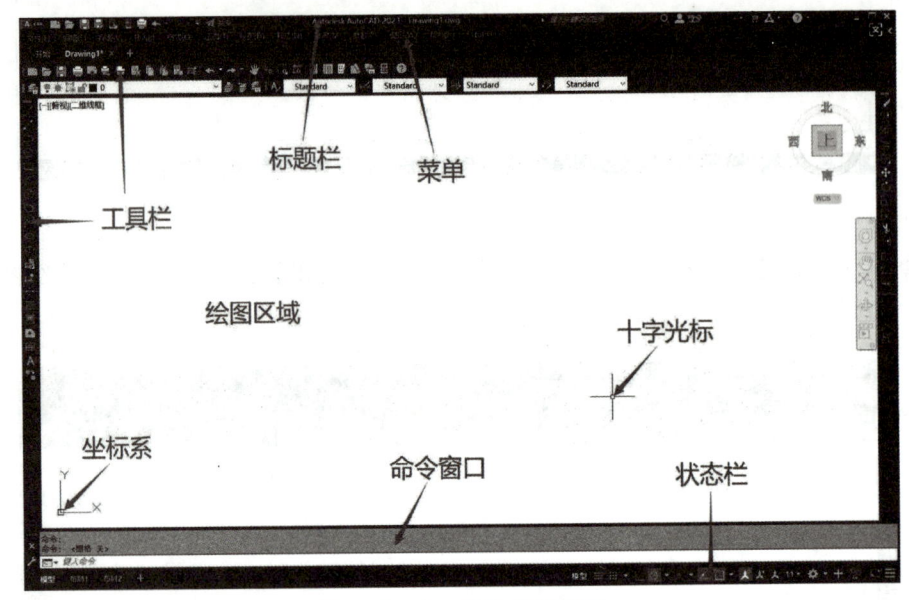

图 1-7 AutoCAD 经典界面

1.2.2 图形文件的管理与操作

1. 新建文件

在工具栏中单击【新建】按钮,或在左上角选择【文件】→【新建】命令(NEW),可以创建新图形文件,此时将打开"选择样板"对话框,如图 1-8、1-9 所示。

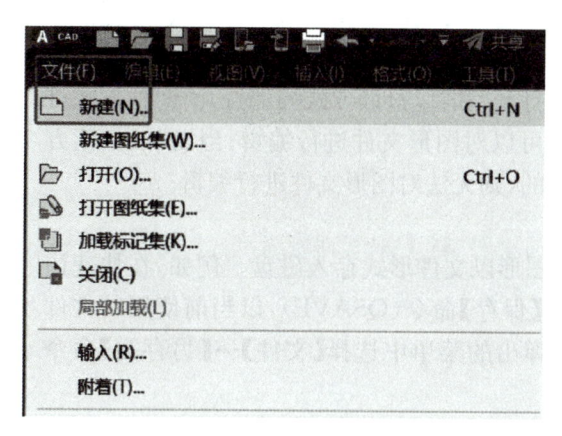

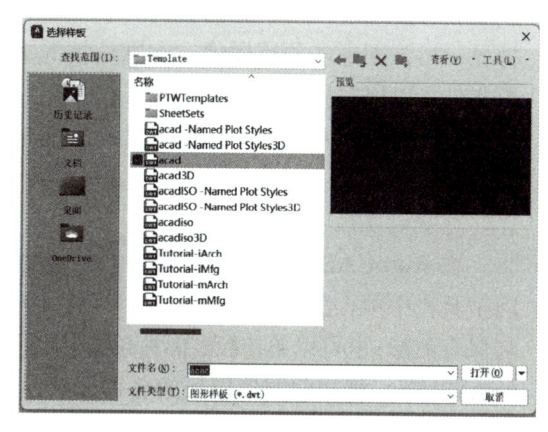

图 1-8 新建

图 1-9 选择样板对话框

在"选择样板"对话框中,可以在样板列表框中选中某一个样板文件,这时在右侧的【预览】框中将显示出该样板的预览图像,单击【打开】按钮,可以将选中的样板文件作为样板来创建新图形。样板文件中通常包含与绘图相关的一些通用设置,如图层、线型、文字样式等,使用样板创建新图形不仅提高了绘图的效率,而且还保证了图形的一致性。

2. 打开文件

在工具栏中单击【打开】按钮,或单击【菜单浏览器】按钮,在弹出的菜单中选择【文件】→【打开】命令(OPEN),可以打开已有的图形文件,此时将打开"选择文件"对话框,如图 1-10 所示。

图 1-10 选择文件对话框

在"选择文件"对话框的文件列表框中,选择需要打开的图形文件,在右侧的【预览】框中将显示出该图形的预览图像。在默认情况下,打开的图形文件的格式都为".dwg"格式。图形文件可以以"打开"、"以只读方式打开"、"局部打开"和"以只读方式局部打开"四种方式打开。当以"打开"和"局部打开"方式打开图形时,可以对图形文件进行编辑;当以"以只读方式打开"和"以只读方式局部打开"方式打开图形的,则无法对图形文件进行编辑。

3. 保存文件

在 AutoCAD 中,可以使用多种方式将所绘图形以文件形式存入磁盘。例如,在快速访问工具栏中单击【保存】按钮,或左上角【文件】→【保存】命令(QSAVE),以当前使用的文件名保存图形;也可以单击【菜单浏览器】按钮,在弹出的菜单中选择【文件】→【另存为】命令(SAVEAS),将当前图形以新的名称保存。

在第一次保存创建的图形时,系统将打开"图形另存为"对话框,如图 1-11 所示。默认情况下,文件以"AutoCAD 2018 图形(*.dwg)"格式保存,也可以在"文件类型"下拉列表框中选择其他格式。

图 1-11 图形另存为对话框

初学者经常忘记保存文件,因此有时会将绘制好的图形以及数据丢失,所以要养成经常存盘的好习惯。

4. 退出文件

图形绘制完成并且保存后,退出 AutoCAD 2023 有下面两种方法:
(1) 使用菜单命令退出,即选择菜单栏中的【文件】→【退出】命令。
(2) 使用工具栏的按钮退出,即单击窗口右上角的【关闭】按钮。

1.2.3 键盘(标准功能键)与鼠标操作(光标含义)

1. 键盘(标准功能键)

在 AutoCAD 2023 中,大部分的绘图、编辑功能都需要通过键盘输入命令、系统变量等来完成。此外,键盘还是输入文本对象、数值参数、点的坐标或进行参数选择的唯一途径。

2. 鼠标操作(光标含义)

在绘图窗口中,光标通常显示为"十字线"形式。当光标移至菜单选项、工具或对话框内时,它会变成一个箭头。无论光标是"十字线"形式还是箭头形式,当单击或按住鼠标键时,都会执行相应的命令或动作。

在 AutoCAD 中,鼠标键是按照下述规则定义的:

拾取键:通常指鼠标左键,用于指定屏幕上的点,也可以用来选择 AutoCAD 对象、工具按钮和菜单命令等。

回车键:指鼠标右键,相当于 Enter 键,用于结束当前使用的命令,点击右键时系统将根据当前绘图状态而弹出不同的快捷菜单。

弹出菜单:当使用 Shift 键和鼠标右键的组合时,系统将弹出一个快捷菜单,用于设置捕捉点的方法。

常见的鼠标含义见表 1-1 所示:

表 1-1 常见的鼠标含义

图标	含义	图标	含义
▶	正常选择	▶	视图窗口缩放
✚	正常绘图状态	🔍	视图动态缩放符
＋	输入状态	✥	任意移动
□	选择目标	☝	帮助跳转符号
⌛	等待符号	I	插入文本符号
▶⌛	应用程序启动符	▶?	帮助符号
✋	视图平移符号	╪	调整命令窗口大

1.2.4 坐标输入方法

1. 认识坐标系

在 AutoCAD 2023 中,坐标系分为世界坐标系(WCS)和用户坐标系(UCS)。在这两种坐标系下都可以通过坐标(x,y)来精确定位点。

默认情况下,在开始绘制新图形时,当前坐标系为世界坐标系(即 WCS),它包括 X 轴和 Y 轴(如果在三维空间工作,还有一个 Z 轴)。根据笛卡尔坐标系的习惯,平行 X 轴正方向向右为水平距离增加的方向,平行 Y 轴正方向向上为竖直距离增加的方向,垂直于 XY 平面,沿 Z 轴正方向从所视方向向外为 Z 轴距离增加的方向。这一套坐标轴确定了世界坐标系,简称 WCS。该坐标系的特点:它总是存在于一个设计图形之中,并且不可更改。尽管世界坐标系(WCS)是固定不变的,但可以从任意角度、任意方向来观察或旋转世界坐标系 WCS,而不用改变其他坐标系。

相对于世界坐标系 WCS,可以创建无限多的坐标系,这些坐标系通常称为用户坐标系(UCS),用户可以通过调用 UCS 命令来创建用户坐标系。AutoCAD 提供的坐标系图标,可以在同一图纸不同坐标系中保持同样的视觉效果。这种图标将通过指定 X、Y 轴的正方向来显示当前 UCS 的方位。

2. 坐标表示方法

在 AutoCAD 2023 中,点的坐标可以使用绝对直角坐标、绝对极坐标、相对直角坐标和相对极坐标这四种方法表示,它们的特点分别如下所示。

绝对直角坐标:是从点(0,0)或(0,0,0)出发的位移,可以使用分数、小数或科学记数等形式表示点的 X、Y、Z 坐标值,坐标间用逗号隔开,例如点(7.9,5.6)和(2.8,5.3,9.8)等。

绝对极坐标:是从点(0,0)或(0,0,0)出发的位移,但给定的是距离和角度,其中距离和角度用"<"分开,且规定 X 轴正向为 0°,Y 轴正向为 90°,例如点(27<60)、(34<30)等。

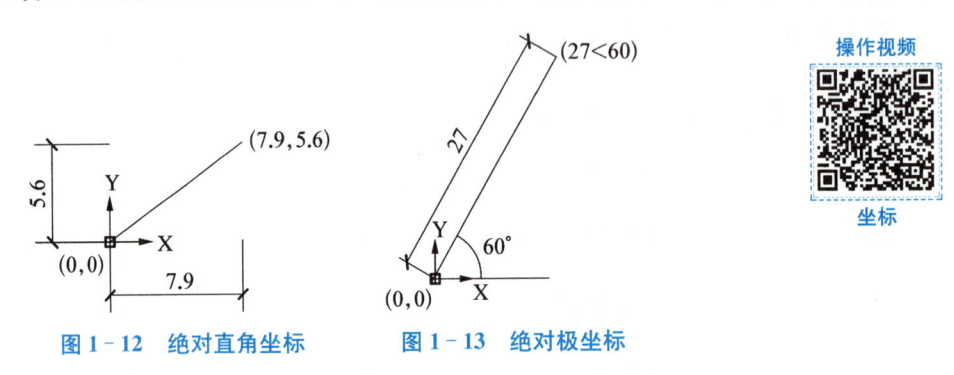

图 1-12 绝对直角坐标

图 1-13 绝对极坐标

相对直角坐标和相对极坐标:相对坐标是指相对于某一点的 X 轴和 Y 轴位移,或距离和角度。它的表示方法是在绝对坐标表达方式前加上"@"号,如(@-15,8)和(@26<30)。其中,相对极坐标中的角度是新点和上一点连线与 X 轴的夹角。

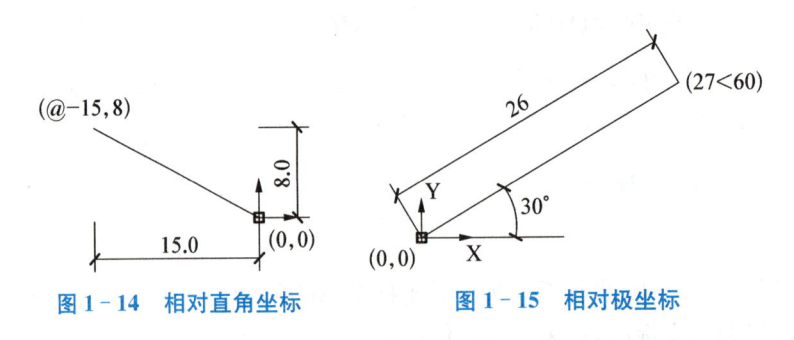

图 1-14 相对直角坐标

图 1-15 相对极坐标

3. 控制坐标的显示

在绘图窗口中移动光标的十字指针时,状态栏上将动态地显示当前指针的坐标。在 AutoCAD 2023 中,坐标显示取决于所选择的模式和程序中运行的命令,共有 3 种模式。

模式 0【关】:显示上一个拾取点的绝对坐标。此时,指针坐标将不能动态更新,只有在拾取一个新点时,显示才会更新。但是,从键盘输入一个新点坐标时,不会改变该显示方式。

模式1【绝对】:显示光标的绝对坐标,该值是动态更新的,默认情况下,显示方式是打开的。

模式2【相对】:显示一个相对极坐标。当选择该方式时,如果当前处在拾取点状态,系统将显示光标所在位置相对于上一个点的距离和角度。当离开拾取点状态时,系统将恢复到模式1。

▶ 1.2.5 命令的输入与终止

使用 AutoCAD 进行绘图操作时,必须输入相应的命令。

1. 命令的输入

AutoCAD 输入命令的途径有四种:

(1) 命令行输入:由键盘在命令行输入命令。

(2) 下拉菜单输入:通过选择下拉菜单输入选项输入命令。

(3) 工具栏输入:通过单击工具栏按钮输入命令。

(4) 鼠标右键输入:在不同的区域单击鼠标右键,会弹出相应的菜单,从菜单中选择执行命令。

(5) 透明命令的输入:在不中断某一命令执行的情况下能插入执行的另一条命令称为透明命令。输入透明命令时,应该在该命令前加一撇号"'",执行透明命令后会出现"〉〉"提示符。

2. 命令的结束

要结束命令,按键盘"Enter"键,即可结束该命令。

3. 命令的终止

在命令执行中,可以随时按键盘"Esc"键,终止执行该命令。

▶ 1.2.6 环境设置

在使用 AutoCAD 绘图前,经常需要对绘图环境的某些参数进行设置,使其更符合自己的使用习惯,从而提高绘图效率。

1. 设置图形界限

图形界限就是绘图区域,也称为图限。现实中的图纸都有一定的规格尺寸,如 A4,为了将绘制的图纸方便地打印输出,在绘图前应设置好图形界限。在 AutoCAD 2023 中,可以单击下拉菜单→【格式】→【图形界限】命令(LIMITS)来设置图形界限。

在世界坐标系下,图形界限由一对二维点确定,即左下角点和右上角点。在发出 LIMITS 命令时,命令提示行将显示如下提示信息:

指定左下角点或【开(ON)/关(OFF)】<0.0000,0.0000>:。

2. 设置图形单位

在 AutoCAD 2023 中,可以采用 1∶1 的比例因子绘图,因此,所有的直线、圆和其他对象都可以以真实大小来绘制。例如,一个构件长 2 000 mm,可以按 2 000 mm 的真实大小来绘制,在需要打

图 1-16 图形界限

印时，再将图形按图纸大小进行缩放。

在 AutoCAD 2023 中，可以单击下拉菜单→【格式】→【单位】命令（UNITS），在打开的"图形单位"对话框中设置绘图时使用的长度单位、角度单位，以及单位的显示格式和精度等参数。

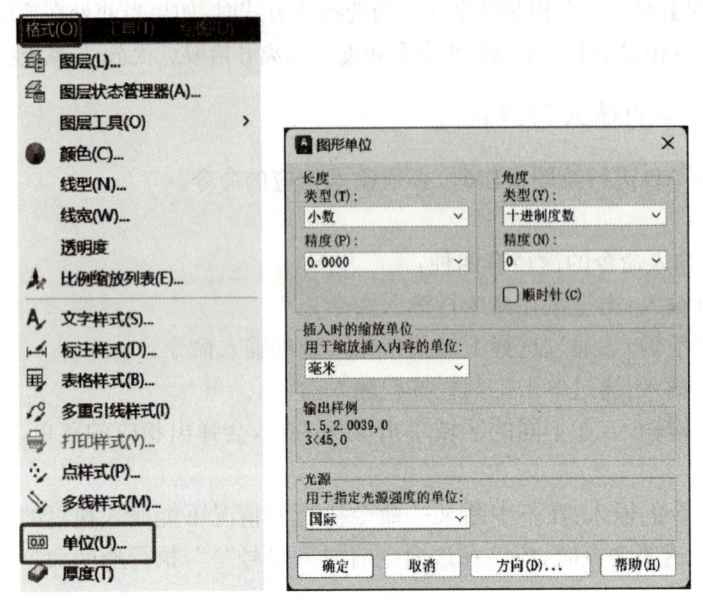

图 1-17　图形单位

3. 设置参数选项

单击下拉菜单→【工具】→【选项】按钮（OPTIONS），打开"选项"对话框。在该对话框中包含【文件】、【显示】、【打开和保存】、【打印和发布】、【系统】、【用户系统配置】、【绘图】、【三维建模】、【选择集】和【配置】等 10 个选项卡，如图 1-5 所示。

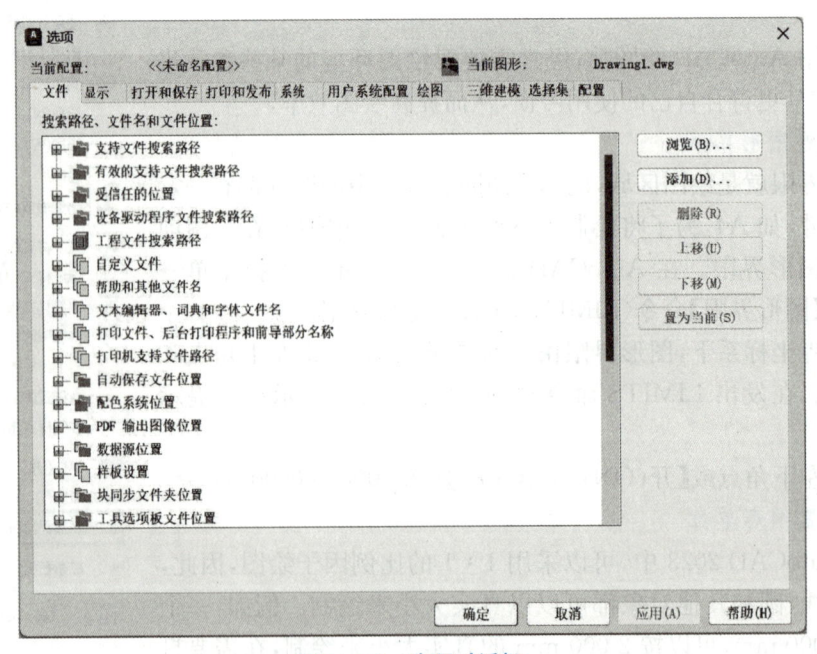

图 1-18　选项对话框

4. 设置工作空间

在 AutoCAD 中可以自定义工作空间来创建绘图环境（具体详见模块三），以便显示用户需要的工具栏、菜单和可固定的窗口，如图 1-6 所示。

图 1-19　自定义对话框

▶ 1.2.7　对象特征点的捕捉

AutoCAD 提供了强大的精确绘图的功能，其中包括对象正交和极轴、捕捉和栅格、对象捕捉、对象追踪等。

1. 正交和极轴模式

（1）正交模式

打开正交模式后，只能画水平和垂直方向的直线，也就是追踪到水平和垂直方向的角度。

调用方法：点击状态栏中的【正交】按钮或按功能键"F8"可以打开和关闭正交模式。

（2）极轴模式

打开极轴模式后，可以追踪更多的角度，可以设置增量角，所有 0°和增量角的整数倍角度都会被追踪到。

调用方法：点击状态栏中的【极轴】按钮或按功能键"F10"可以打开和关闭极轴模式。

(3) 设置增量角

方法一：点击下拉菜单→【工具】→【草图设置】，弹出"草图设置"对话框，选择"极轴追踪"标签，调整增量角，如图 1-20 所示。

方法二：把鼠标移动到状态栏"极轴"上方，点右键，选中设置，调出设置增量角对话框。

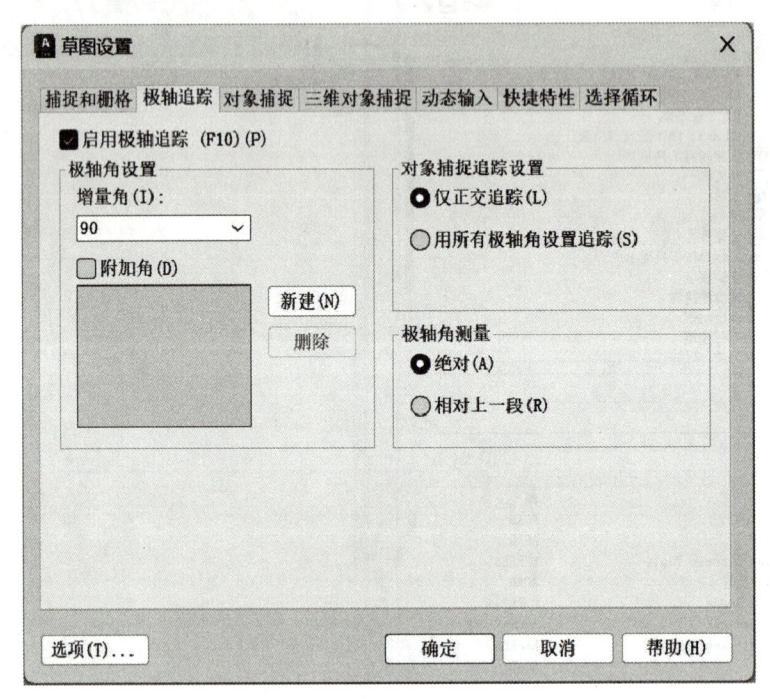

图 1-20 极轴追踪对话框

2. 栅格和栅格捕捉

栅格是显示在用户定义的图形界限内的点阵，使用栅格可以直观地参照栅格进行绘制草图。

栅格调用方法：点击状态栏上"栅格"标签或者按功能键"F7"。

栅格间距调整方法（命令 GRID）：

方法一：点击下拉菜单→【工具】→【草图设置】，弹出"草图设置"对话框，选择"栅格和捕捉"标签，如图 1-21 所示。

方法二：把鼠标移动到状态栏"栅格"上方，点右键，选中设置，调出设置栅格和捕捉对话框。

然后调整栅格 X 轴间距和栅格 Y 轴间距。

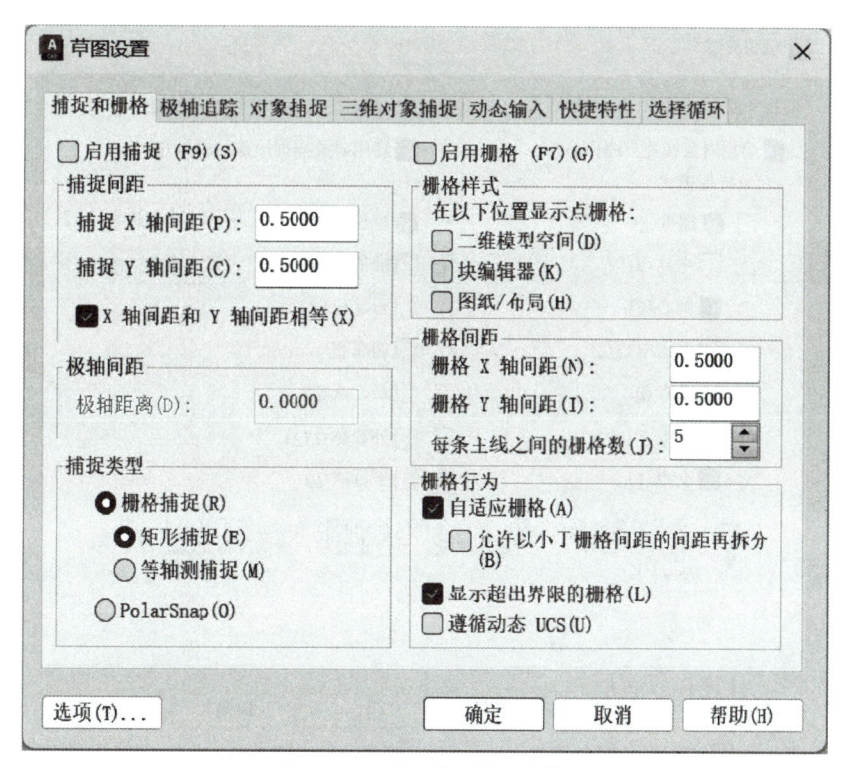

图 1-21 栅格和捕捉对话框

栅格捕捉调用方法：

点击状态栏上"捕捉"标签或者按功能键"F9"。

栅格捕捉间距调整方法（命令 SNAP）：

方法一：点击下拉菜单→【工具】→【草图设置】，弹出"草图设置"对话框，选择"栅格和捕捉"标签。

方法二：把鼠标移动到状态栏"捕捉"上方，点右键，选中设置，调出设置栅格和捕捉对话框。

然后调整捕捉 X 轴间距和捕捉 Y 轴间距。

3. 对象捕捉

在绘图过程中，常常需要在一些特定的几何点之间画图，比如过圆心、直线的中点、线段的端点和两条直线的交叉点等。我们无须了解这些点的精确坐标，通过对象捕捉可以确保绘图的精确性，如图 1-22 所示。

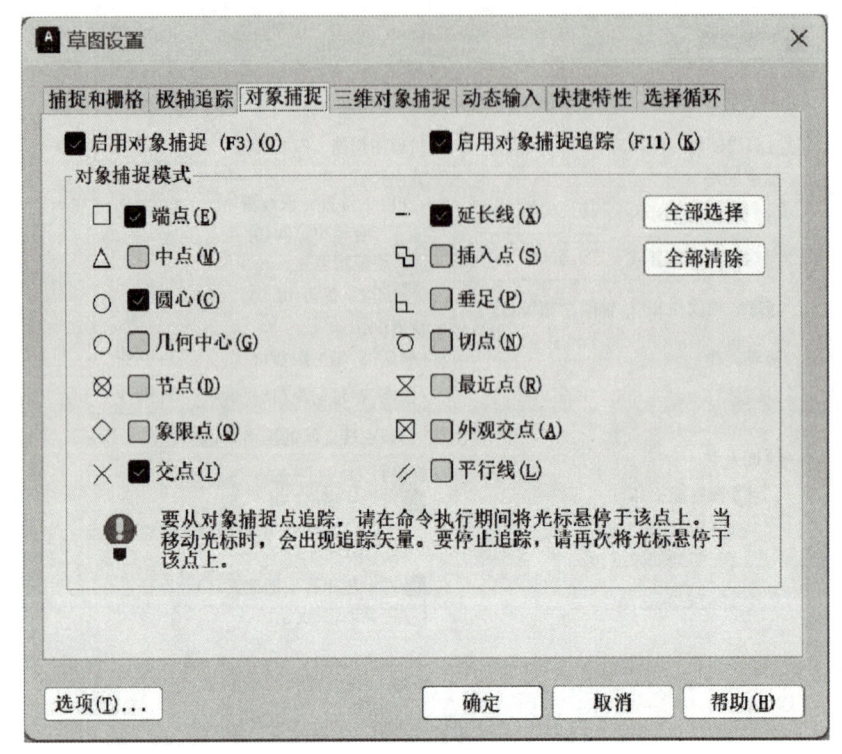

图 1‑22　对象捕捉、对象追踪对话框

对象捕捉与栅格捕捉的区别：

栅格捕捉的是栅格点，而对象捕捉的是几何要素上的特殊点。

对象捕捉分单点捕捉和自动捕捉两种模式。

(1) 单点对象捕捉

调出对象捕捉工具条：点击下拉菜单→【工具】→【工具栏】→【AutoCAD】→【对象捕捉】，如图 1‑23 所示。

图 1‑23　对象捕捉工具条

① 端点捕捉

捕捉到对象的最近端点。

捕捉按钮：　　显示标记：

② 中点捕捉

捕捉到对象的中点。

捕捉按钮：　　显示标记：

③ 交叉点捕捉

捕捉到两个对象的交点。

捕捉按钮：　　　显示标记：

④ 圆心捕捉

捕捉圆、圆弧、椭圆或椭圆弧的中心点。

捕捉按钮：　　　显示标记：

⑤ 象限点捕捉

捕捉圆、圆弧、椭圆或椭圆弧的最近象限点。

捕捉按钮：　　　显示标记：

⑥ 切点捕捉

捕捉待绘图形与圆、圆弧、椭圆的切点。

捕捉按钮：　　　显示标记：

⑦ 垂足点捕捉

捕捉所绘制的线段与其他线段的正交点。

捕捉按钮：　　　显示标记：

⑧ 最近点捕捉

捕捉对象上的距光标中心最近的点

捕捉按钮：　　　显示标记：

⑨ 平行点捕捉

捕捉到指定直线的平行线

捕捉按钮：　　　显示标记：

⑩ 对象捕捉设置

采用自动捕捉模式时，设置同时启动的对象捕捉方式。

设置按钮：

（2）自动对象捕捉

自动对象捕捉调用方法：

点击状态栏上"对象捕捉"标签或者按功能键 F11。

自动对象捕捉设置方法：

点击对象捕捉工具条按钮，弹出自动对象捕捉对话框，在对象捕捉模式前打钩，可以多选，即同时启动选中的捕捉模式。

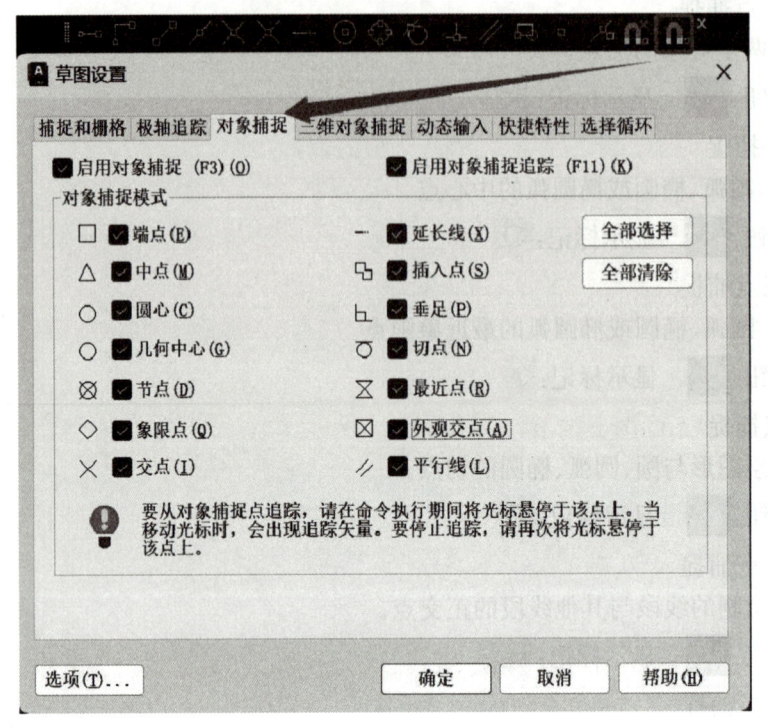

图 1‑24　自动对象捕捉

4. 对象追踪

自动对象追踪调用方法:点击状态栏上"对象捕捉"和"对象追踪",即同时打开。

表 1‑2　F1—F12 键功能

功能键	功能	功能键	功能
F1	打开 AutoCAD 帮助窗口	F7	格栅
F2	文本窗口	F8	正交
F3	二维对象捕捉	F9	捕捉
F4	三维对象捕捉	F10	极轴追踪
F5	等轴测平面循环切换	F11	对象捕捉追踪
F6	动态 UCS 开关	F12	动态输入开关

1.2.8　显示控制

在绘制图形时,常常需要对图形进行放大或平移。对图形显示的控制主要包括实时缩放、窗口缩放和平移操作等。

(1) 实时缩放

点击下拉菜单→【视图】→【缩放】→【实时】,鼠标显示为放大镜图标,按住鼠标左键往上移动图形放大显示;往下移动图形则缩小显示。

(2)窗口缩放

点击下拉菜单→【视图】→【缩放】→【窗口】,单击鼠标左键确定放大显示的第一个角点,然后拖动鼠标框取要显示在窗口中的图形,再单击鼠标左键确定对角点,即可将图形放大显示。

(3)全部缩放图形

点击下拉菜单→【视图】→【缩放】→【全部】,把所画的图形全部显示在绘图区域。

(4)平移图形

点击下拉菜单→【视图】→【平移】→【实时】,光标显示为一个小手,按住鼠标左键拖动即可实现平移图形。

(5)返回缩放

返回到前面显示的图形视图。

▷课后实践◁

1. 捕捉(栅格)与对象捕捉之间的区别是什么?
2. 命令的输入方式有几种以及透明命令的输入与应用?
3. 建立新文件,具体要求如下:

设立图形范围30×15,左下角为(0,0),右上角为(30,15),栅格距离和光标移动间距均为1,将显示范围设置得和图形范围相同。

长度单位采用十进制,精度为小数点后4位,角度单位采用十进制,精度为小数点后一位。

4. 建立新文件,具体要求如下:

设立图形范围45×30,左下角为(3,6),右上角为(48,36),栅格距离与光标移动间距为1.5,将显示范围设置得和图形范围相同。

长度单位和角度单位均采用十进制,精度为小数点后4位。

模块二 简单图形的绘制

思政融入

在讲解基本绘图命令时，鼓励学生发挥创意，设计独特的图形或方案，培养创新思维。同时，通过工程图纸中常用图例绘制的实践操作，提升学生的动手能力和解决问题的能力。

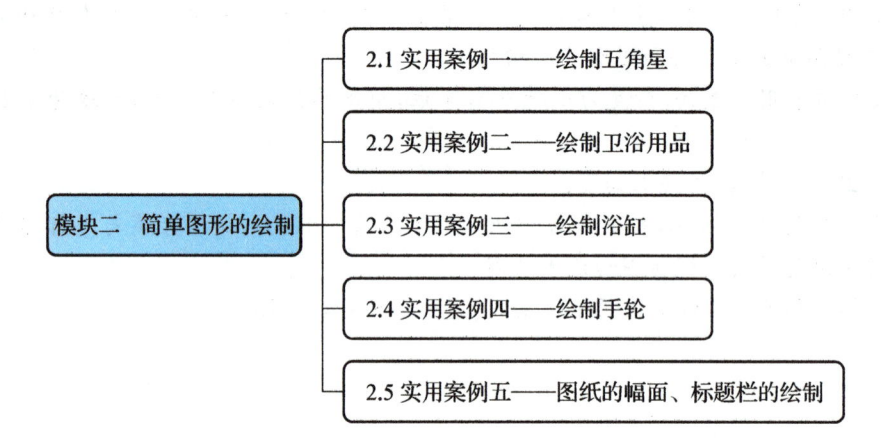

思维导图

模块二 简单图形的绘制
- 2.1 实用案例一——绘制五角星
- 2.2 实用案例二——绘制卫浴用品
- 2.3 实用案例三——绘制浴缸
- 2.4 实用案例四——绘制手轮
- 2.5 实用案例五——图纸的幅面、标题栏的绘制

学习目标

◇ 掌握直线、多线、多段线以及样条曲线等线性图形的设置方法、基本命令的功能以及操作方法；

◇ 掌握矩形、圆形、多边形、椭圆等几何图形的绘制方法；

◇ 掌握常用绘图命令的快捷键。

模块二　简单图形的绘制

▶ 任务 2.1　实用案例一——绘制五角星 ◀

绘制案例

绘制如图 2-1 所示的五角星图形,线段长度为 60 mm。

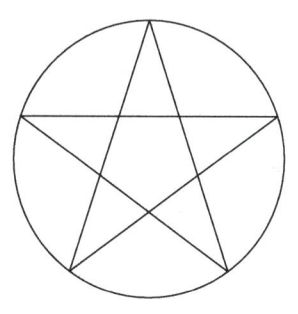

图 2-1　五角星图形

分析案例

首先通过直线命令确定五角星,然后根据五角星的任意三个角点绘制圆。

操作案例

一、绘制直线

在命令行输入"L"命令后按"Enter"键,执行绘制直线的操作,在指定第 1 点后,依次输入相对坐标"@60＜0"、"@60＜－144"、"@60＜72"、"@60＜－72"及"@60＜144"指定第 2 点、第 3 点、第 4 点、第 5 点并返回第 1 点,按"Esc"键退出,完成五角星的直线绘制。

五角星

二、绘制圆

在命令行输入"C"命令后按"Enter"键,执行绘制圆的操作;输入"3P"命令按"Enter"键,选择三点法进行圆的绘制;依次点击五角星的任意三个角点即可完成五角星外接圆的绘制。

案例总结

一、命令的使用

1. 命令的执行方式

AutoCAD 的操作过程由相应指令的命令控制。常用的执行命令方式有以下三种:

(1) 在命令行输入命令名称(英文)。即在命令行的"命令:"提示后输入命令的字符串或者是命令字符串的方式,命令字符不区分大小写。有时由首字母快捷命令直接输入即可,如直线命令,输入"L"回车即可;有时不能直接输入首字母,如复制命令 Copy,需要输入"CO"。

021

(2) 在下拉菜单栏中选择命令,在状态栏可以看到相应的命令说明,按步骤操作即可。

(3) 点击"绘图"工具条上或面板上的直线绘制按钮,执行相应命令。

在上述三种执行方式中,在命令行输入命令名是最为方便快捷的方式。因为 AutoCAD 的所有命令均有其英文命令名,但却并非所有的命令都有其子菜单项、命令快捷方式或工具栏图标。

2. 重复使用命令

如果在命令行"命令:"提示下要重复执行刚才执行过的命令,有以下三种方法:

(1) 直接按"Enter"键或空格键。

(2) 在绘图区单击鼠标右键,再在弹出的快捷菜单中选择需要重复执行的命令。

(3) 按"↑"键或"↓"键,将光标移动到需要的命令处按"Enter"键即可。

3. 退出命令

如果在命令行"命令:"提示下要退出刚才执行过的命令,有以下两种方法:

(1) 直接按"Esc"键。

(2) 在绘图区单击鼠标右键,然后在弹出的快捷菜单中选择"确认"命令。

二、直线(LINE)的绘制命令

启动直线命令后,根据命令行提示,指定直线的第 1 点、第 2 点……第 n 点,可以输入点的坐标值,也可以用光标在屏幕中拾取点。输入点的坐标可以参照坐标系输入方法。

绘图过程中,按"Enter"键退出命令;输入"C"按"Enter"键,闭合图形并退出命令;输入"U"按"Enter"键返回前一步;按"Esc"键,取消命令。

三、圆(CIRCLE)的绘制命令

AutoCAD 提供的下拉菜单如图 2-2 所示,共六种绘制圆的方式,可以根据不同已知条件选用:

(1) 圆心半径法:通过圆心和圆的半径确定一个圆。

(2) 圆心直径法:确定圆心和圆的直径确定一个圆。

(3) 两点法:通过圆的任一条直径上的两个端点确定一个圆。

(4) 三点法:通过三个不在同一直线上的点确定一个圆。

(5) 相切/相切/半径法:通过所画圆与两个指定的对象相切并给定圆的半径确定一个圆。

图 2-2 圆绘制菜单

(6) 相切/相切/相切法:通过指定与所画圆相切的三个对象确定一个圆。

四、取消命令

绘图过程中,执行错误操作是很难避免的,AutoCAD 允许使用 Undo 命令来取消这些错误操作。

只要没有执行 Quit、Save 或 End 命令结束或保存绘图,进入 AutoCAD 后的全部绘图操作都存储在缓冲区中,使用 Undo 命令可以逐步取消本次进入绘图状态后的操作,直至初始状态。这样用户可以一步一步地找出错误所在,重新进行编辑修改。启动 Undo 命令有以下三种方法:

(1) 下拉菜单→【编辑】→【放弃】。

(2) 在标准工具栏上单击"Undo"按钮。

(3) 在"命令":提示下输入"Undo"(简捷命令 U)并回车。

五、撤销与重做命令

1. 撤销
执行下列任一操作,均可取消前一次操作,即每执行一次,就可以往前返回一步:
(1) 点击标准工具条上的撤销按钮。
(2) 从键盘上输入"U"后回车。

2. 重做
重做是一个与撤销相逆的过程,撤销掉的步骤可以通过重做得到恢复。下面任一方式均可执行重做命令:
(1) 点击标准工具条上的重做按钮,注意此按钮需先有"撤销"操作后方可用。
(2) 从键盘上输入"R"后回车。

案例拓展

拓展案例 1:绘制如图 2-3、2-4 所示的任意三角形的内切圆。

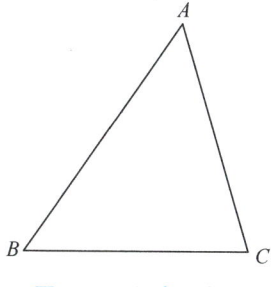

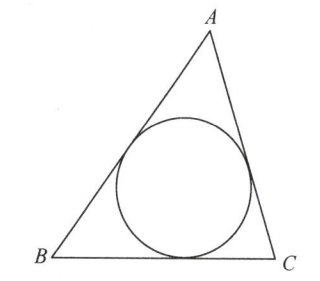

图 2-3　任意三角形　　　　图 2-4　任意三角形内切圆

在命令行输入"C"命令后按"Enter"键,执行绘制圆的操作;输入"3P"命令按"Enter"键,选择三点法进行圆的绘制;依次输入"tan"按"Enter"键,点击任意三角形三条边的相切点即可,完成任意三角形内切圆的绘制。

拓展案例 2:按要求绘制如图 2-5 所示图形。
(1) 以点 $O(130,145)$ 为圆心作一半径为 50 的圆,过点 $A(30,145)$ 分别作出切线 AB 和 AC。
(2) 作一圆同时相切于 AB 和 AC,且半径为 20。

图 2-5　案例图形

分析案例

此题难点在于确定 AB 和 AC,使其相切于大圆,操作过程中最好使用对象捕捉进行辅助绘图。

在命令行输入"PDMODE"命令后按"Enter"键,进行点的外观设置,外观数值输入"35"。
在命令行输入"PDSIZE"命令后按"Enter"键,进行点的尺寸设置,尺寸数值输入"0"。
在命令行输入"POINT"命令后按"Enter"键,执行创建点的操作,分别输入"30,145"和"130,145",指定点 A 和点 O。
在命令行输入"ZOOM"命令后按"Enter"键,执行窗口缩放的操作,输入"A",进行全图的显示。

在命令行输入"C"命令后按"Enter"键,执行绘制圆的操作;指定点 O 为圆心,并输入半径值为"50",绘制半径为 50 的圆。

在命令行输入"L"命令后按"Enter"键,执行绘制直线的操作;在选择点 A 后,输入"tan"按"Enter"键,点击与圆的相切点 B,按"Esc"键退出,绘制切线 AB。

在命令行输入"L"命令后按"Enter"键,执行绘制直线的操作;在选择点 A 后,输入"tan"按"Enter"键,点击与圆的另一个相切点 C,按"Esc"键退出,绘制切线 AC。

在命令行输入"C"命令后按"Enter"键,执行绘制圆的操作;输入"T"命令按"Enter"键,选择相切/相切/半径法进行圆的绘制;点击与直线 AB 和 AC 的相切点,并输入半径 20,绘制相切于直线 AB 和 AC 且半径为 20 的圆。

任务 2.2　实用案例二——绘制卫浴用品

绘制案例

绘制如图 2-6 所示的图形。

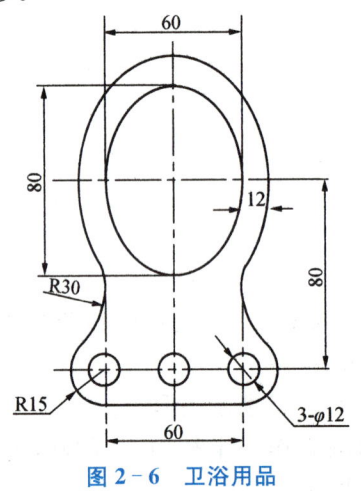

图 2-6　卫浴用品

分析案例

此图形绘制过程中的难点在于绘制半径为 30 的那段圆弧。

操作案例

在命令行输入"L"命令后按"Enter"键,执行绘制直线的操作,绘制长度为 60 的横向轴线,并以该直线中点绘制一根长度为 80 的纵向轴线。

在命令行输入"O"命令后按"Enter"键,执行偏移复制"Offset"命令;指定偏移距离为 80;选择横向轴线作为偏移的对象,向下方复制另一条横向轴线。

结果如图 2-7 所示。

在命令行输入"EL"命令后按"Enter"键,执行椭圆"ELLIPSE"的绘制命令;输入"C",以上侧横向轴线的中点作为椭圆的中心点,并指定该横向轴线的端点;指定另一条半轴长度为 40,完成竖向椭圆的绘制。

在命令行输入"C"命令后按"Enter"键,执行绘制圆的操作;指定下方横向轴线的中点为圆心,并输入半径值为"6",绘制半径为 6 的圆。

在命令行输入"CO"命令后按"Enter"键,执行复制操作;选择半径为 6 的圆为复制对象,向左右两侧各 30 复制另外两个圆。

在命令行输入"O"命令后按"Enter"键,执行偏移复制"Offset"命令;指定偏移距离为 12;选择椭圆作为偏移的对象,向外侧复制另一椭圆。

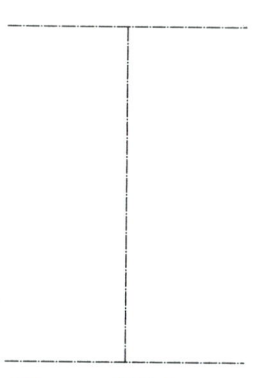

图 2-7 轴线绘制

在命令行输入"O"命令后按"Enter"键,执行偏移复制"Offset"命令;指定偏移距离为 9;选择下方左右两个小圆作为偏移的对象,向外侧复制另外两个小圆。

结果如图 2-8 所示。

半径为 30 的圆弧是通过倒圆角的命令进行绘制的。

在命令行输入"F"命令后按"Enter"键,执行圆角"Fillet"命令;修改圆角半径为 30;选择外侧椭圆为要进行圆角操作的第一个实体,选择左侧小圆为要进行圆角操作的第二个实体,绘制半径为 30 的左侧圆弧。

在命令行输入"F"命令后按"Enter"键,执行圆角"Fillet"命令;继续选择外侧椭圆为要进行圆角操作的第一个实体,选择右侧小圆为要进行圆角操作的第二个实体,绘制半径为 30 的右侧圆弧。

在命令行输入"L"命令后按"Enter"键,执行绘制直线的操作;输入"tan"按"Enter"键,绘制下方的两个圆的切线,按"Esc"键退出。

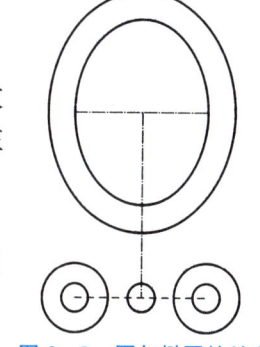

图 2-8 圆与椭圆的绘制

结果如图 2-9 所示。

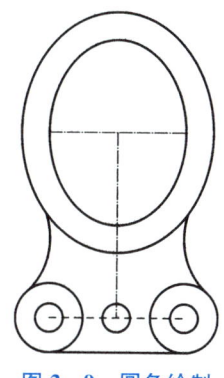

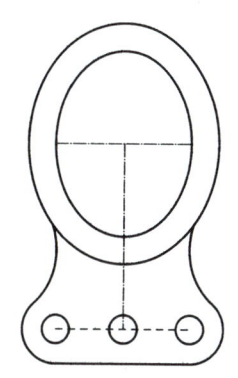

图 2-9 圆角绘制　　图 2-10 完成图形

将部分图形进行修改。

在命令行输入"TR"命令后按"Enter"键,执行修剪"Trim"命令;选择要修剪的对象,图形修剪结束后,如图 2-10 所示。

案例总结

一、椭圆(ELLIPSE)的绘制命令

AutoCAD 提供了两种绘制椭圆的方式：
(1) 指定椭圆其中一根轴的两个端点以及第二根轴的半径。
(2) 指定椭圆的中心和第一根轴的一个端点以及第二根轴的半径。
椭圆弧的画法可以参照椭圆。

二、偏移修改命令

AutoCAD 提供了偏移复制(Offset)命令，可以方便快速地对图形进行偏移复制。

启动 Offset 命令后，命令行给出如下提示：

指定偏移距离或"通过(T)/删除(E)/图层(L)"<通过>：输入偏移量。

选择要偏移的对象，或"退出(E)/放弃(U)"<退出>：选取要偏移复制的实体目标。

指定要偏移的那一侧上的点，或"退出(E)/多个(M)/放弃(U)"<退出>：确定复制后的实体位于原实体的哪一侧。

选择要偏移的对象，或"退出(E)/放弃(U)"<退出>：继续选择实体或直接回车结束命令。

三、修剪修改命令

AutoCAD 提供了 Trim 命令，可以方便快速地对图形进行修剪。

启动 Trim 后，命令行出现如下提示：

选择对象：选择实体作为剪切边界，可连续选多个实体作为边界，选择完毕后回车确认。

选择要修剪的对象：选取要剪切实体的被剪切部分，将其剪掉，回车即可退出命令。

四、倒角修改命令

AutoCAD 提供了倒角(Chamfer)和圆角(Fillet)命令，可以方便快速地对图形进行边角修改。

启动 Chamfer 命令后，命令行出现如下提示：

选择第一条直线或【放弃(U)/多段线(P)/距离(D)/角度(A)/修剪(T)/方式(E)/多个(M)】：选择要进行倒角的第一实体(此时可以修改距离、角度等)。

选择第二条直线，或按住 Shift 键选择要应用角点的直线：选择第二个实体目标。

启动 Fillet 命令后，命令行出现如下提示：

选择第一个对象或【放弃(U)/多段线(P)/半径(R)/修剪(T)/多个(M)】：选择要进行圆角操作的第一个实体(此时可以修改圆角半径等)。

选择第二个对象，或按住 Shift 键选择要应用角点的对象：选择要进行圆角操作的第二实体。

五、图层建立

在绘制建筑图时，把同一类型的对象画在同一个图层上，每个图层设定不同的颜色和线型，这样画出来的图比较有层次感，给绘图人员带来很多方便。AutoCAD 的图层好像是一张无色透明的纸，具有相同线型和颜色的对象放在同一图层，这些图层叠放在一起就构成了一幅完整的图形。如图 2-11 所示是图层工具条，默认是显示的。如图 2-12 所示是图层特性管理器，当输入命令"layer"后，系统打开"图层特性管理器"对话框。对话框上有"新建图层""删除图层""置为当前"按钮。默认状态下提供一个图层，图层名为"0"，颜色为白色，

线型为实线,线宽为默认值。

图 2-11 图层工具条

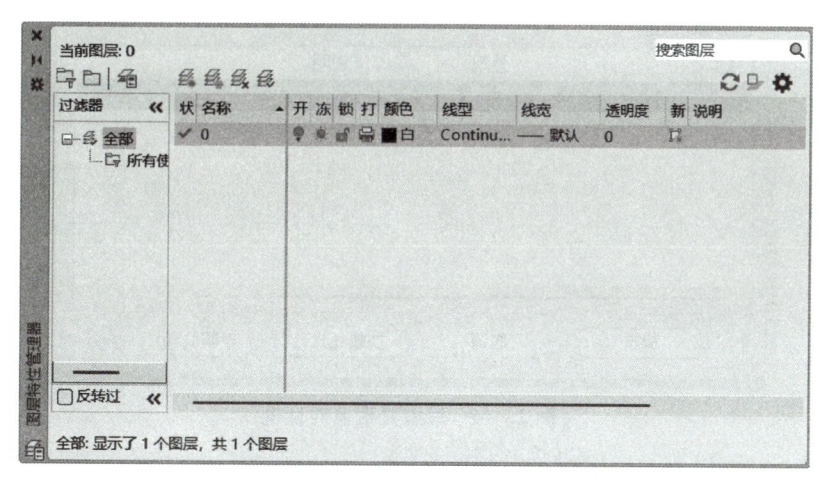

图 2-12 图层特性管理器对话框

"图层特性管理器"对话框包含的内容如下:

(1) 名称选项:图层名称。

(2) 开/关选项:控制图层的开关,打开图层可见,关闭图层不可见。

(3) 冻结/解冻选项:控制图层的冻结和解冻,打开图层可见,关闭图层不可见。

(4) 锁定/解锁选项:控制图层锁定和解锁,被锁的图层可见,但是不能编辑。

(5) 颜色选项:设置图层所画图线的颜色。在"图层特性管理器"对话框中,点击需要设置图层的状态长条中的颜色标签,弹出"选择颜色"对话框,如图 2-13 所示,选择颜色,按"确定"按钮。

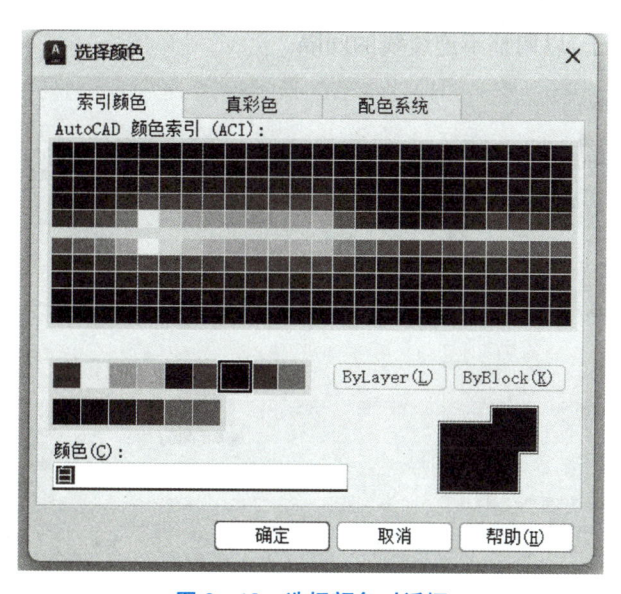

图 2-13 选择颜色对话框

(6)线型选项:设置图层所画图线的线型。输入命令后,系统打开"线型管理器"对话框,如图2-14所示。主要选项的功能如下:

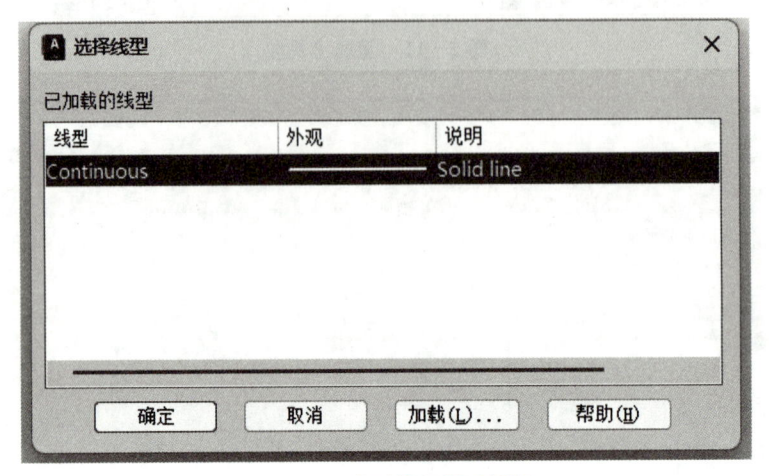

图2-14 线型管理器对话框

"加载(L)"按钮:用于加载新的线型。
"当前(C)"按钮:用于指定当前使用的线型。
"删除"按钮:用于从线型列表中删除没有使用的线型。
"显示细节(D)"按钮:用于显示或隐藏"线型管理器"对话框中的"详细信息"。
常见的线型有:
直线—continuous(默认)
点划线(中心线)—center
虚线—dashed
双点划线—divided
选择下拉菜单→【格式】→【线型】,打开"线型管理器",点击"显示细节",如图2-15所示,调整全局比例因子,以调整不连续线的间隔。

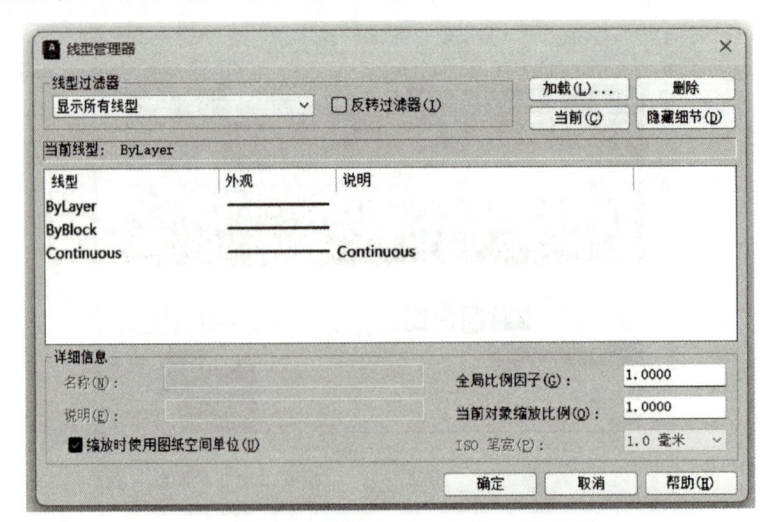

图2-15 线型管理器显示细节设置对话框

附录二

工程设计总说明

1. 设计依据
1.1 规划部门的意见书或批准文件,文号为_____
1.2 建设单位提供的勘察报告,编号为_____
1.3 本工程设计依据的主要设计规范和主要应用规范:
   1.3.1 《民用建筑设计通则》(GB 50352-2005)
   1.3.2 《建筑设计防火规范》GB 50016-2006)
   1.3.3 建筑节能标准 江苏省居住建筑热环境和节能设计标准》(DGJ32/J 71-2008)
   1.3.4 《宿舍建筑设计规范》(JGJ 36-2005)
   1.3.5 《城市道路和建筑物无障碍设计规范》(JGJ 50-2001)
   1.3.6 工程建设标准国制性条文及有关设计规范和标准

2. 工程概况
2.1 建筑面积 2635.2 平方米,建筑基底面积 655.4 平方米,建筑层数 地上4 层,建筑高度 15.000 米(室外地面至屋面檐口)。
2.2 建筑类别 民用建筑 ,设计使用年限 50 年。
2.3 地下室防水等级 _____
2.4 抗震设防烈度为 七 度。

3. 设计室内标高
3.1 本子项室内地坪设计标高±0.000 相当于 3.000 米(以_____ 为准),室内外高差 0.300 米。
3.2 楼地面标高均以建筑面层为准,图面标高系指以楼口处或平屋面结构面为准,当无特殊说明时,楼地面建筑层按 30 毫米厚度计算,屋面、阳台住顶楼地面 50 毫米。
3.3 本工程定位详子项总图 GS16-10-11 。

4. 防火设计
4.1 本工程耐火等级为 ___ 级,地下室耐火等级为 ___ 级,消防通道 >4m
4.2 共设 4 个防火分区,最大防火分区面积地下室车库小于___平方米,至其他部分小于___平方米,地上部分小于 2500 平方米,并满足与邻火分区之间二个疏散楼梯的要求,最大疏散距离小于 40+10 米。
4.3 建筑的消防形式 框架结构
4.4 其他消防措施_____

5. 屋面防水工程
5.1 本工程屋面防水等级为 II 级,具体构造详~材料做法表~,防水工程施工应符合《屋面工程质量验收规范》(GB50207-2002)的规定。屋面防水层合理使用年限为 15 年。
5.2 如需材防水层,凡认水阴角及其他转角等部位需附加铺卷材一层,基层应做成R100 圆角,槽沟及屋面局部找坡度均为1%,铺设范围详屋面平面图,材料构造不~材料做法表。
5.3 屋面加强排水用是 100 毫米UPVC水落管,管底直接接入地面雨水口,如其他排水材料及做法详图~给排水施工图。 ~排水口防水造某详见~构造详图~或图纸引用的标准图集。
5.4 凡有雨棚的雨落管直接向侧面排水,面层排水坡度为1%,如图示排水口位置采用直径75毫米UPVC管,伸出四层侧面饰面100毫米。

6. 砌体工程
6.1 本工程±0.000 以上内墙选用200 厚蒸压轻质加气混凝土砌块砌筑,内墙除在注明外选用200 厚蒸压加气混凝土砌块,采用专业粘接剂粘结,做法详见 J/T24-2007
6.2 墙身防潮:一度二地面高度低于地坪±0.000 设F50 毫米水泥砂浆20厚1:2防水砂浆防潮层(加3~5%防水剂)。
6.3 预埋与墙身空腔处均应灌实,当砌板无专门标明时,一般砌板仅下一度。
6.4 各层平面图所标明设置的消火栓体、开关插座盒、水电箱风口等预留,不得对砌筑工程及结构进行破坏性开凿。
6.5 各层下部面层未标明门窗尺寸者,一般为外中线。
6.6 建筑物管道井、电缆井和各层楼板标高处子管道,管井安装后用C20混凝土封堵,其井管道耐火极限不低于1小时的不燃烧体,并皆上装有门应为两级防火门。
6.7 卫生间分隔四周做坎墙土砌墙,高200。

7. 门窗工程
7.1 窗型立樘,如采用木门单向平开封时由开启方向墙面平,其余开启方式的木门窗、塑料门窗、铝合金门窗的樘一般无专门注明均表示居中平。
7.2 设计选用的门窗材料、规格及配件等要求详见门窗详图,各类门窗应合本类型的门窗标准质量要求。
7.3 施工图所示门窗尺寸均为门窗洞门尺寸,门窗实际加工尺寸应由施工承包商根据材料在2毫米空隙考虑;门窗加工图采根据本特殊的厚度情况决定的实际尺寸。
7.4 玻璃幕墙由专业承包商优化设计,如设计说明无、其安全性和构造要求应符合《玻璃幕墙工程技术规范》(JGJ102-2003),供应商应具备本相应的资质及根据规定的质量保证措施,具体参照本工程详图处理。
7.5 门窗玻璃选用、用料应符合本工程详图规定,具体要求表详图。
7.6 门窗幕墙工程所选用的玻璃厚度由由门窗及幕墙供应商经计算后得出,但不低于本工程详图规定的要求。严格遵守《建筑玻璃应用技术规程》(JGJ113-2003)和《建筑安全玻璃管理规定》发改运行[2003]2116号文及地方主管部门的有关规定。必要时安全玻璃部位见《铝合金门窗工程技术规范》(DGJ32/J07-2005)第3.4.8条的第5点。

8. 装饰工程
8.1 内外墙面、楼地面、楼棚等及其详细部品的材料做法及纹饰~材料做法表~或立面、剖面及有关详图所示,卫生间楼地面应做底层防水处理、材料做法详~材料做法表。
8.2 室内楼梯扶手净高度900 毫米,室外楼平台水平扶手净高度为1050 毫米。室外楼栏杆扶手净高度到1100 毫米,上人屋面部空夺,临空高度低于24 米杆栏净高度为1050 毫米,临空高度≥24 米上栏杆净高度为1100 毫米。
8.3 凡出屋面门、面道材标层按塔子下应做防水处理,要求均为平。
8.4 油漆刷工施工前,钢构件及混凝土表面应予除锈除污,木门窗一层采用封闭漆一底二面。
8.5 凡本工程所用装饰材料的规格、型号、性能和色彩应符合设计要求和装饰工程规范的规定要求,施工定货前经合同双方建设、设计等各方共同商定。

9. 地面工程
9.1 地面地工程质量施工应符合《建筑地面工程施工质量验收规范》(GB50209-2002)的规定。
9.2 智能混凝土地面施工时应符合分仓合理分段设置伸缩缝,填沟缝阳间板尺寸为3-6米的平整,横向阳缝可为6-12米缝5毫米宽。60毫米深的做缝。
9.3 室外地面混凝土散水、台阶、入口构造均无特殊说明时按省标图集《室外工程》苏J9508。各节点编号为:散水3/39,台阶3/40,披道1/41,盲道的宽度详一层平面图。如无标明时一般为600毫米。
9.4 地下防水混凝土抗渗等级S6,人防部分S8。

10. 电梯性能要求:电梯共___台,其中客梯___台,货梯___台,无障碍电梯___台;具详见电梯详图。
电梯部分施工建设工程须待到总承包制土建设完成的确认,电梯图纸、预埋件、机房留洞及设备施工安装,电梯厂家须与土建施工单位密切配合,如有变更需要经过设计单位、设计院、生产厂家共同协商配合。

11. 其他
11.1 凡设计选用某标准图象有关节点的,施工单位仍有必要对图说设计总说明及相关内容要求进行施工。
11.2 施工前应对本工程土建、设备各专业施工图纸以及工艺设置要求进行会审,如发现有问题或要求进行设计变更,某专业更时应向无私作业,土建设备、工艺等专业施工前应密切配合进行共同变更施工。
11.3 有地下室防水构造应符合《地下防水工程质量验收规范》(GB50208-2002)要求。
11.4 本工程各分部分项施工质量均应符合现行建筑安装工程施工质量验收规范的质量标准。

12. 无障碍设计说明
12.1 本工程按照《城市道路和建筑物无障碍设计规范》进行无障碍设计,设计部位为建筑基地,建筑入口、入口平台及门,水平与垂直交通,公共厕所,主要功能房间等。
12.2 供残疾人进出的门按JGJ50-2001第7.4.1.5条规定横栏把手和关门手把,在门侧的下方安装0.35米高的护门铁。
12.3 门窗主入口室内外地面高差 300 mm,宽度为 1/12 坡度 ,坡道的最多宽度一层一层控制,宽度 15 mm,并以保证过道。

13. 太阳能热水系统设计按照《民用建筑太阳能热水应用技术规范》(GB50364-2005)、《住宅建筑太阳能热水系统一体化设计、安装及验收规程》(DGJ 32/TJ08-2005)、《热水系统与建筑一体化设计标准图集》苏J28-2007》的规定进行设计,做法详见热水施。

14. 南向阳台外窗,东、西向所有窗设置外遮阳,参考图集见国标06J506-1-J6

江苏省公共建筑节能设计

一、工程概况

所在城市	气候分区	结构形式	层数
江苏省一盐城	夏热冬冷	框架结构	地上:4 地下:一层

二、设计依据
1. 《民用建筑热工设计规范》GB50176-1993
2. 《公共建筑节能设计标准》GB50189-2005
3. 《江苏省民用建筑工程设计文件(节能专篇)深度规定》(2009年版)
4. 《江苏省公共建筑节能设计标准编制深度规定》(2008年版)
5. 国家、省、市现行的有关法律、法规

三、建筑物围护结构热工性能

围护结构部位	主要保温材料	
	名称	导热系数(W/m²·K)
屋面		
	米:(XPS)	本:0.030
墙体(包括非透明幕墙)	米:(XPS)	本:0.030
	米:(XPS)	本:0.030
底面接触室外空气的架空层或外挑楼板		

本工程外墙材料采用200 厚蒸压加气混凝土砌块,内墙为 200 厚蒸压轻质加气混凝土砌块

四、地面和地下室外墙热工性能

围护结构部位	主要保温材料名称
地面	水泥砂浆
地下室外墙	

五、窗(包括透明幕墙)的热工性能和气密性

朝向	窗框	玻璃	窗墙面积比	气密性传热系数K(W/m²·K)	
				工程设计值	规范值
南	5高断+12空气+5高断—明细金属框		0.30	0.70	2.92	3.0
北	5高断+12空气+5高断—明细金属框		0.39	0.70	2.92	3.0
东	5高断+12空气+5高断—明细金属框			0.70	2.92	4.70
西	5高断+12空气+5高断—明细金属框		0.05	0.70	2.92	4.70
屋面			20%			3.0

本工程的气密性不低于《建筑外窗气密分级及其检测方法》GB7107-2002规定要求。

六、太阳能热水系统
本工程 有 HY-SH16/20太阳能,其他新能源热水供应系统,使用 电加热 辅助热源 _____

七、权衡判断
本工程 外墙体___不符合规定性指标表进行权衡判断,权衡判断结果满足节能设计标准要求。

全年空气调节能耗(kwh/m²)	设计建筑
	101.32

八、节能构造详图:
详见及如下节点

构造做法一览表

做法及说明	适用区域		编号	名称	做法及说明	适用区域
8~10厚地面砖，干水泥擦缝	门厅 餐厅	平顶	C1	板底抹水泥砂浆平顶	1. 刷(喷)白色平顶涂料 2. 6厚1:2.5水泥砂浆粉面 3. 6厚1:3水泥砂浆打底 4. 刷素水泥浆一道，内掺建筑胶 5. 现浇钢筋混凝土板	除卫生间
撒素水泥面(洒适量清水) 40厚1:2干硬性水泥砂浆粘结层 素水泥浆一道 C15混凝土，随捣随抹平 00厚碎石或碎砖夯实，灌1:5水泥砂浆						
素土夯实			C2	PVC板吊顶 (吊顶高度2.8m)	1. PVC成品板 2. 铝合金横撑 ⌐25x22x1.3或⌐23x23x1.3中距等于板材宽度 3. 铝合金中龙骨 ⌐32x22x1.3或⌐23x23x1.3中距等于板材宽度 (边龙骨⌐35x11x0.75或25x25x1) 4. 轻钢大龙骨⌐45x15x1.2(吊点附吊挂)，中距1200(不上人) 5. Ø8钢筋吊杆，双向吊点(中距900-1200一个) 6. 钢筋混凝土板内预留Ø6铁环，双向中距，900-1200	卫生间
8~10厚防滑地砖，干水泥擦缝 撒素水泥面(洒适量清水) 20厚1:2干硬性水泥砂浆粘结层 素水泥浆一道 40厚C20混凝土 聚氨酯三油涂膜防水层，厚1.8mm 50厚C15混凝土，随捣随抹平 100厚碎石或碎砖夯实，灌1:5水泥砂浆	卫生间 厨房					
素土夯实			C3	矿棉板吊顶 (吊顶高度2.8m)	1. 挂18厚矿棉板 2. 铝合金横撑 ⌐25x22x1.3或⌐23x23x1.3中距等于板材宽度 3. 铝合金中龙骨 ⌐32x22x1.3或⌐23x23x1.3中距等于板材宽度 (边龙骨⌐35x11x0.75或25x25x1) 4. 轻钢大龙骨⌐45x15x1.2(吊点附吊挂)，中距1200(不上人) 5. Ø8钢筋吊杆，双向吊点(中距900-1200一个) 6. 钢筋混凝土板内预留Ø6铁环，双向中距，900-1200	餐厅
8~10厚地面砖，干水泥擦缝 20厚1:2水泥砂浆面层 50厚C15混凝土，随捣随抹平 100厚碎石或碎砖夯实，灌1:5水泥砂浆	活动室					
素土夯实		屋面	R1	平屋面1 (上人屋面) (有保温层)	1. 40厚C20细石混凝土，内配Ø4@150双向钢筋 2. 20厚1:3水泥砂浆找平层 3. 55厚挤塑聚苯板保温层 4. 3~4厚SBS改性沥青防水卷材 5. 20厚1:3水泥砂浆找平层 6. 钢筋混凝土屋面板	四层上人屋面
20厚1:2水泥砂浆面层 素水泥浆找平层 混凝土楼面						
					注：屋面保护层分仓缝及分格缝详国标03J201-2第z10页	
8厚防滑地砖面层，干水泥擦缝 撒素细砂结合层 最薄处30厚 聚氨酯涂膜防水层，厚1.8mm 20厚1:3水泥砂浆找平层，四周做圆弧状或钝角 钢筋混凝土楼面	卫生间 阳台		R2	平屋面2 (不上人屋面) (有保温层)	1. 30厚1:2.5水泥砂浆(铺设钢丝网板)保护层 2. 20厚1:3水泥砂浆找平层 3. 55厚挤塑聚苯板保温层 4. 3~4厚SBS改性沥青防水卷材 5. 20厚1:3水泥砂浆找平层 6. 钢筋混凝土屋面板	楼梯间屋面
饰面 抹面砂浆 耐碱网格布一层 55厚挤塑聚苯板保温层(两侧刷界面剂) 专用粘结剂 20厚1:3水泥砂浆找平层 刷界面处理剂一道			R3	平屋面3 (不上人屋面) (无保温层)	1. 刷外墙涂料 2. 8厚1:2.5水泥砂浆粉面 3. 12厚1:3水泥砂浆打底 4. 炉渣找坡，最薄处30 5. 钢筋混凝土屋面板	构架
刷乳胶漆 5厚1:0.3:3水泥石灰膏砂浆粉面 12厚1:1:6水泥石灰膏砂浆打底	除卫生间、厨房	踢脚	T1	地砖踢脚	1. 8厚地砖素水泥擦缝 2. 12厚水泥砂浆打底 3. 5厚1:1水泥砂浆结合层	
刷界面处理剂一道 5厚釉面砖白水泥浆擦缝 6厚1:0.1:2.5水泥石灰膏砂浆结合层 12厚1:3水泥砂浆打底 刷界面处理剂一道	卫生、厨房	备注		屋面构造做法备注：	1. 保护层的细混凝土层及找平层按纵横向间距(6米设分格缝，缝中钢筋必须切断，缝宽20，与女儿墙之间留缝30，并与保温层连通，缝上加铺300宽卷材一层，单边点粘，上加铺一层胎体增强材料附加层，宽900。 2. 卷材防水屋面在卷材铺贴前对阴阳角、天沟、檐沟排水口、出屋面管子根部等易发生渗漏的复杂部位，应增铺附加层再用密封膏进行封边处理	

				阶段	施工图
审定		校对		工程名称		出图日期	2010.12
审核		设计		项目名称	宿舍楼	比例	1:100
项目总负责		检图				工程号	
专业负责				图名	构造做法	图号	建施-2-02

一层

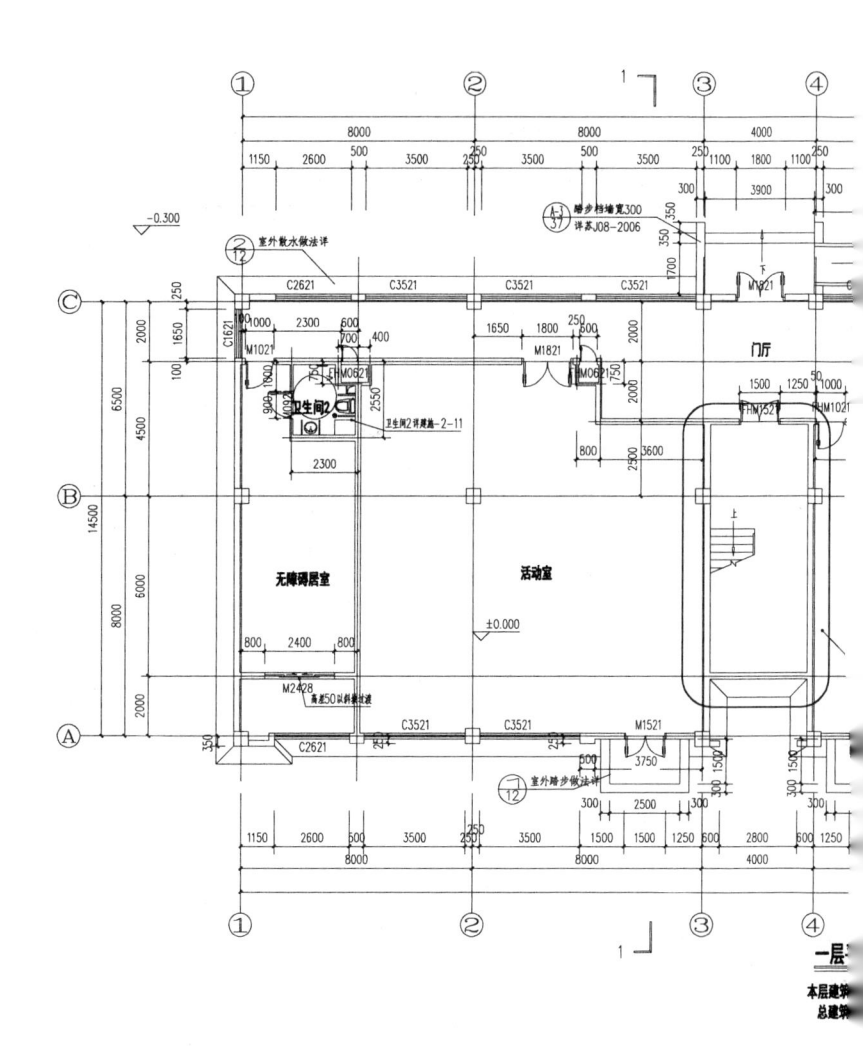

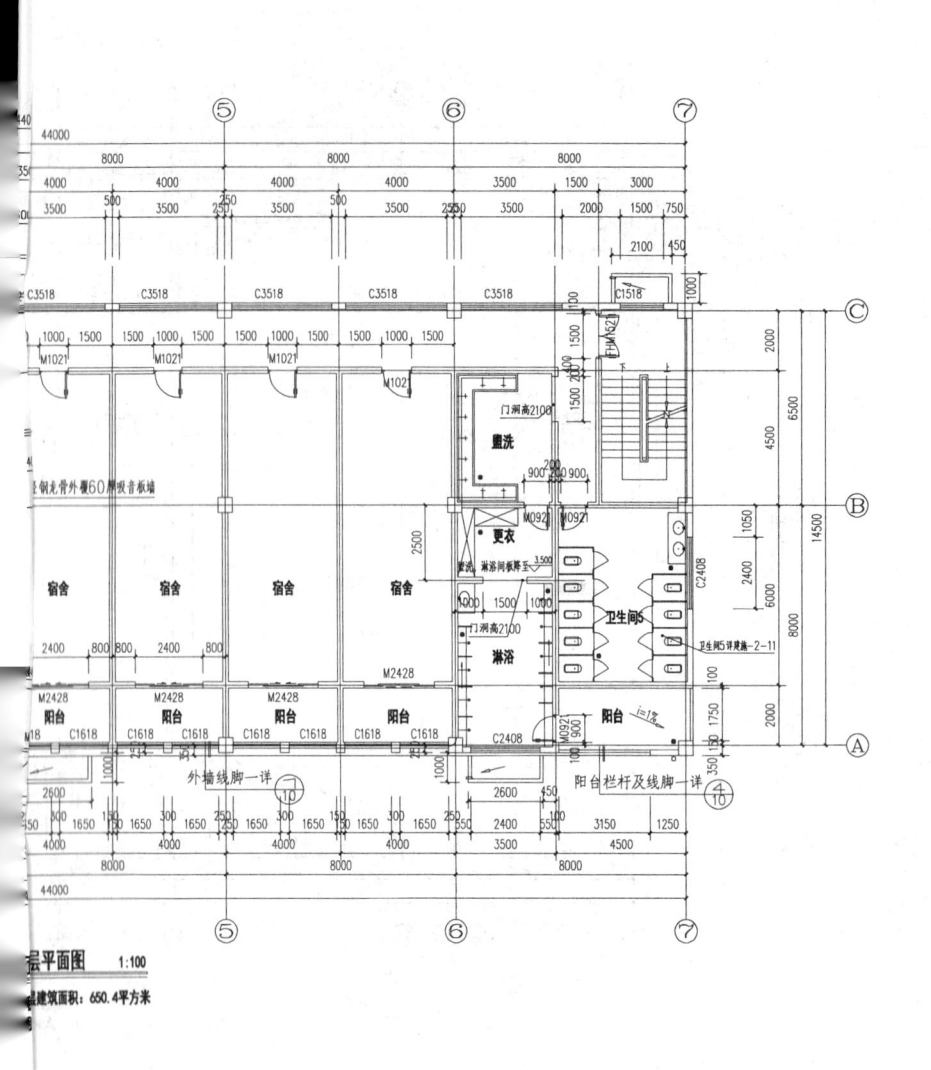

二层平面图 1:100

东立面图 1:100

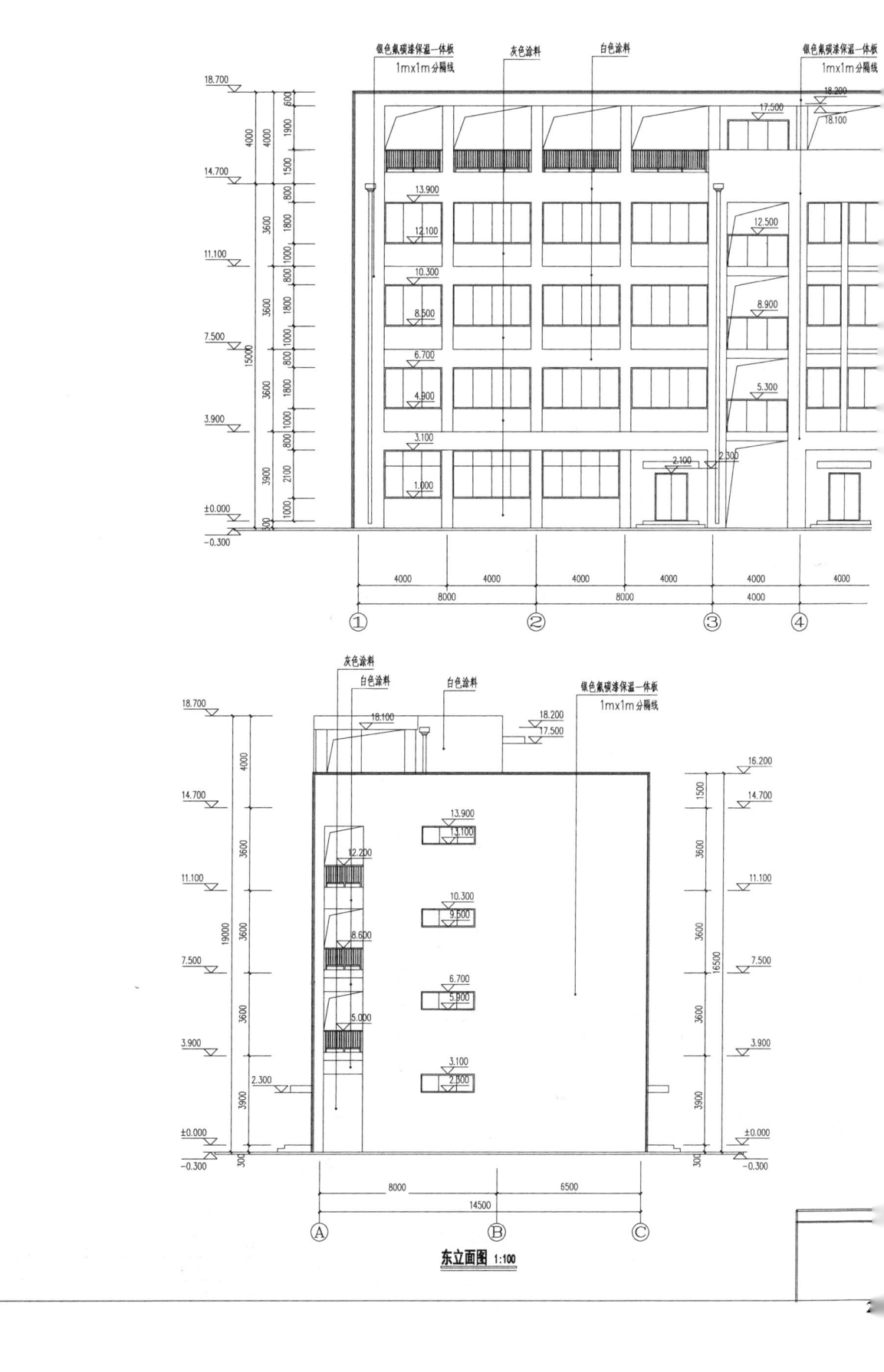

北立面图 1:100

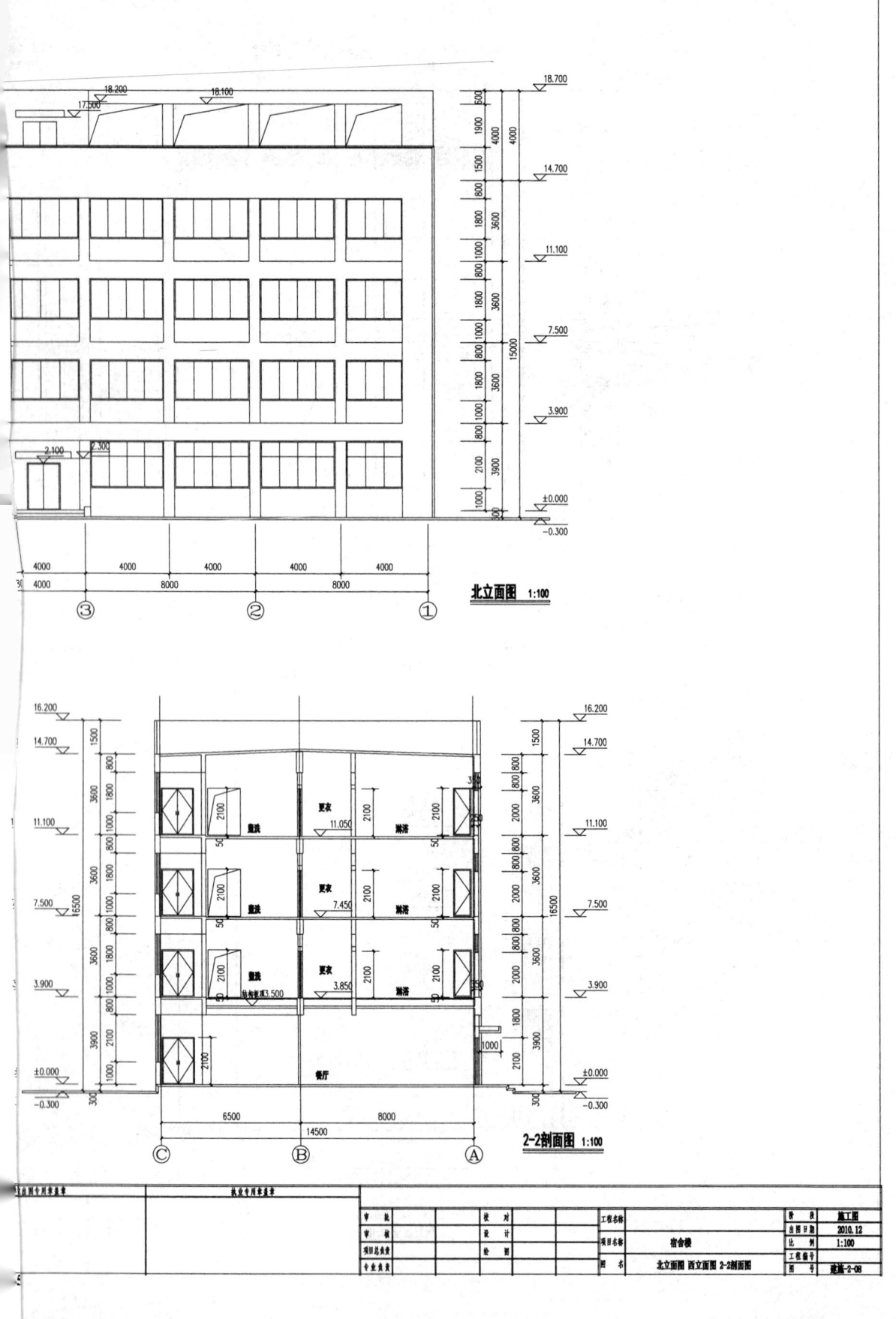

2-2剖面图 1:100

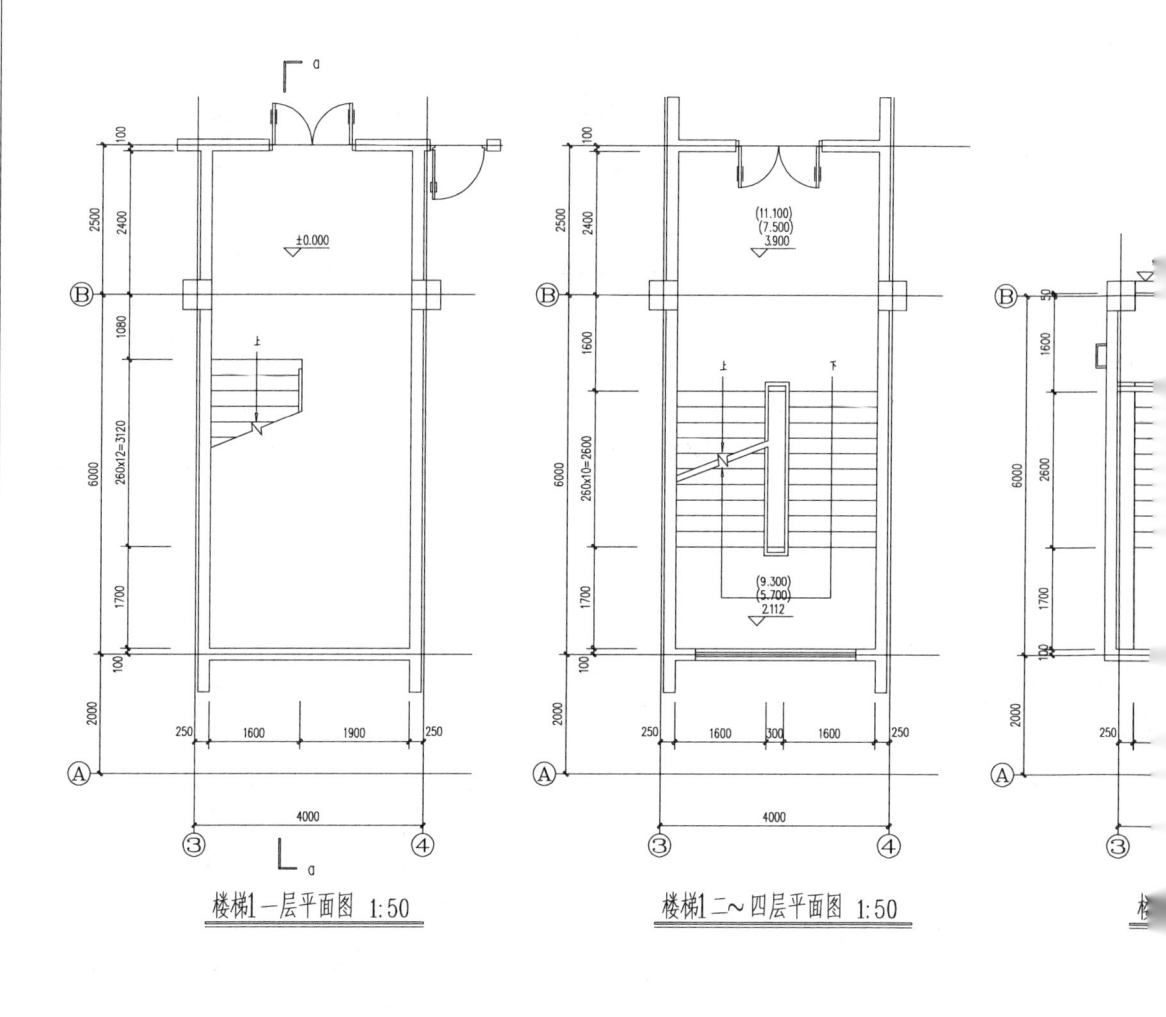

楼梯1一层平面图 1:50

楼梯1二～四层平面图 1:50

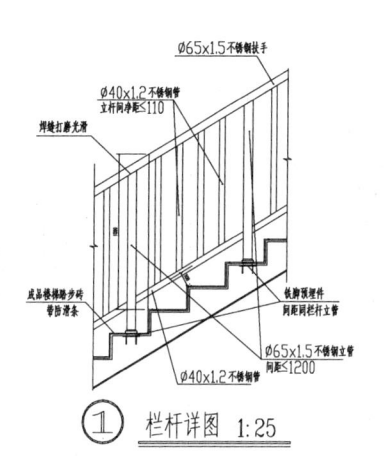

① 栏杆详图 1:25

② 踏步详图

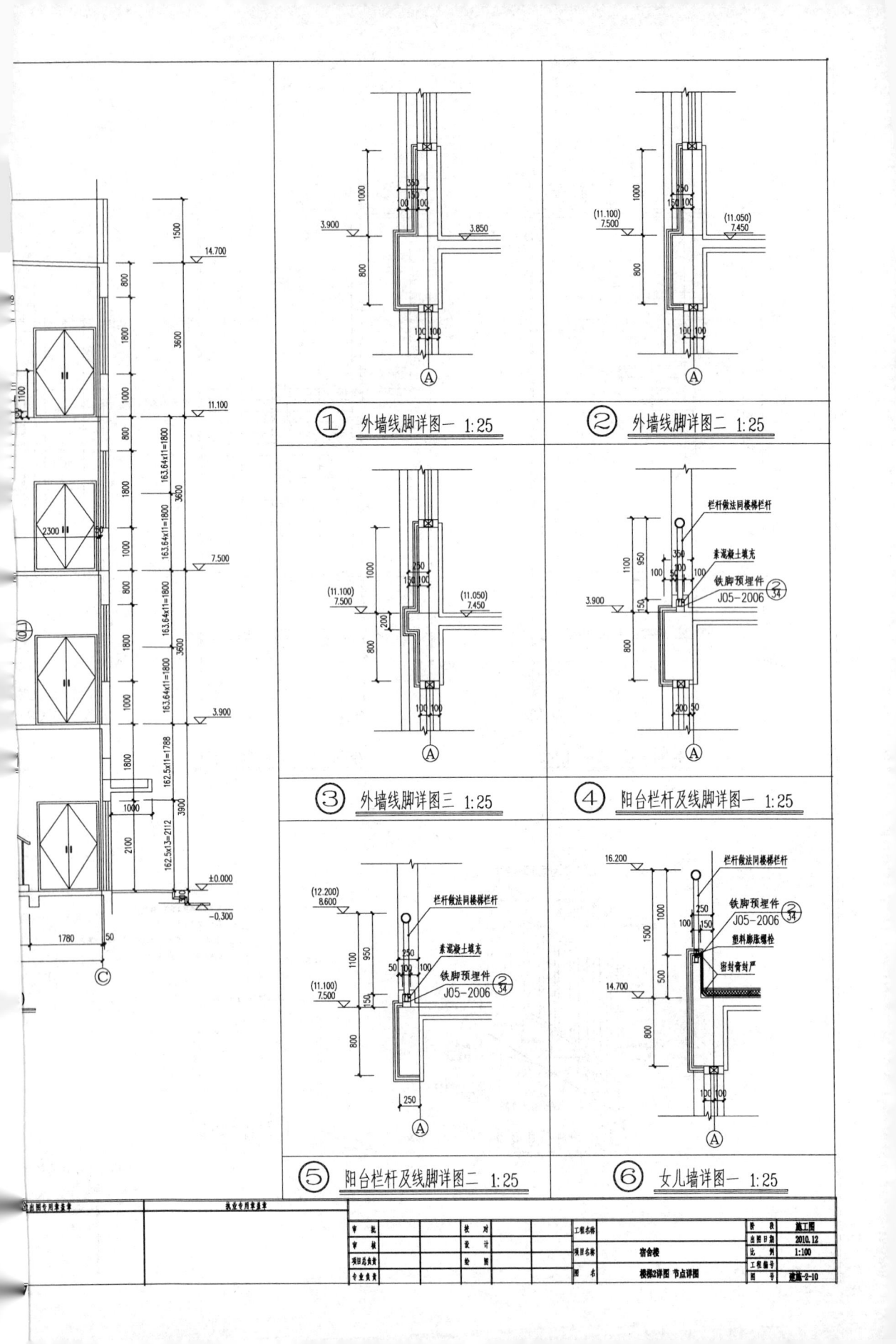

① 外墙线脚详图一 1:25
② 外墙线脚详图二 1:25
③ 外墙线脚详图三 1:25
④ 阳台栏杆及线脚详图一 1:25
⑤ 阳台栏杆及线脚详图二 1:25
⑥ 女儿墙详图一 1:25

工程名称	宿舍楼		施工图
项目名称		出图日期	2010.12
		比例	1:100
图名	楼梯2详图 节点详图	图号	建施-2-10

卫生间1详图 1:50

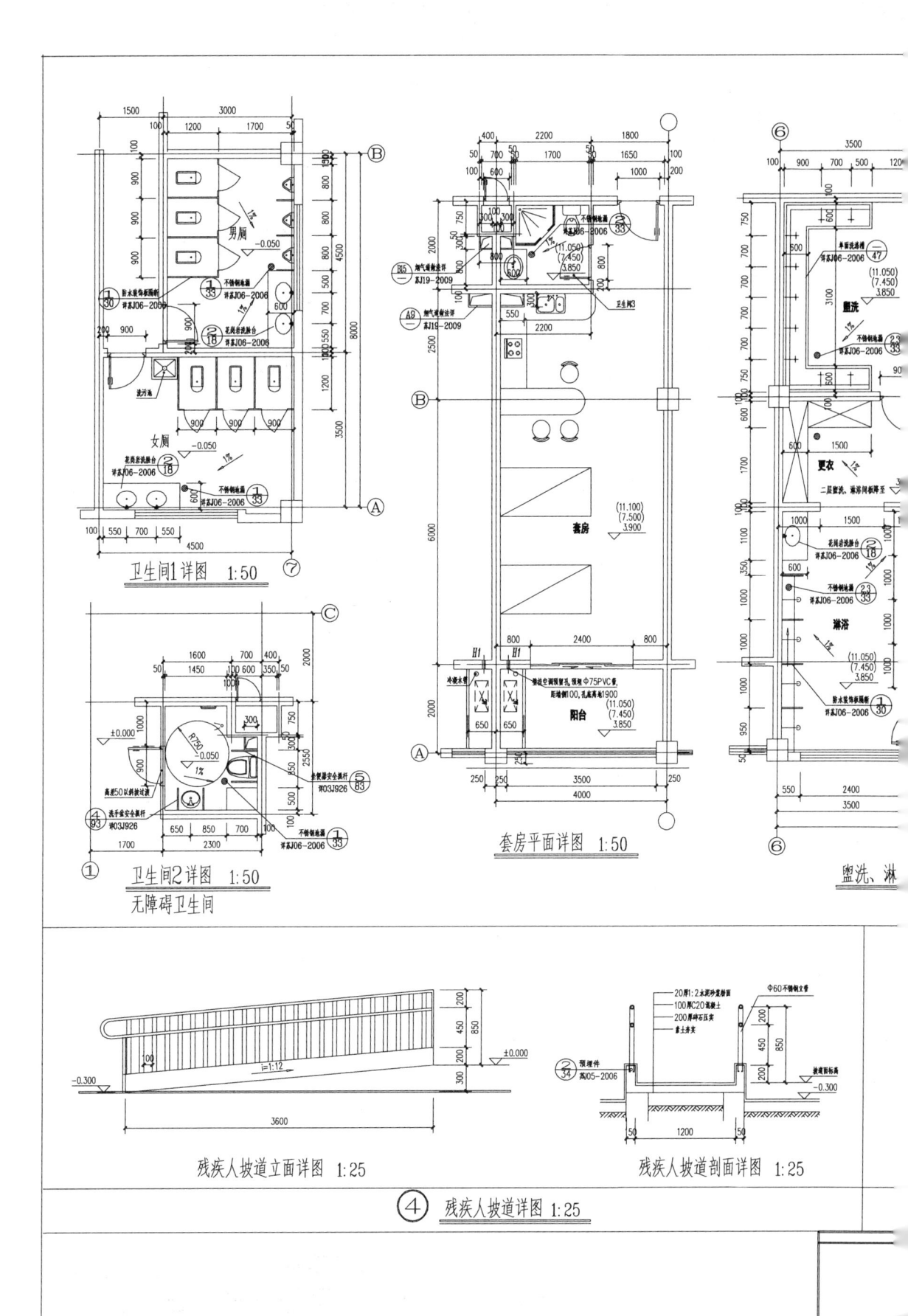

卫生间2详图 1:50
无障碍卫生间

套房平面详图 1:50

盥洗、淋

残疾人坡道立面详图 1:25

残疾人坡道剖面详图 1:25

④ 残疾人坡道详图 1:25

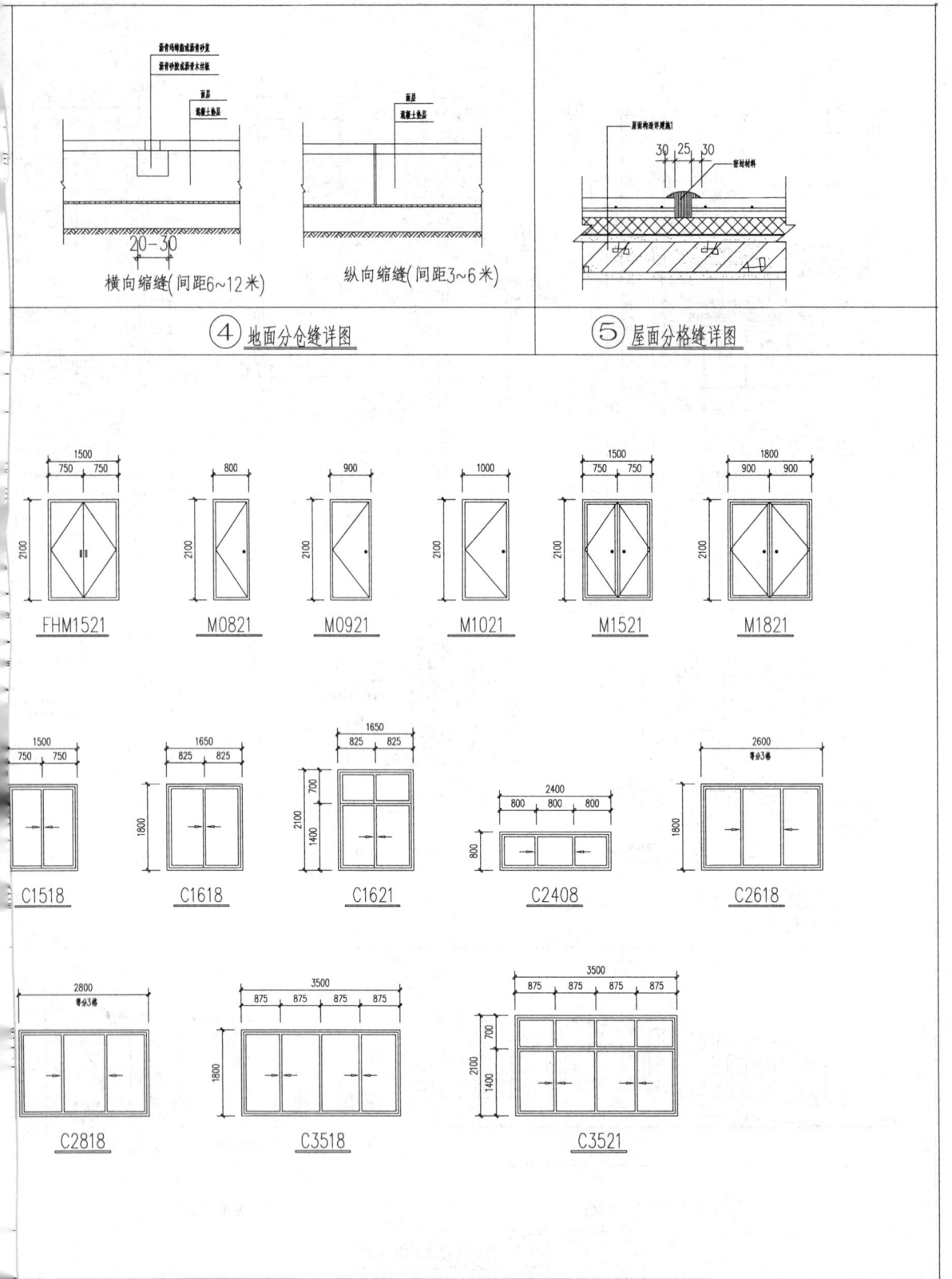

④ 地面分仓缝详图   ⑤ 屋面分格缝详图

横向缩缝(间距6~12米)   纵向缩缝(间距3~6米)

FHM1521　M0821　M0921　M1021　M1521　M1821

C1518　C1618　C1621　C2408　C2618

C2818　C3518　C3521

工程名称	宿舍楼
图名	节点详图 门窗表 门窗详图
出图日期	2010.12
比例	1:100
图号	建施-2-12

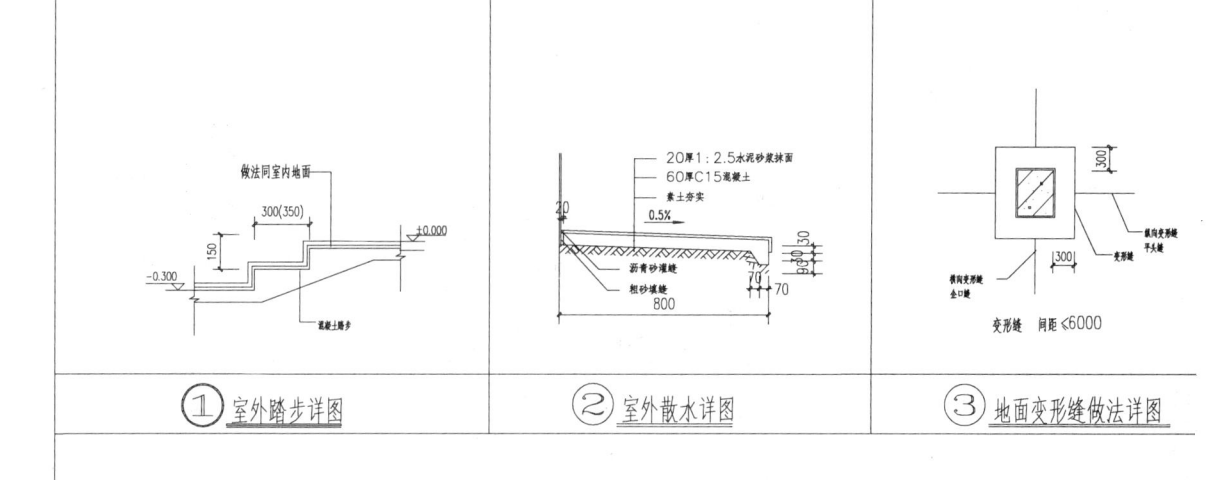

① 室外踏步详图 ② 室外散水详图 ③ 地面变形缝做法详图

门窗表

类别	设计编号	洞口尺寸(mm) 宽度	高度	数量	图集号或图号	备注
门	FHM0621	600	2100	8	建施-2-12	丙级防火门（钢制）
	FHM1021	1000	2100	2	建施-2-12	乙级防火门（钢制）
	FHM1521	1500	2100	8	建施-2-12	乙级防火门（钢制）
	M0821	800	2100	12	建施-2-12	装饰木门
	M0921	900	2100	12	建施-2-12	装饰木门
	M1021	1000	2100	26	建施-2-12	装饰木门
	M1521	1500	2100	5	建施-2-12	铝合金门
	M1821	1800	2100	3	建施-2-12	铝合金门
	M2428	2400	2800	25	建施-2-12	铝合金门
窗	C1518	1500	1800	3	建施-2-12	断热铝合金中空玻璃(5+12A+5)推拉窗
	C1618	1650	1800	27	建施-2-12	断热铝合金中空玻璃(5+12A+5)推拉窗
	C1621	1650	2100	7	建施-2-12	断热铝合金中空玻璃(5+12A+5)推拉窗
	C2408	2400	800	8	建施-2-12	断热铝合金中空玻璃(5+12A+5)推拉窗
	C2618	2600	1800	6	建施-2-12	断热铝合金中空玻璃(5+12A+5)推拉窗
	C2621	2600	2100	2	建施-2-12	断热铝合金中空玻璃(5+12A+5)推拉窗
	C2818	2800	1800	4	建施-2-12	断热铝合金中空玻璃(5+12A+5)推拉窗
	C3518	3500	1800	36	建施-2-12	断热铝合金中空玻璃(5+12A+5)推拉窗
	C3521	3500	2100	10	建施-2-12	断热铝合金中空玻璃(5+12A+5)推拉窗

门窗说明

备注：
1. 本工程门窗型材为塑钢。
2. 中空玻璃为5+12A+5中空玻璃，门玻璃厚度不小于6mm，窗玻璃厚度不小于5mm，出规JB32/J07-2005。
3. 第3.4.8.3条规定的部位应选用安全玻璃（中空玻璃时应为安全玻璃时应为双面钢化）。
   1). 地弹簧门用玻璃；
   2). 窗单块玻璃面积大于1.5平方米，有框门单块玻璃面积大于0.5平方米；
   3). 玻璃底边离装修地面小于500mm的落地窗；
   4). 无框门窗玻璃；
   5). 公共建筑出入口门；
   6). 幼儿园或其他儿童活动场所的门；
   7). 倾斜窗、天窗；
   8). 7层以上建筑的外开窗。
4. 临空的窗台高度低于900mm的窗应在窗下部设置防护固定窗，防护高度为900mm，且击防护高度装置横档窗框。
5. 塑钢窗受力杆件材质应按计算确定，未经处理面板材质的塑钢最小实测厚度，门≥2.0mm，窗≥1.4mm。
6. 五金件、塑钢件符合相关标准要求。
7. 塑钢窗的风压性能、空气渗透性、雨水渗透性能均符合国家标准，满足使用要求，门窗的气密性不应低于3级，水密性不应低于3级。
8. 幕墙窗下部的钢化玻璃璃均有警告标志测试服务。卫生间玻璃应用磨砂玻璃，卫生间门应做防腐处理。
9. 塑铝合金、塑钢门窗工程除图中注明外，与层墙中，水泥门窗等图中注明外，均距开门方向的墙体增加60mm立框。
10. 门窗选用的螺丝等五金装接件除用不锈钢外，应经镀锌处理。
11. 所有门窗尺寸均为洞口尺寸，实际尺寸以现场为准，门窗数量有调整，实际数量以现场为准。
12. 本工程东、西、南向外窗均采用活动外遮阳卷帘遮阳，具体做法详见06J506-1-J6

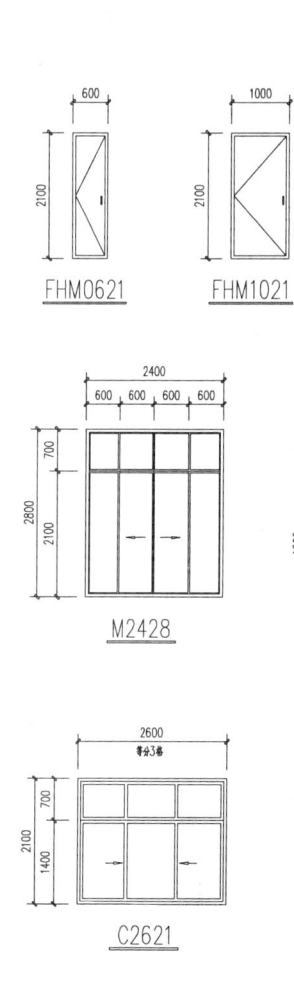

FHM0621 FHM1021

M2428

C2621

图纸说明

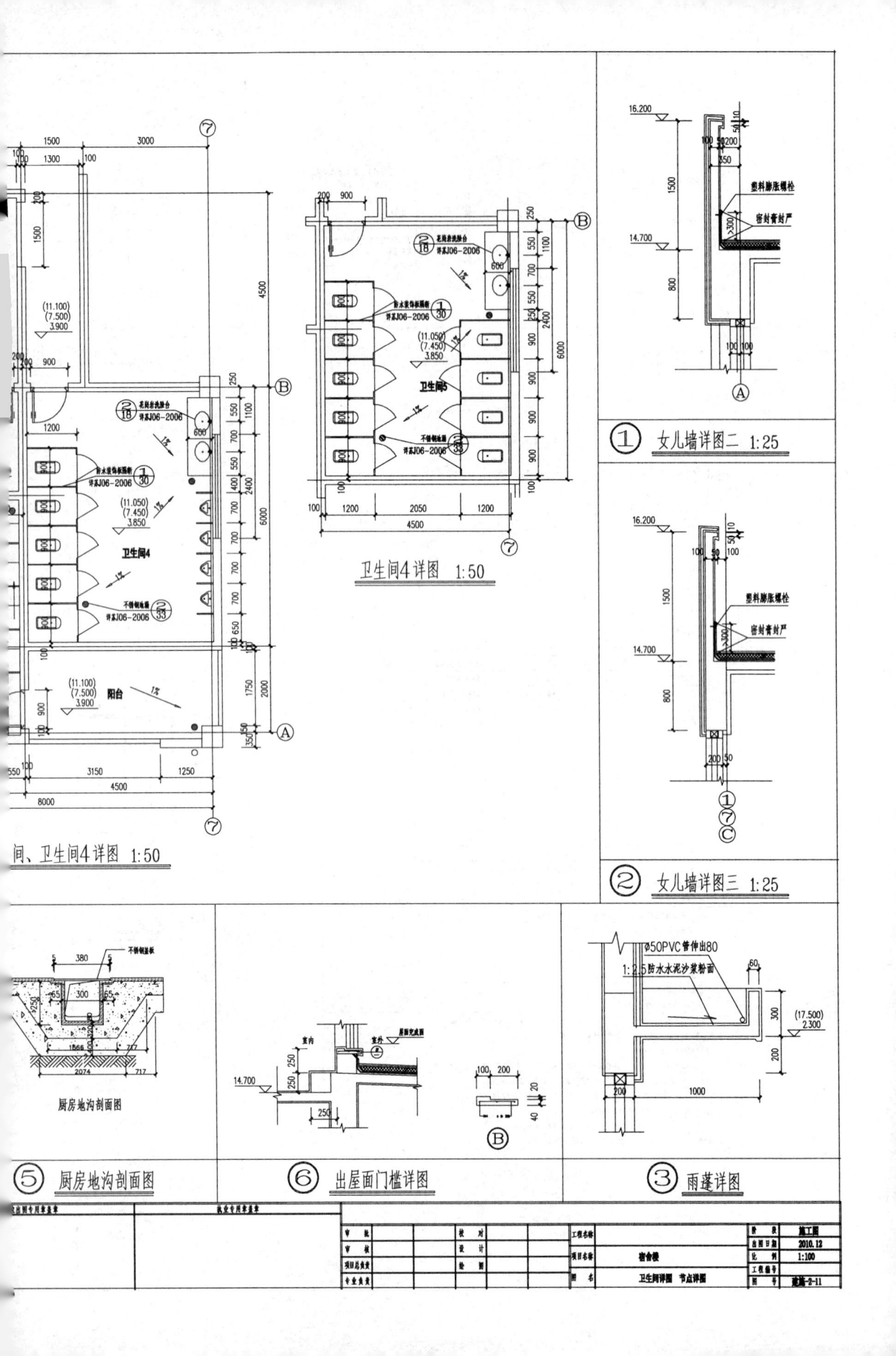

间、卫生间4详图 1:50

卫生间4详图 1:50

① 女儿墙详图二 1:25

② 女儿墙详图三 1:25

⑤ 厨房地沟剖面图

⑥ 出屋面门槛详图

③ 雨蓬详图

审 批		校 对		工程名称	
审 核		设 计		项目名称	宿舍楼
项目总负责		检 查		图 名	卫生间详图 节点详图
专业负责					

施工图　2010.12　比例 1:100

建施-2-11

楼梯2一层平面图 1:50

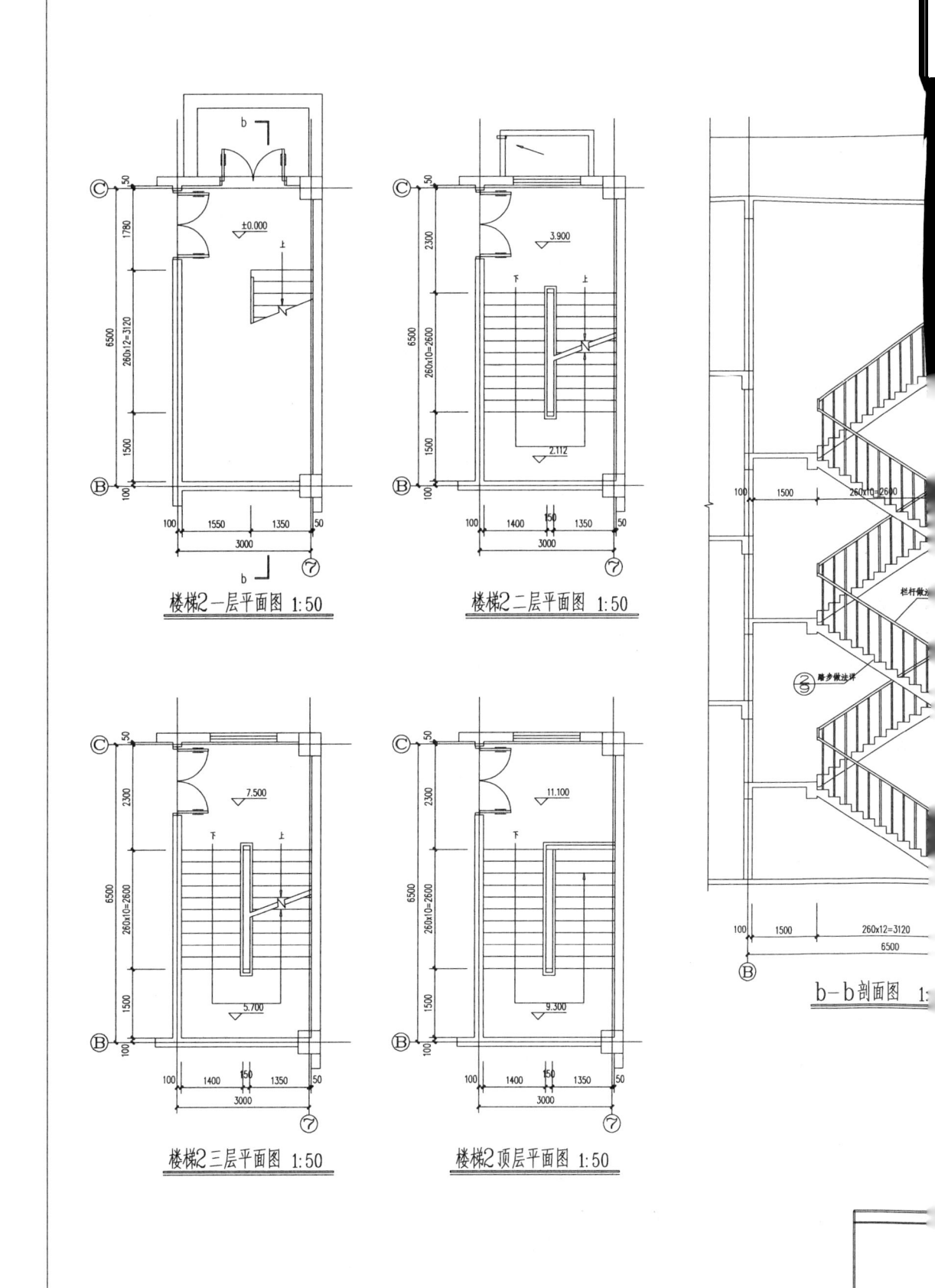

楼梯2二层平面图 1:50

楼梯2三层平面图 1:50

楼梯2顶层平面图 1:50

b-b剖面图

a-a剖面图 1:50

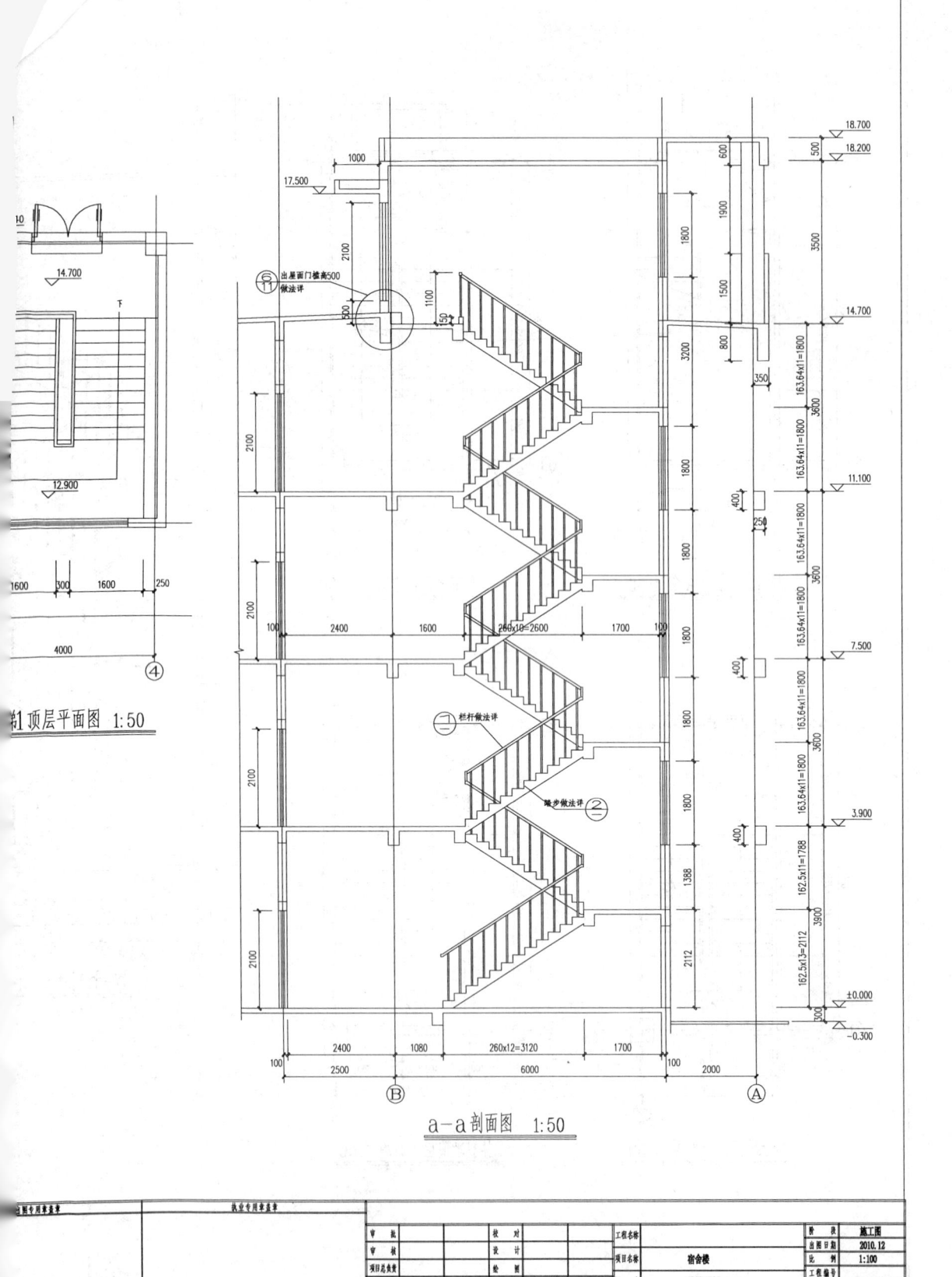

西立面图 1:100

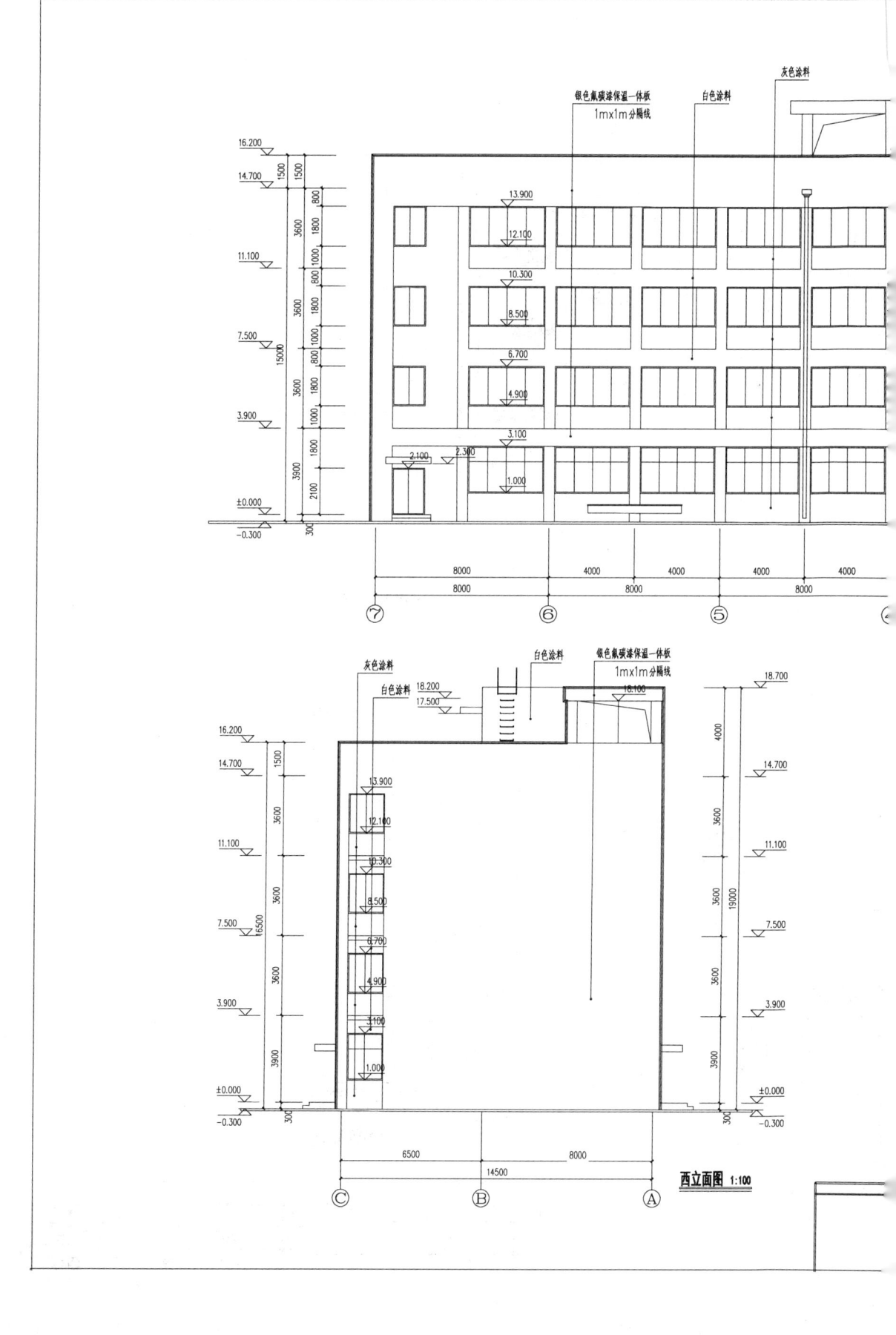

南立面图 1:100

1-1剖面图 1:100

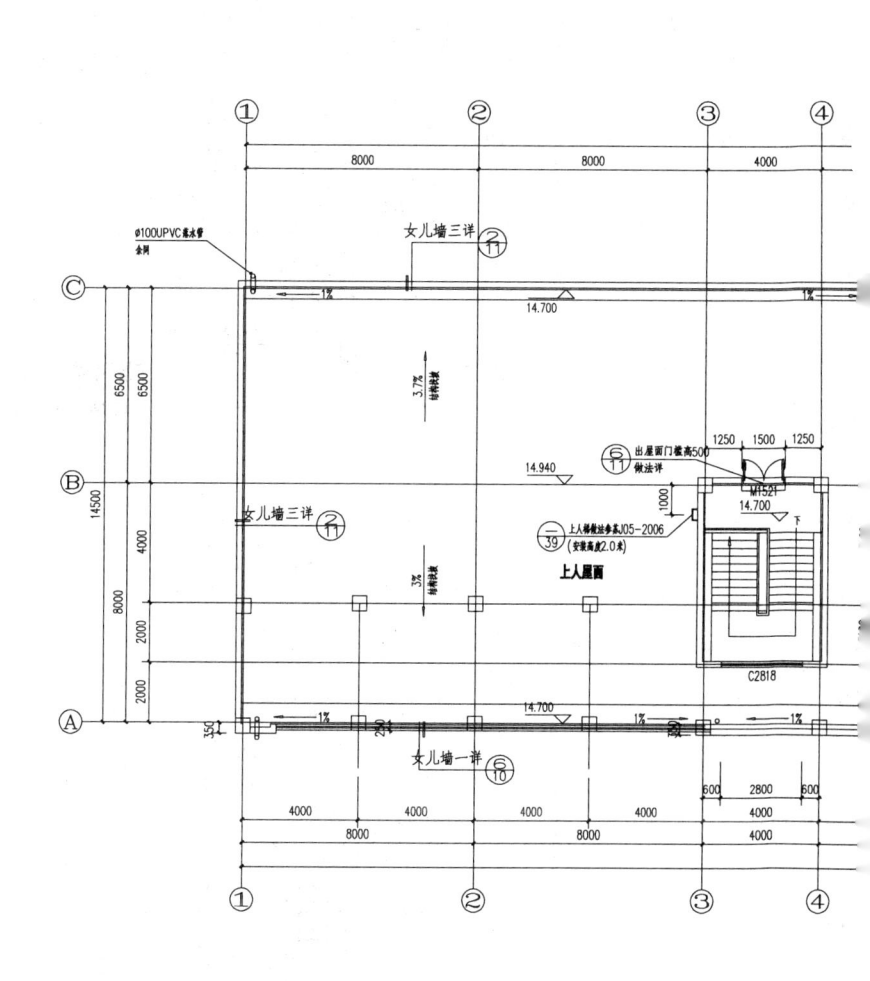

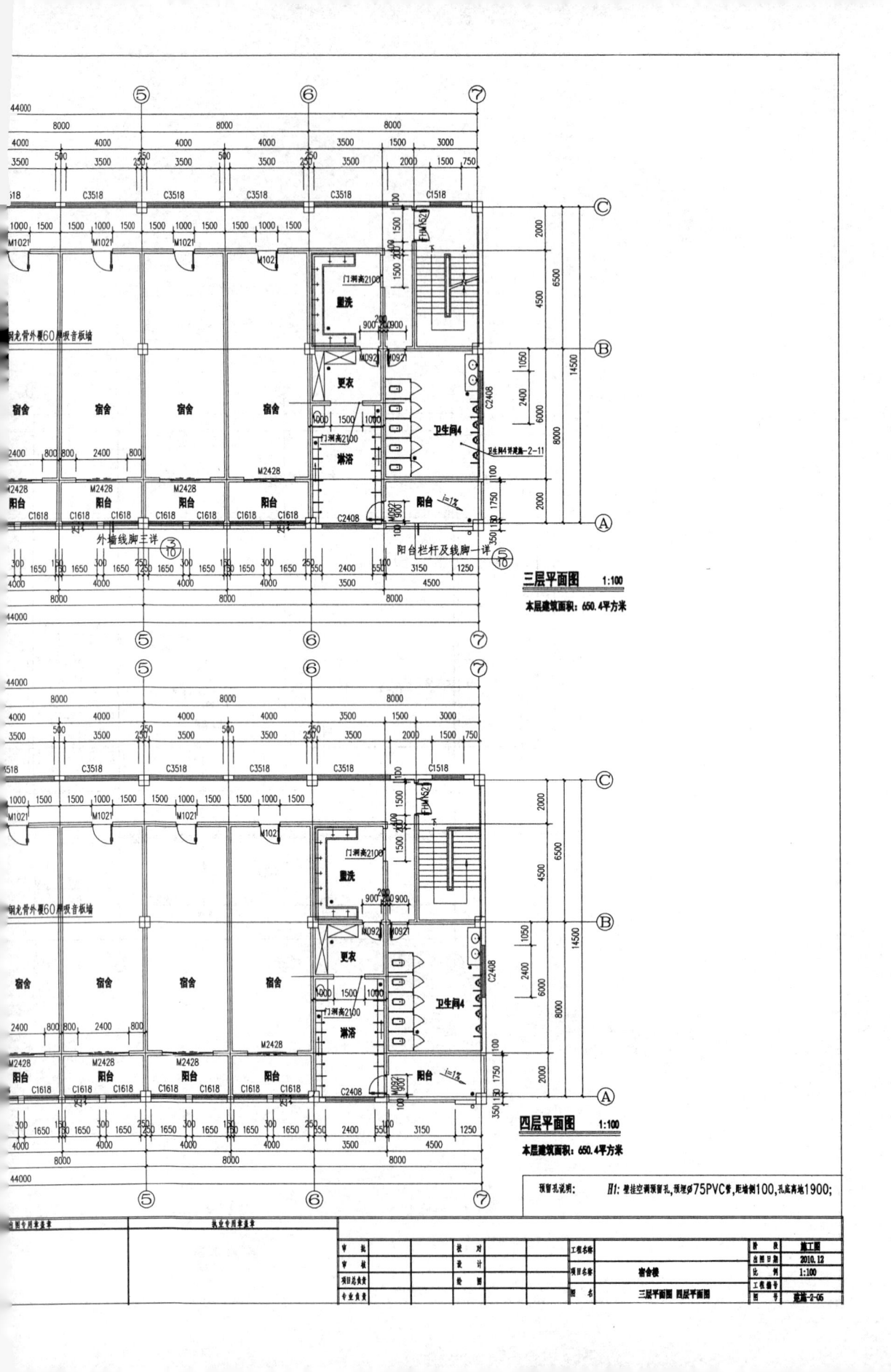

三层平面图 1:100
本层建筑面积：650.4平方米

四层平面图 1:100
本层建筑面积：650.4平方米

预留孔说明：H1：壁挂空调预留孔，预埋φ75PVC管，距墙侧100，孔底离地1900；

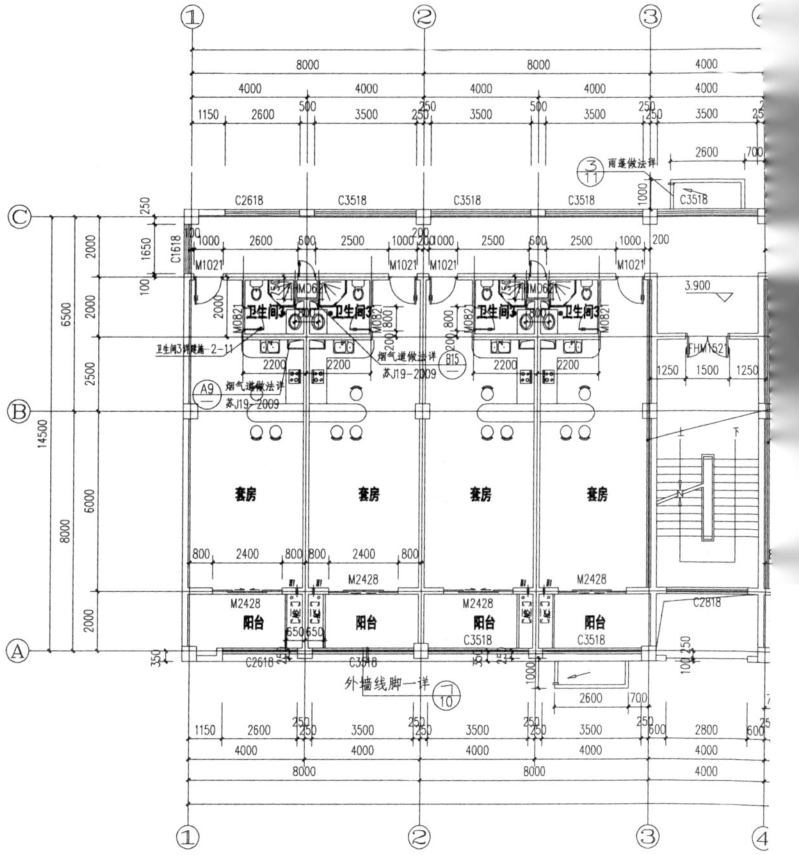

套房
套房
套房
套房
阳台
阳台
阳台
阳台
卫生间3
外墙线脚一详
雨蓬做法详
烟气道做法详
苏J19-2009

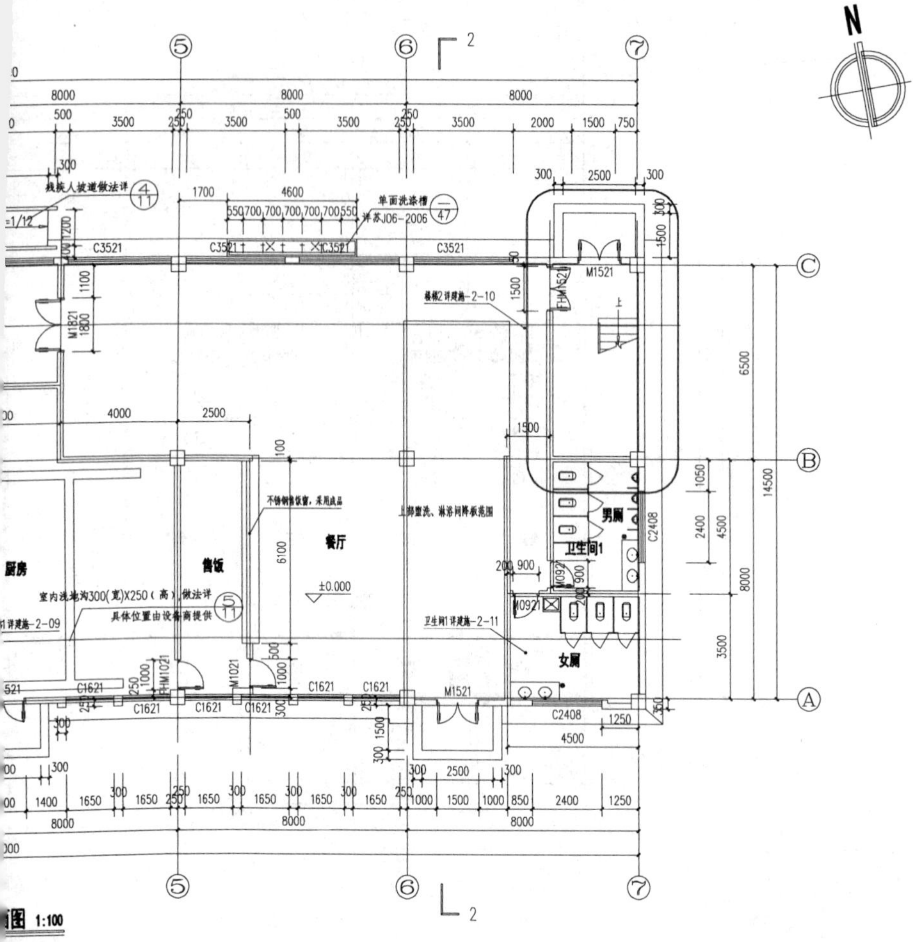

面图 1:100

: 655.4平方米

: 2635.2平方米

图专用章盖章	执业专用章盖章								
		审 批		校 对		工程名称		阶 段	施工图
		审 核		设 计	赵正	项目名称	宿舍楼	出图日期	2010.12
		项目总负责		绘 图				比 例	1:100
								工程编号	
		专业负责				图 名	一层平面图	图 号	建施-2-03

① 墙角（一层） 1:5
阳角

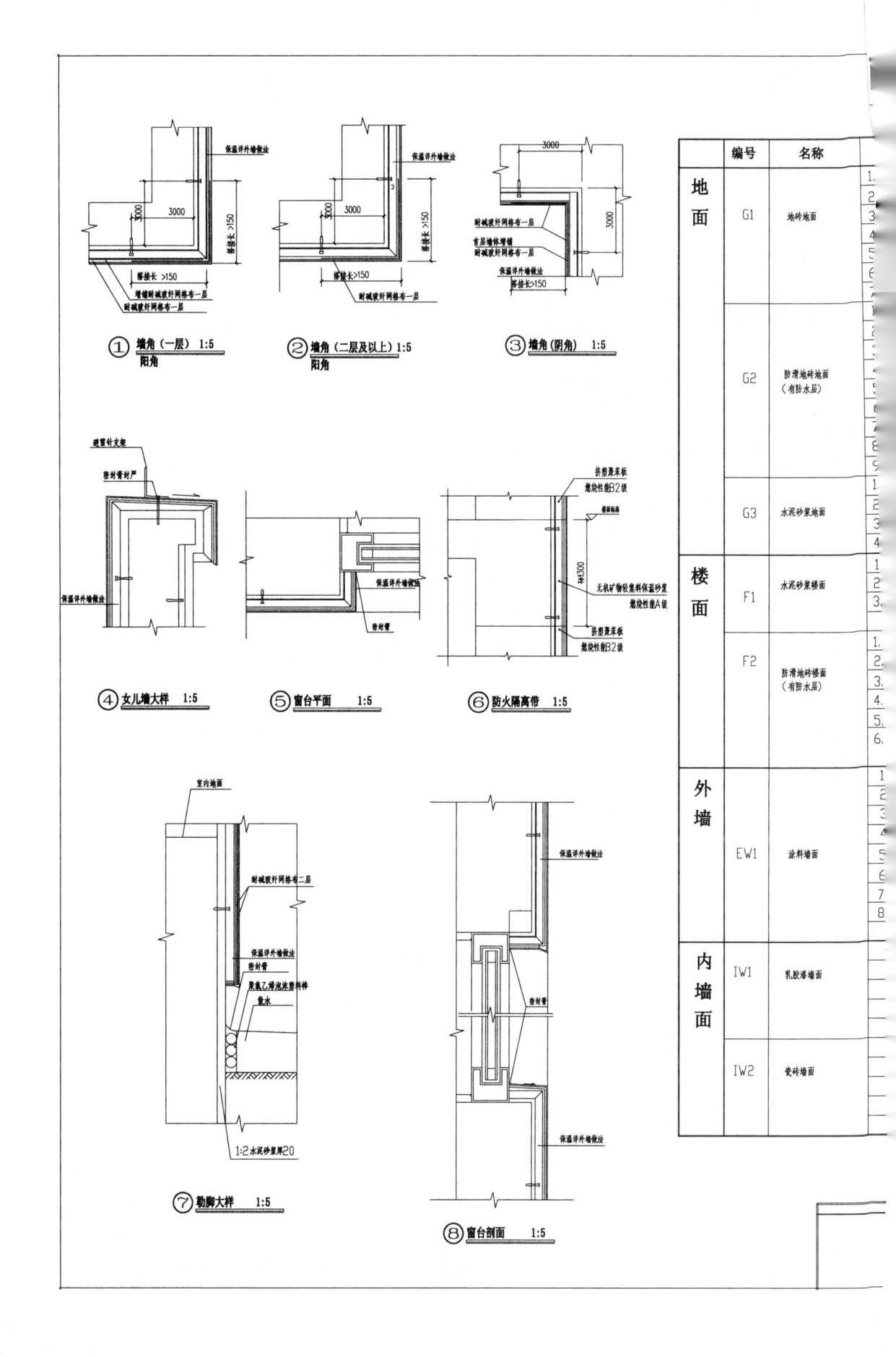

② 墙角（二层及以上） 1:5
阳角

③ 墙角（阴角） 1:5

④ 女儿墙大样 1:5

⑤ 窗台平面 1:5

⑥ 防火隔离带 1:5

⑦ 勒脚大样 1:5

⑧ 窗台剖面 1:5

	编号	名称
地面	G1	地砖地面
	G2	防滑地砖地面（有防水层）
	G3	水泥砂浆地面
楼面	F1	水泥砂浆楼面
	F2	防滑地砖楼面（有防水层）
外墙	EW1	涂料墙面
内墙面	IW1	乳胶漆墙面
	IW2	瓷砖墙面

配套图纸

江苏省居住建筑节能设计专篇

一、工程概况

所在城市	气候分区	结构形式	层数	建筑朝向	体形系数		节能计算面积(m²)	节能标准	节能设计方法
					工程设计值	规范限值			
江苏省—盐城	夏热冬冷	框架结构	地上:4 地下:一	北向:100	0.29	0.45	1964.69	《江苏省居住建筑热环境和节能设计标准》 (DGJ32/J 71-2008)	《民用建筑热工设计规范》 (GB50176-93)

二、设计依据

1. 《民用建筑热工设计规范》GB50176-1993
2. 《夏热冬冷地区居住建筑节能设计标准》JGJ134-2001
3. 《江苏省居住建筑热环境和节能设计标准》(DGJ32/J 71-2008)
4. 《江苏省民用建筑施工图设计文件(节能专篇)编制深度规定》(2009年版)
5. 《江苏省太阳能热水系统施工图文件编制深度规定》(2008年版)
6. 国家、省、市现行的相关法律、法规

三、建筑物围护结构热工性能(本工程墙体表面太阳辐射吸收系数ρ 0.75)

围护结构部位	主要保温材料		厚度(mm)	传热阻 R(m²·K/W)		热惰性指标 D		备注
	名称	导热系数(W/m²·K)		工程设计值	规范限值	工程设计值	规范限值	
屋面1	挤塑聚苯板(ρ=25-32)	0.030	55	1.8		3.08		
屋面2	—	—	—	—	—	—	—	
墙1(北、东、西、南)	东:胶粉聚苯颗粒(XPS)(外墙外保温)	东:0.030	东:15	东:1.33	东:0.83	东:4.48	东:4.00	
	南:胶粉聚苯颗粒(XPS)(外墙外保温)	南:0.030	南:15	南:1.36	南:0.83	南:4.51	南:4.00	
	西:胶粉聚苯颗粒(XPS)(外墙外保温)	西:0.030	西:15	西:1.36	西:0.83	西:4.51	西:4.00	
	北:胶粉聚苯颗粒(XPS)(外墙外保温)	北:0.030	北:15	北:1.35	北:0.74	北:4.50	北:4.00	
墙2(北、东、西、南)	无	—	—	—	—	—	—	
冷桥	挤塑聚苯板(XPS)(外墙外保温)	0.030	15	0.82	0.52			
凸窗壁板(上、侧、下)	上: 下:	—	—	—	0.52	—	—	
底面接触室外空气的架空层或外挑楼板	—	—	—	—	0.83	—	—	
与(非)封闭式楼梯间相邻的隔墙	—	—	—	—	0.50	—	—	
分隔采暖空调居住空间与非采暖空调空间的墙	—	—	—	—	0.50	—	—	
分隔采暖空调居住空间与非采暖空调空间的楼板	—	—	—	—	0.50	—	—	
分户墙	—	—	—	—	0.50	—	—	
分户楼板	挤塑聚苯板(ρ=230)	0.060	20	0.96	0.50	—	—	

本工程外墙墙体材料为 200 厚 蒸压轻质加气混凝土砌块 ，内墙为 200 厚 蒸压轻质砌块 。

四、窗(包括阳台门的透明部分)的热工性能

朝向	窗框	玻璃	窗墙面积比		传热系数K(W/m²·K)		凸窗K工程设计值	凸窗规范限值	遮阳系数SC		遮阳形式
			工程设计值	规范限值	工程设计值	规范限值			工程设计值	规范限值	
北	5透明+12空气+5透明	一隔热金属窗框	0.39	0.45	2.92	2.40	—	2.16	0.62	1.00	
东、西	东:5透明+12空气+5透明	一隔热金属窗框	东:0.04 西:0.04	0.45	东:2.92 西:2.92	3.20	东:2.88 西:2.88	东:0.27 西:0.27	东:0.50 西:0.50		
南	5透明+12空气+5透明		0.34	0.45	2.92	3.20	—	2.88	0.49	0.50	
	阳台下部门芯板				1.97	1.70					
户门	封闭(非封闭)式楼梯间		—	—	3.00		—	—	—	—	

本工程外窗及阳台门的气密性不低于《建筑外窗气密性分级及其检测方法》GB7107-2002规定的 3 级。

五、太阳能热水系统

本工程 有 HY-SH1858/20 太阳能热水供应系统，使用 电加热 辅助热源，设计使用范围自 2 层至 4 层。

六、本工程因 外窗施工 不符合规定性指标而进行性能指标校核设计，建筑物节能综合指标标满足节能设计标准。

本工程建筑物采暖耗能、空调耗能标具体如下:

	耗热量指标q_H (W/m²)		耗电量指标q_eH (kW·h/m²)			耗冷量指标q_c (W/m²)		耗电量指标q_eC (kW·h/m²)	
采暖期	工程设计值	规范限值	工程设计值	规范限值	空调降温期	工程设计值	规范限值	工程设计值	规范限值
	19.5	22.00	13.55	14.20		10.06	23.50	4.41	12.50

七、节能构造详图: 见建筑图及如下节点。

审定	校对	工程名称		阶段	施工图
审核	设计			出图日期	2010.12
项目总负责	绘图	项目名称	宿舍楼	比例	1:100
专业负责		图名	构造做法	工程编号	
				图号	建施-2-01

(7)线宽选项:设置线型宽度。在"图层特性管理器"对话框中,点击需要设置图层的状长条中的线宽标签,弹出"线宽"对话框,如图2-16所示。选择所需线宽,按"确定"按钮。

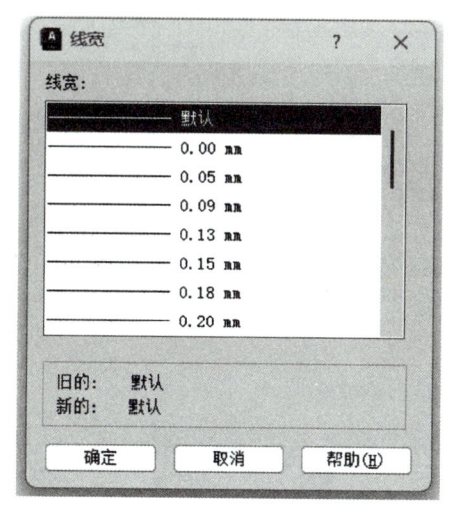

图 2-16 线宽对话框

六、图形界限和设置绘图单位

1. 图形界限

在 AutoCAD 中绘制完建筑图形后,通常需要将其输出打印到图纸上。在现实生活中常用的图纸规格为 0~5 号图纸(A5~A0),B5 也是常用图纸规格之一,应根据图纸的大小设置对应的绘图范围。

绘图界限是代表绘图极限范围的两个二维点,这两个二维点分别表示绘图范围的左下角至右上角的图形边界。

设置绘图界限命令有以下两种调用方法:

(1)选择"格式/图形界限"命令。

(2)在命令行中输入"LIMITS"命令。

在命令执行的过程中,命令行将提示"开(ON)/关(OFF)"选项,该选项起到控制打开或关闭检查功能的作用。

应当注意,在打开(ON)的状态下只能在设置的绘图范围内进行绘图,而在关闭(OFF)状态下绘制的图形并不受图形界限的限制。

2. 设置绘图单位

使用 AutoCAD 编辑图形时,一般需要对绘图单位进行设置,即设置在绘图过程中采用的单位。设置绘图单位的方法有以下三种:

(1)选择"格式/单位"命令。

(2)在命令行中输入"UNITS/DDUNITS/UN"命令。

(3)执行上面任意一种方法后,打开"图形单位"对话框,如图 2-17 所示。

图 2‑17　图形单位对话框

按照要求设置相应类型和精度要求。

任务 2.3　实用案例三——绘制浴缸

绘制案例

绘制如图 2‑18 所示的图形。

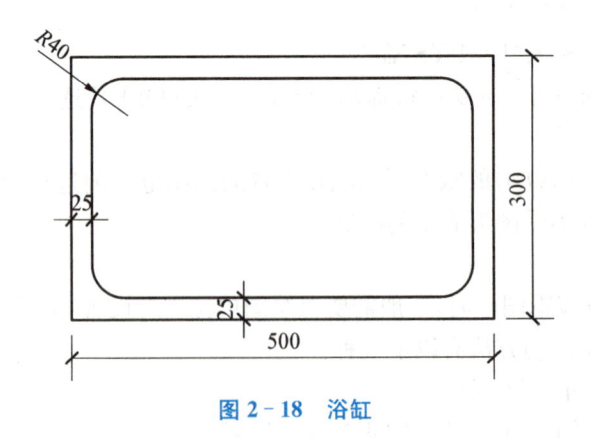

图 2‑18　浴缸

分析案例

此图形操作有几种途径，比如可以先进行矩形的绘制，然后进行圆角的修改；也可以在绘制里面的矩形时提前设置圆角半径,然后直接绘制矩形即可。

操作案例

在命令行输入"REC"命令后按"Enter"键,执行绘制矩形"Rectangle"命令;指定第一个角点后,通过相对坐标"@500,300"指定另一个角点,完成长为500、宽为300的矩形绘制。

在命令行输入"O"命令后按"Enter"键,执行偏移复制"Offset"命令;指定偏移距离为25;选择矩形作为偏移的对象,向内复制另一矩形。

在命令行输入"F"命令后按"Enter"键,执行圆角"Fillet"命令;修改圆角半径为40;依次选择外侧矩形的边,绘制半径为40的四个圆弧。

图形绘制结束。

浴缸

案例总结

一、矩形(RECTANGLE)的绘制命令

AutoCAD提供了直接绘制矩形的命令。

启动绘制矩形Rectangle命令后,命令行给出如下提示:

指定第一个角点或【倒角(C)/标高(E)/圆角(F)/厚度(T)/宽度(W)】:在此提示下要求确定矩形第一个角点(此时可以设置倒角、圆角和宽度等,效果如图2-19所示)。

确定了第一个角点后,在出现的提示指定另一个角点或【面积(A)/尺寸(D)/旋转(R)】:确定另一个角点绘出矩形。

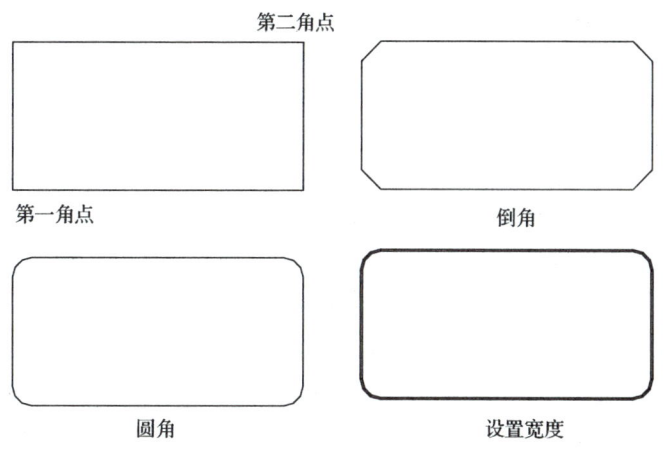

图 2-19 倒角、圆角和宽度设置效果

二、对象分解命令

AutoCAD提供了实体对象分解命令,可以把块、多义线、多边形或尺寸标注等分解为组成的各实体。

启动实体对象分解命令EXPLODE后,命令行给出如下提示:

选择对象:(选择编辑目标)。

选择要炸开的块、多义线、多边形或尺寸标注等,并确认,即完成实体分解操作。

任务 2.4　实用案例四——绘制手轮

绘制案例

绘制如图 2-20 所示的手轮。

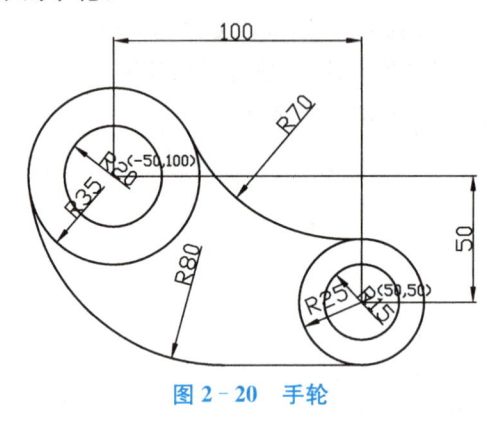

图 2-20　手轮

分析案例

此图形绘制中，大圆与小圆可以直接通过圆命令绘制，也可以通过偏移命令进行绘制。绘制圆弧时可以通过相切、相切、半径的方法，然后进行修剪。

操作案例

绘制图中的圆：

在命令行输入"C"命令后按"Enter"键，执行绘制圆的操作；指定圆心的坐标值为"-50,100"，并输入半径值为"20"，绘制左上角半径为 20 的圆。

在命令行输入"C"命令后按"Enter"键，执行绘制圆的操作；指定圆心的坐标值为"50,50"，并输入半径值为"15"，绘制右下方角半径为 15 的圆。

在命令行输入"O"命令后按"Enter"键，执行偏移复制"Offset"命令；指定偏移距离为15；选择左上角圆作为偏移的对象，向外复制另一圆。

在命令行输入"O"命令后按"Enter"键，执行偏移复制"Offset"命令；指定偏移距离为10；选择右下角圆作为偏移的对象，向外复制另一圆。

在命令行输入"F"命令后按"Enter"键，执行圆角"Fillet"命令；修改圆角半径为 70；选择左上角外侧圆为要进行圆角操作的第一个实体，选择右下角外侧小圆为要进行圆角操作的第二个实体，绘制半径为 70 的圆弧。

在命令行输入"L"命令后按"Enter"键，执行绘制直线的操作；以右下角外侧圆的下方象限点为起点，向左画一条水平线。

在命令行输入"C"命令后按"Enter"键，执行绘制圆的操作；输入"T"命令按"Enter"键，选择相切/相切/半径法进行圆的绘制；指定左上角外侧圆和下方水平线为相切对象，圆的半径设置为80,完成外切圆的绘制。

在命令行输入"TR"命令后按"Enter"键,执行修剪"Trim"命令;选择要修剪的对象,完成图形的修剪。

案例总结

一、点(POINT)的绘制命令

AutoCAD提供了直接绘制点的命令。

启动绘制点命令point后,命令行给出如下提示:

指定点:(输入指定的点的X,Y或X,Y,Z坐标即可)。

同时,AutoCAD提供了绘制实体定数等分点Divide、定距等分点Measure的命令。启动绘制实体定数等分点命令后,命令行给出如下提示:

命令:Divide↓

选择要定数等分的对象:(选择对象)

输入线段数目或【块(B)】:(输入选择项)在选定的实体上作 n 等分,在等分处绘制点标记或插入块。

启动绘制实体定距等分点命令后,命令行给出如下提示:

命令:Measure↓

选择要定距等分的对象:(选择对象)

指定线段长度或【块(B)】:(输入选择项)在选定的实体上按给定的长度作等分,在等分点处绘制点标记或插入块。

AutoCAD提供了多种点的标记符号类型来设置点标记符号。可以通过键盘输入命令:DDPTYPE;或者通过下拉菜单→格式(O)→点样式(P),出现"点样式"对话框,如图2-21所示,进行选择。

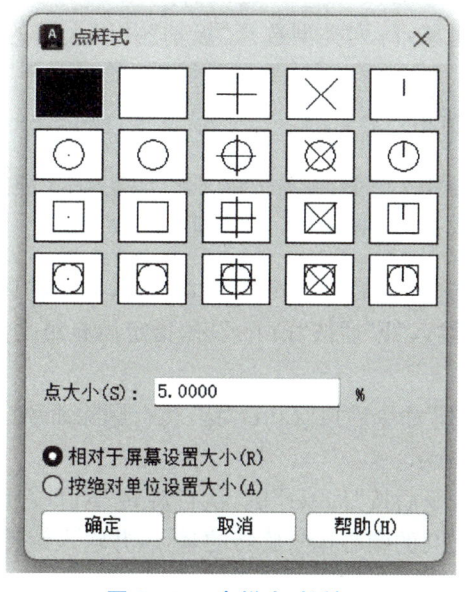

图2-21 点样式对话框

二、图形显示精度的控制

在使用 AutoCAD 绘制过程中,可以根据情况设置当前视口中对象的分辨率。命令 VIEWRES 使用短矢量控制圆、圆弧、椭圆和样条曲线的外观。对象的分辨率大小范围为 1~20 000,矢量数目越大,圆或圆弧的外观越平滑。例如,如果创建了一个很小的圆,然后将其放大,它可能显示为一个多边形。使用 VIEWRES 命令增大缩放百分比,重生成更新的图形,并使圆的外观平滑,减小缩放百分比会有相反的效果。

案例拓展

拓展案例 1:根据要求完成以下图形。

绘制要求:

(1) 以点(100,160)为圆心,作半径为 70 的圆。

(2) 在该圆中作出四个呈环形均匀排列的小圆,小圆半径为 15,小圆圆心到大圆弧线的最短距离为 25,如图 2-22 所示。

图 2-22 案例图形

操作步骤

在命令行输入"C"命令后按"Enter"键,执行绘制圆的操作;指定圆心的坐标值为"100,160",并输入半径值为"70",绘制半径为 70 的圆。

在命令行输入"O"命令后按"Enter"键,执行偏移复制"Offset"命令;指定偏移距离为 25;选择圆作为偏移的对象,向内复制另一圆。

绘制结果如图 2-23 所示。

在命令行输入"C"命令后按"Enter"键,执行绘制圆的操作;指定内部圆左侧的象限点为圆心,并输入半径值为"15",绘制半径为 15 的小圆。

在命令行输入"AR"命令后按"Enter"键,执行"ARRAY"阵列的操作;指定小圆为阵列对象;阵列类型选择"极轴"并以大圆的圆心作为阵列的中心点。

阵列设置如图 2-24 所示。

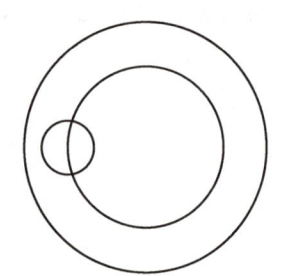

拓展案例 1

图 2-23 圆的绘制

图 2-24 阵列设置对话框

在阵列设置对话框中输入"i"后按"Enter"键,输入阵列中的项目数为"4"。

在阵列设置对话框中输入"F"后按"Enter"键,指定填充角度为"360"。完成 4 个小圆的阵列。

在命令行输入"ERASE"命令后按"Enter"键,执行删除命令"ERASE",删除内环的圆。

阵列结果如图 2-25 所示。

在命令行输入"RO"命令后按"Enter"键,执行旋转"ROTATE"命令;选择阵列后的四个小圆为旋转对象;指定大圆的圆心作为旋转的基点,并输入旋转角度为"45"。

图形绘制结束,如图 2-26 所示。

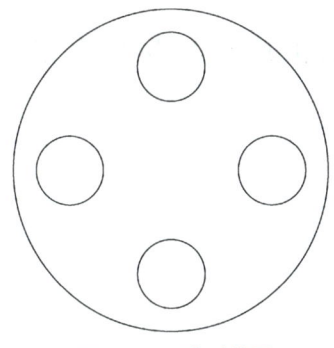

图 2-25 阵列结果

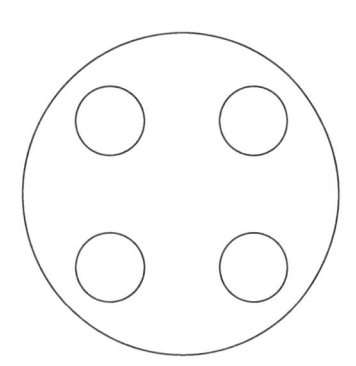

图 2-26 完成图形

拓展案例 2：根据提示要求完成如图 2-27 所示的多义线。

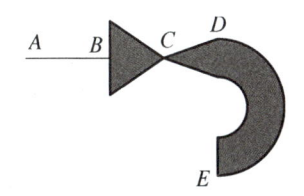

图 2-27 多义线

绘制要求：图中为一条多义线，A、B、C、D 四点在同一水平线上。线段 AB 线宽为 O，长度为 40；线段 BC 长度为 30，B 点线宽为 40，C 点线宽为 O；线段 CD 长度为 30，D 点线宽为 20，弧 DE 的宽度为 20，半径为 25；线段 CD 在 D 点与弧 DE 相切。

操作步骤

在命令行输入"PL"命令后按"Enter"键，执行多段线"PLINE"命令的绘制；输入"W"后按"Enter"键，设置 AB 的起点宽度为 0，端点宽度为 0；输入"L"后按"Enter"键，设置 AB 的长度为 40。

继续输入"W"后按"Enter"键，设置 BC 的起点宽度为 40，端点宽度为 0；输入"L"后按"Enter"键，设置 BC 的长度为 30。

继续输入"W"后按"Enter"键，设置 CD 的起点宽度为 0，端点宽度为 20；输入"L"后按"Enter"键，设置 CD 的长度为 30。

输入"A"后按"Enter"键，绘制圆弧；输入"A"，指定圆弧夹角值为"-180"；输入"R"，指定圆弧半径为"25"；向下完成圆弧 DE 的绘制。

图形绘制结束，如图 2-28 所示。

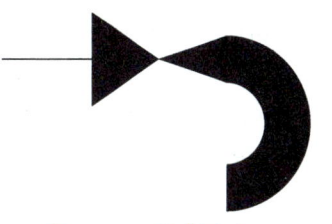

图 2-28 完成图形

任务 2.5　实用案例五——图纸的幅面、标题栏的绘制

绘制案例

绘制如图 2-29 所示的图形。

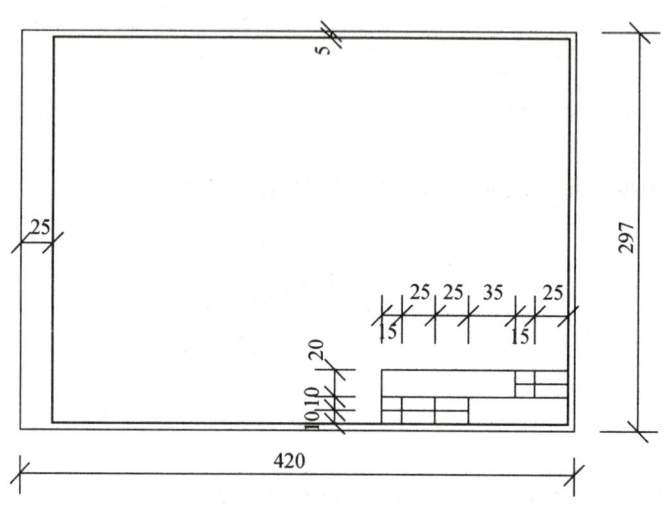

图 2-29　图纸幅面与标题栏

分析案例

在工程设计中，一个设计单位有基本固定的图纸幅面以及标题栏。

操作案例

在命令行输入"REC"命令后按"Enter"键，执行矩形"RECTANG"命令的绘制；在指定第一个角点后，输入相对坐标"@420,297"指定另一个角点。完成外侧矩形框的绘制。

在命令行输入"EXPLODE"命令后按"Enter"键，将外侧矩形分解。

在命令行输入"O"命令后按"Enter"键，执行偏移复制"Offset"命令；指定偏移距离为 5 和 25；选择分解后矩形的四条边作为偏移的对象，向内复制。

在命令行输入"TR"命令后按"Enter"键，执行修剪"Trim"命令；选择内侧矩形多余的部分进行修剪。

依据标题栏的尺寸，通过偏移复制"Offset"命令和修剪"Trim"命令的多次操作，完成图形的绘制，如图 2-30 所示。

绘制视频

图纸幅面和标题栏

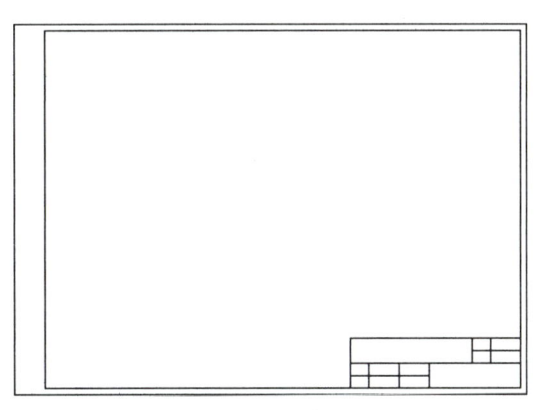

图 2-30　完成图形

▷课后实践◁

1. 使用图形界限 LIMITS 命令,设定绘图界限范围为 297 mm×210 mm(4 号图纸)。
2. 绘制如图 2-31 所示图形,具体要求如下:(标注不用绘制)
(1) 按图中给出的圆点的坐标和半径,分别绘制出两个圆。
(2) 绘出该两圆的两条外公切线。

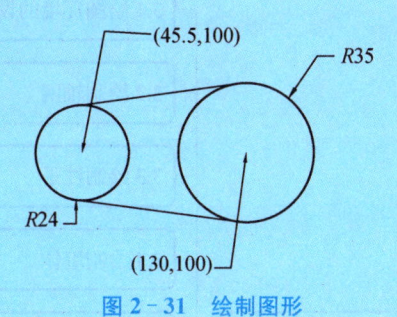

图 2-31　绘制图形

模块三 平面图的绘制

思政融入

在讲解建筑制图规范(如《建筑制图标准》)时,结合实际案例说明不遵守规范的后果,帮助学生树立规则意识和职业道德。

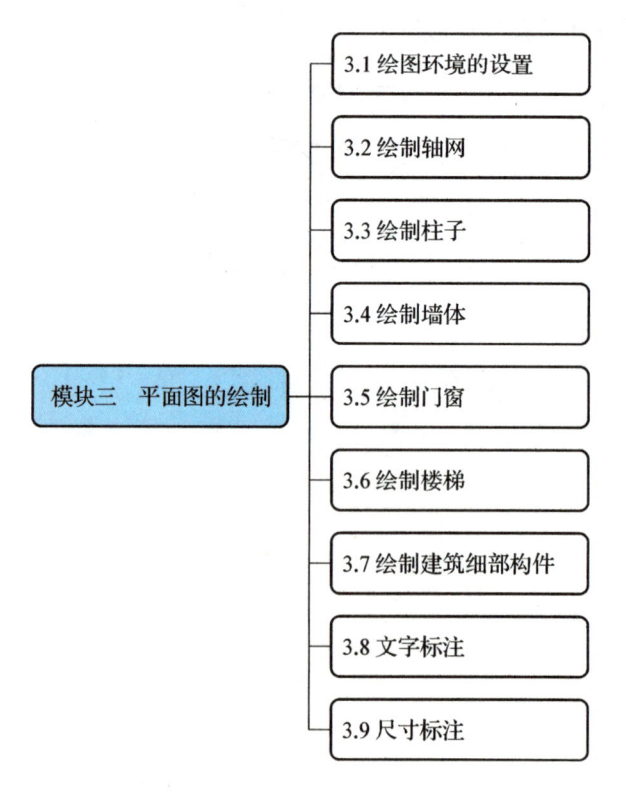

思维导图

模块三 平面图的绘制
- 3.1 绘图环境的设置
- 3.2 绘制轴网
- 3.3 绘制柱子
- 3.4 绘制墙体
- 3.5 绘制门窗
- 3.6 绘制楼梯
- 3.7 绘制建筑细部构件
- 3.8 文字标注
- 3.9 尺寸标注

模块三 平面图的绘制

学习目标

◇ 了解 AutoCAD 参数的设置方法；
◇ 熟悉绘制建筑 CAD 制图的标准和规范；
◇ 掌握基本绘图和修改命令的操作方法；
◇ 掌握绘制办公楼平面图的步骤和方法。

建筑施工图是在建筑工程设计初步方案的基础上进行修改和完善的，能够满足工程施工各项具体的要求的一系列图样的总称，一般包括建筑平面图、建筑立面图、建筑剖面图以及建筑详图。建筑平面图是用水平面将建筑物剖开得到的正投影图。建筑物每层平面的功能布局的不同导致空间组合不同，因此每一层的建筑平面图都应该画，但当中间某几层的功能完全一样时，可用标准层平面图来代替，并在图中做相应说明。因此，任何一个多层建筑都应该包括一层平面图、标准层平面图和屋顶平面图。

建筑平面图主要由轴线、墙线、门窗、尺寸标注、文字标注等部分组成，常见的平面图的绘制步骤一般包括以下几个方面：

（1）绘图环境的设置（包括设置绘图单位、图形界限、捕捉点设置、图层等）；
（2）轴网的绘制；
（3）主要建筑构件的绘制（如墙体、门窗、柱子等）；
（4）细部建筑构件的绘制（如阳台、散水、台阶等）；
（5）室内装饰布置的绘制（如家具、卫生洁具等），室内家具及卫生洁具都比较通用，所以通常做成图块保存，需要调用时直接执行插入操作；
（6）尺寸标注和文字标注。

任务 3.1　绘图环境的设置

3.1.1　设置绘图单位

使用 AutocAD 编辑图形时，一般需要对绘图单位进行设置，即设置绘图过程中采用的单位。设置绘图单位的方法有以下两种：

（1）选择"格式"菜单中"单位"命令。
（2）在命令行中输入"UNITS/DDUNITS/UN"命令。

执行上面任意一种方法后，打开"图形单位"对话框，如图 3-1 所示，点击"方向"按钮，出现如图 3-2 所示对话框，按照要求设置相应类型和精度要求，单击"确定"按钮，完成图形单位的设置。

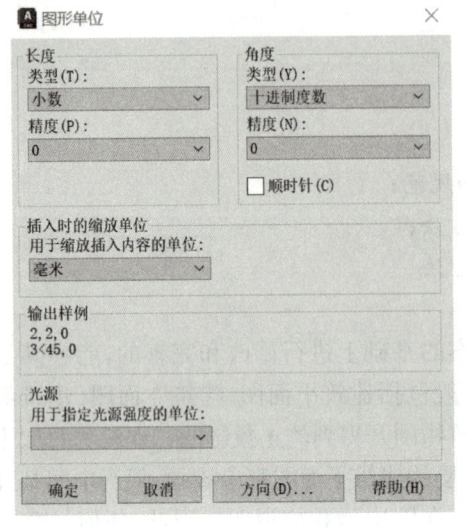

图 3-1　图形单位对话框　　　　　　图 3-2　方向对话框

3.1.2　设置图形界限

1. 图形界限

绘图界限是代表绘图极限范围的两个二维点，这两个二维点分别表示绘图范围的左下角至右上角的图形边界。实操过程中应根据图纸的大小设置对应的绘图范围。

设置绘图界限命令有以下两种调用方法：

(1) 选择"格式/图形界限"命令。

(2) 在命令行中输入"LIMITS"命令。

在命令执行的过程中，命令行将提示"开(ON)/关(OFF)"选项，该选项起到控制打开或关闭检查功能的作用。

应当注意，在打开(ON)的状态下只能在设置的绘图范围内进行绘图，而在关闭(OFF)状态下绘制的图形并不受图形界限的限制。

2. 图框

在 AutocAD 中绘制完建筑图形后，通常需要将其输出打印到图纸上，在实际工程中常用的图幅有 A0、A1、A2、A3 和 A4 五种规格。在绘制建筑图时，应根据图面大小和比例要求，采用不同的图幅，设置对应的绘图范围。宿舍楼项目对应的图框大小为 A1。

《房屋建筑制图统一标准》规定的图幅有 A0、A1、A2、A3 和 A4 五种规格，其对应的图框尺寸如表 3-1 所示，根据图框尺寸绘制的标准图框如图 3-3 所示。

表 3-1　幅面及图框尺寸(mm)

尺寸代号＼幅面代号	A0	A1	A2	A3	A4
$b×l$	841×1 189	594×841	420×594	297×420	210×297
c	10			5	
a	25				

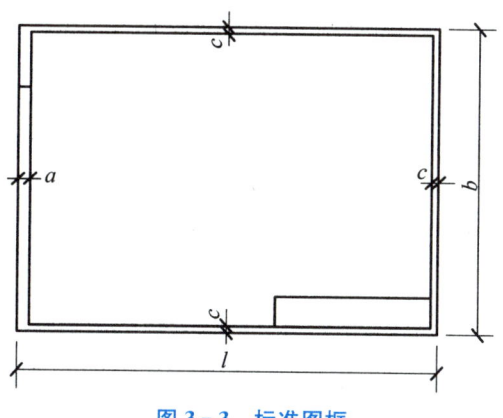

图 3-3 标准图框

当图面较长,标准图幅幅面不够时,图纸长边(l 边)可以加长,但图纸短边一般不应加长。加长大小根据图纸长度及图幅规格,可按 1/8、1/4、1/2、3/4 和 1 等比例进行加长,如表 3-2 所示。比如标准 A2 号图纸图框尺寸为 420 mm×594 mm,加长一半的尺寸为 420 mm×891 mm。

表 3-2 图纸长边加长尺寸(mm)

幅面尺寸	长边尺寸	长边加长后尺寸								
A0	1 189	1 486	1 635	1 783	1 932	2 080	2 230	2 378		
A1	841	1 051	1 261	1 471	1 682	1 892	2 102			
A2	594	743	891	1 041	1 189	1 338	1 486	1 635	1 783	1 932	2 080
A3	420	630	841	1 051	1 261	1 471	1 682	1 892		

图纸以短边作为垂直边称为横式,以短边作为水平边称为立式。一般 A0~A3 号图纸宜横式使用;必要时,也可立式使用,如图 3-4、图 3-5 所示。

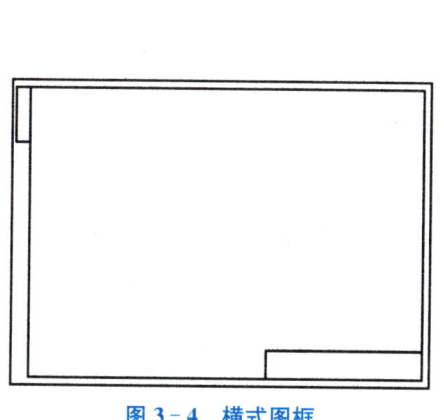

图 3-4 横式图框

图 3-5 立式图框

绘图完毕出图之前,需要把工程名称、设计单位、图名、专业等相关信息填写在标题栏和会签栏内。

在实际建筑图设计工作中,不同规格尺寸的图框第一次制作好以后,所以通常做成图块保存,需要时直接执行插入操作;一般先把设计图绘制完成,然后根据图幅的大小插入相应规格的图框。

3. 宿舍楼一层平面布置图图形界限设置

选择"格式"菜单中"图形界限"命令,或在命令行中输入"LIMITS"命令设置模型空间界限:
指定左下角点或【开(ON)/关(OFF)】<0,0>:/指定右上角点<420,297>:84100,59400
命令:ZOOM(快捷命令:Z)
指定窗口的角点,输入比例因子(nx 或 nxP),或者【全部(A)/中心(C)/动态(D)/范围(E)/上一个(P)/比例(S)/窗口(W)/对象(O)】<实时>:a
正在重生成模型。

我们要绘制一张出图比例是 1∶100 的宿舍楼一层平面建筑图,可以先按照 1∶1 的绘图比例在放大了的图形界限内绘图,在打印出图时再将图形缩小 100 倍。

将图形界限放大后,要随即用缩放命令将屏幕显示放大到全部,否则图形界限放大了,但是屏幕依然是原来的大小。

3.1.3 建立图层

在绘制建筑图时,把同一类型的对象画在同一个图层上,每个图层设定不同的名称、颜色、线型和线宽,这样画出来的图比较有层次感,给绘图人员带来很多方便。

图层的理解:为了便于管理图形,AutoCAD 提供了图层的概念,每个图层好像是透明的、没有厚度的纸,把轴线画在【轴线】图层上,把墙画在【墙线】墙图层上,把门窗画在【门窗】图层上……这样把一张建筑平面图对应的所有图层重叠放置在一起,从上往下看时,就是一张完整的建筑平面图。由于每一个图层都是透明的,图层不需要设置上下顺序,仍可以看到所有图层上的图形元素。图层设置分以下几个步骤:

1. 打开【图层特性管理器】对话框

单击【格式】菜单栏【图层】命令,或【图层】工具栏上的 图标,或执行快捷命令 La,打开【图层特性管理器】对话框,如图 3-6 所示,在新建图形中 AutoCAD 自动生成一个图层,即【0】图层,【0】图层是 AutoCAD 固有的,因此不能对其进行重命名或将其删除。

图 3-6 图层特性管理器对话框

2. 建立新图层

单击【图层特性管理器】对话框中的【新建图层】图标，则产生一个默认名为"图层1"的新层；按 Enter 键（或再次单击【新建图层】图标）就又建立一个新图层，默认名为"图层2"。在建立图层过程中，用相同的方法，需根据施工图中的基本对象类型的数量建立多个基本图层；在绘图的过程中也可根据具体情况再增加图层。需要删除图层时，选中图层后单击【删除图层】图标即可。

3. 设置图层名称

如图3-7所示，将新建图层名称"图层1""图层2"……分别修改为"轴线""墙线""柱子""门窗""楼梯""填充""尺寸标注""文字标注"等基本图层。

图3-7 图层名称修改

4. 修改图层颜色

单击【轴线】图层中的"白色"两个字，打开【选择颜色】对话框，选择个人喜欢的颜色作为该图层的颜色；用同样的方法更改其他图层的颜色。给图层设定不同的颜色，便于观察和区分基本对象类型，如图3-8所示。

5. 修改图层线型

前面新建图层默认的线型均为 Continuous（直线），建筑施工图中的轴线是点划线（中心线），所以需要将【轴线】图层的 Continuous 线型换成 CENTER 线型。

单击【轴线】图层的 Continuous 位置，打开【选择线型】对话框，如图3-9所示，已经加载的线型仅有 Continuous；单击【加载】按钮打开【加载或重载线型】对话框，如图3-10所示，找到 CENTER 线型，选中后单击【确定】按钮，CENTER 线型就加载完成了；接着如图3-11所示，在【选择线型】对话框中选中 CENTER 线型后单击【确定】按钮，关闭对话框，【轴线】图层的线型就成功更改为

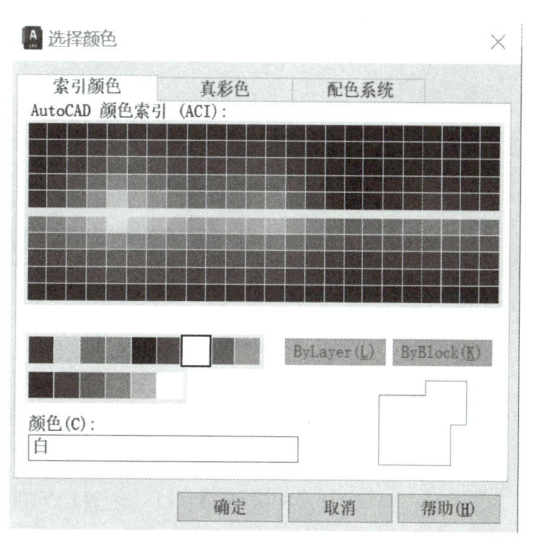

图3-8 选择颜色对话框

CENTER 线型，如图 3-12 所示。

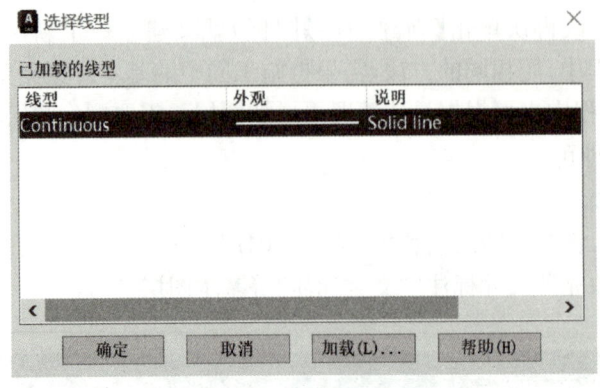

图 3-9　线型选择对话框

图 3-10　加载或重载线型对话框

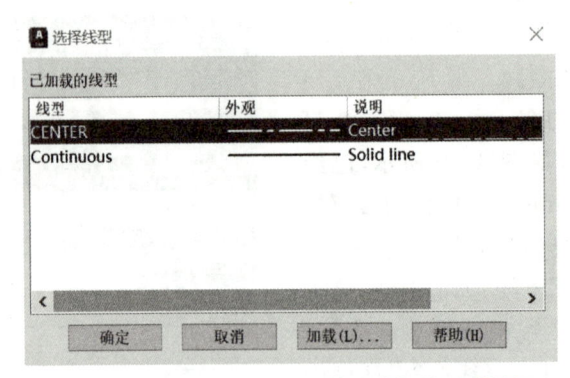

图 3-11　线型 CENTER 加载后选择线型对话框

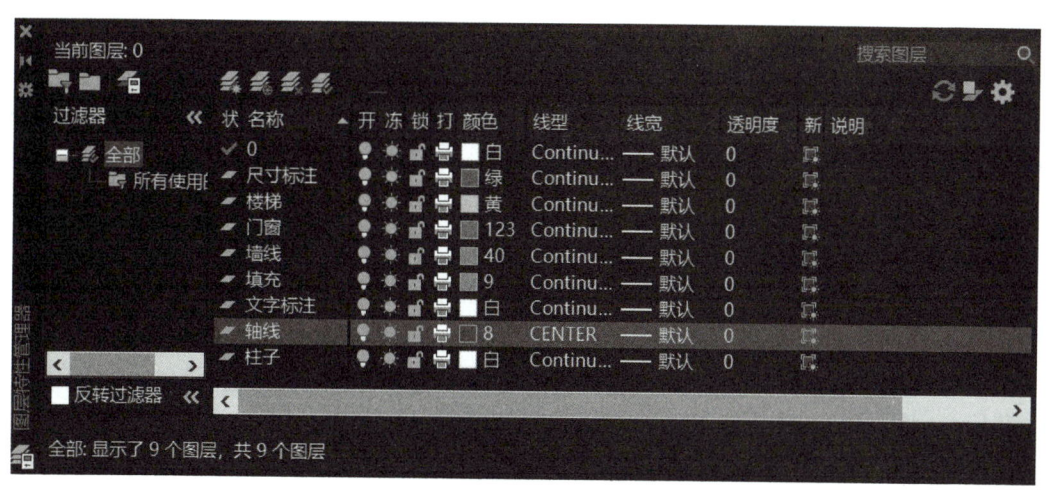

图 3-12 轴线图层的线型加载为 CENTER

6. 设置图层线宽

在"图层特性管理器"对话框中,点击需要设置图层的长条状线宽标签,弹出"线宽"对话框,如图 3-13 所示,选择所需线宽,按"确定"按钮。

7. 设置当前图层

在绘制建筑图时,把要绘制图形对应的图层置为当前,可以通过"图层特性管理器"对话框点击"置为当前"按钮,或点击【图层】工具栏上的"置为当前"图标。如绘制轴线,需把轴线图层置为当前,先选择轴线图层,单击"置为当前"按钮,接下来绘制的轴线就画在了轴线图层。

另外,在【图层特性管理器】对话框中还可以对每个图层进行关闭、冻结、锁定等操作。

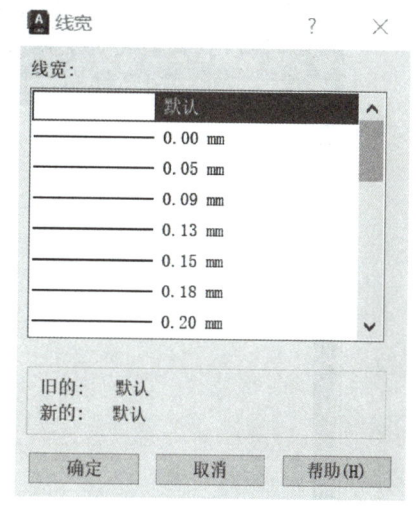

图 3-13 线宽对话框

任务 3.2 绘制轴网

3.2.1 设置当前图层

将【轴线】图层设置为当前层:单击【图层】工具栏上【图层控制】选项右侧的下拉按钮,在下拉列表中选择【轴线】图层后,单击"置为当前"按钮,如图 3-14 所示。

图 3-14 轴线图层设置为当前层

3.2.2 绘制纵向轴线

1. 绘制 A 轴轴线

(1) 单击状态栏上的【正交】按钮,或按【正交】功能的快捷键 F8,打开【正交】功能,这样光标只能沿水平或垂直方向拖动。

(2) 单击【绘图】工具栏上的【直线】图标/或在命令行输入"L"后按 Enter 键,启动绘制直线命令:

① line 指定第一点:在提示下,在绘图区域左下角的任意位置单击,将该点作为 A 轴线的左端点,移动光标则会发现一条随着光标移动而移动的橡皮条。

② 指定下一点或【放弃(U)】:在提示下,水平向右拖动光标,并在命令行输入"47000"后按 Enter 键。

③ 指定下一点或【放弃(U)】:在提示下,按 Enter 键结束【直线】命令,这样就画出一条长度为 47 000 mm 的水平线,如图 3-15 所示。

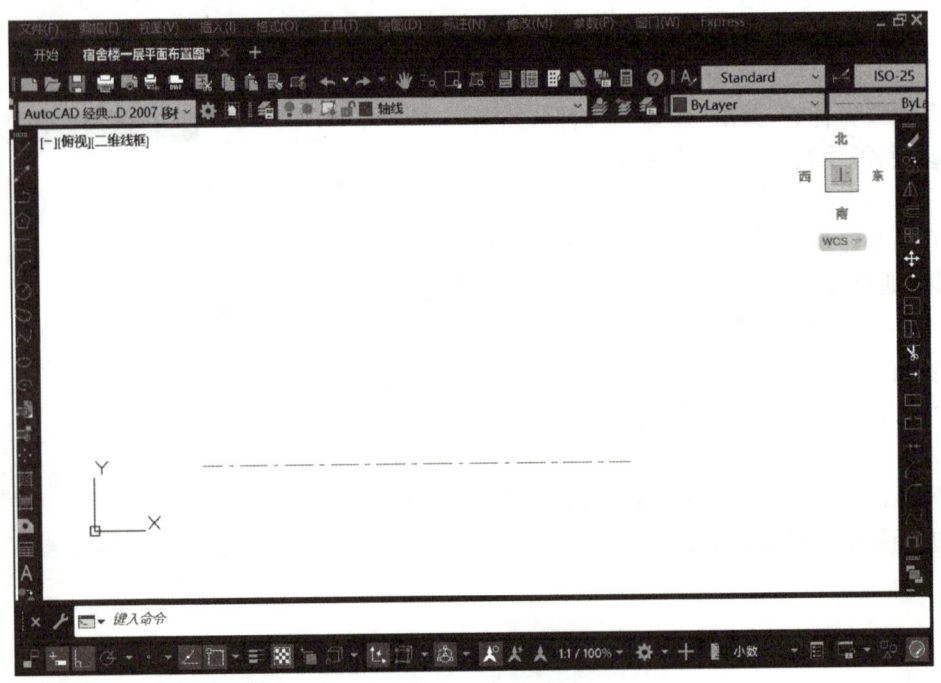

图 3-15 绘制 A 轴线

注意:执行【范围缩放】命令后,如果绘制出的 A 轴线显示的不是点画线,则做如下检查:

① 在【图层特性管理器】对话框中的【轴线】图层的线型是否加载为 CENTER(点画线/中心线)或 DASHDOT(点画线);

② 当前层是否为【轴线】图层;

③ 执行菜单栏中的【格式】菜单中【线型】命令后,在打开的【线型管理器】对话框中的【全局比例因子】是否改为"100"。

2. 绘制 B~C 轴轴线

单击【修改】工具栏上的【偏移】图标或在命令行输入快捷命令"O",并按 Enter 键,启动【偏移】命令,查看命令行:

(1) OFFSET 指定偏移距离或【通过(T)/删除(E)/图层(L)】<通过>:在提示下,输入"8000"后按 Enter 键,表示 B~A 轴线间偏移距离为 8 000 mm。

(2) 在选择要偏移的对象或【退出(EX)/放弃(U)】<退出>:在提示下,单击选择 A 轴线,此时 A 轴线变虚。

(3) 在指定要偏移的那一侧上的点或【退出(E)/多个(M)/放弃(U)】<退出>:在提示下,在 A 轴线上方任意位置处单击,则生成 B 轴线。

(4) 按 Enter 键结束【偏移】命令。

(5) 用相同的方法生成 C 轴线,如图 3-16 所示。

图 3-16 绘制 B~C 轴线

3.2.3 绘制横向轴线

1. 绘制 1 轴轴线

单击【绘图】工具栏上的【直线】图标/或在命令行输入"L"后按 Enter 键,启动绘制直线命令:

(1) 在 line 指定第一点:提示下,将十字光标的交叉点放在 A 轴线的左端下侧一点单击,将该点作为 1 轴线的下端点。

(2) 在指定下一点或【放弃(U)】:在提示下,竖直向上拖动光标,并在命令行输入"17500"后按 Enter 键。

(3) 在指定下一点或【放弃(U)】:在提示下,按 Enter 键结束【直线】命令,这样就画出一条长度为 17 500 mm 的竖直线,如图 3‑17 所示。

图 3‑17　绘制 1 轴线

2. 绘制 2～7 轴线

单击【修改】工具栏上的【偏移】图标或在命令行输入快捷命令"O",并按 Enter 键,启动【偏移】命令,查看命令行。

(1) OFFSET 指定偏移距离或【通过(T)/删除(E)/图层(L)】<通过>:在提示下,输入"8000"后按 Enter 键,表示 2～1 轴线间偏移距离为 8 000 mm。

(2) 在选择要偏移的对象或【退出(EX)/放弃(U)】<退出>:在提示下,单击选择 A 轴线。

(3) 在指定要偏移的那一侧上的点或【退出(E)/多个(M)/放弃(U)】<退出>:在提示下,在 1 轴线右侧任意位置处单击,则生成 2 轴线。

(4) 按 Enter 键结束【偏移】命令。

(5) 用相同的方法生成 3～7 轴线,如图 3‑18 所示。

模块三 平面图的绘制

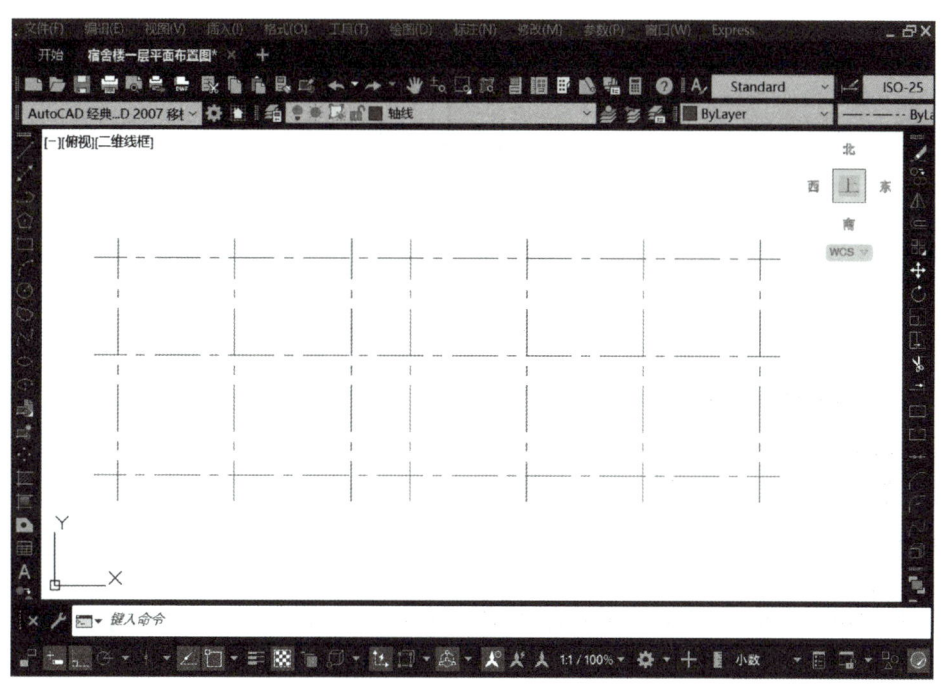

图 3‑18 绘制 2~7 轴线

注意：偏移命令包含 3 步：指定偏移距离、指定偏移对象、指定偏移方向。

当偏移距离均相等时，一次【偏移】命令就可以偏移出多条轴线。当偏移距离不相等时，每偏移一条轴线，需要重新启动【偏移】命令并给出所要偏移的距离。

▶ 任务 3.3　绘制柱子 ◀

▶ 3.3.1　设置当前图层

将【柱子】图层设置为当前层，单击【图层】工具栏上【图层控制】选项右侧的下拉按钮，在下拉列表中选择【柱子】图层后，单击"置为当前"按钮，如图 3‑19 所示。

图 3‑19　墙线图层设置为当前层

▶ 3.3.2　绘制偏心框架柱

1. 绘制 1 轴交 A 轴上矩形偏心框架柱。柱子尺寸为 500 mm×500 mm，如图 3‑20 所示：

049

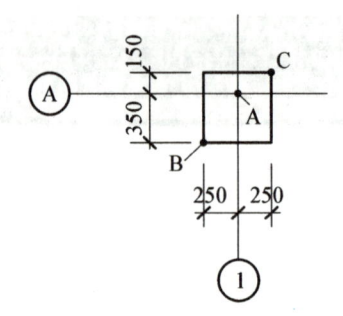

图 3-20 1～A 轴交点位置柱子布置图

(1) 单击【对象捕捉】工具栏上的 ▢ 捕捉图标。
(2) 启动绘制矩形命令。

单击【绘图】工具栏上的【矩形】图标 ▢ 或在命令行输入"REC"并按 Enter 键,启动绘制矩形命令,命令行如下:

rectang

① 指定第一个角点或【倒角(C)/标高(E)/圆角(F)/厚度(T)/宽度(W)】:在提示下,捕捉图 3-20 中的 A 点(以 A 点作为确定矩形左下角的基点)。

② 指定第一个角点或【倒角(C)/标高(E)/圆角(F)/厚度(T)/宽度(W)】:<偏移>:提示下,输入矩形左下角点 B 相对于基点 A 的坐标"@-250,-350"这样便绘出了矩形的左下角点。

③ 指定另一个角点或【面积(A)/尺寸(D)/旋转(R)】:在提示下,输入矩形右上角点 C 相对于 B 点的坐标"@500,500",然后按 Enter 键结束命令。

2. 绘制其他偏心框架柱

A 轴线交 7 轴线位置处框架柱尺寸为 500 mm×500 mm,其平面布置如图 3-21 所示:

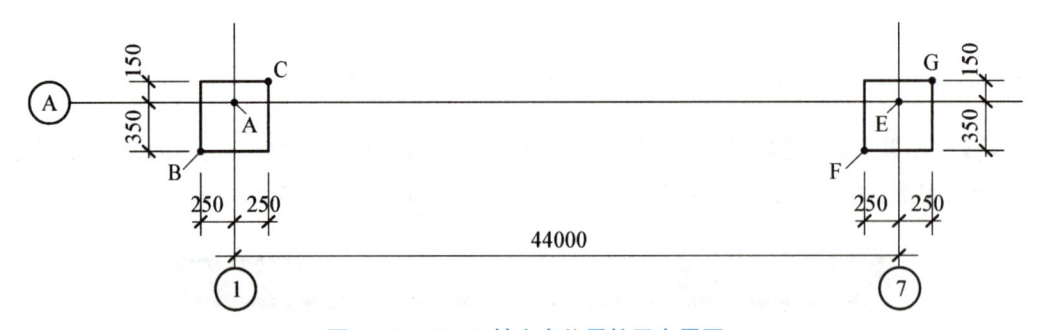

图 3-21 7～A 轴交点位置柱子布置图

下面介绍 A 轴线交 7 轴线位置处框架柱的 3 种绘制方法:
第一种方法用矩形命令,具体步骤同 A 轴交 1 轴线位置处框架柱子的绘制。
第二种绘制方法采用复制命令。
第三种绘制方法采用镜像命令。

(1) 矩形命令绘制法

1) 单击【对象捕捉】工具栏上的 捕捉图标。

2) 启动绘制矩形命令。

单击【绘图】工具栏上的【矩形】图标 或在命令行输入"REC"并按 Enter 键,启动绘制矩形命令,命令行如下:

rectang

① 指定第一个角点或【倒角(C)/标高(E)/圆角(F)/厚度(T)/宽度(W)】:在提示下,捕捉图 3-23 中的 E 点(以 E 点作为确定矩形左下角的基点)。

② 指定第一个角点或【倒角(C)/标高(E)/圆角(F)/厚度(T)/宽度(W)】:＜偏移＞:在提示下,输入矩形左下角点 F 相对于基点 E 的坐标"@-250,-350"这样便绘出了矩形的左下角点。

③ 指定另一个角点或【面积(A)/尺寸(D)/旋转(R)】:在提示下,输入矩形右上角点 G 相对于 F 点的坐标"@500,500",然后按 Enter 键结束命令。

(2) 复制命令绘制法

单击【修改】工具栏上的【复制】图标 ,或在命令行输入"CO"并按 Enter 键,启动【复制】命令,命令行如下:

COPY

① 选择对象:在提示下,选择 1~A 轴交点位置处柱子;

② 选择对象:提示找到一个,按 Enter 键;

③ 指定基点或【位移(D)/模式 O】＜位移＞:在提示下,指定 A 点作为复制基点;

④ 指定第二个点或【阵列(A)】＜使用第一个点作为位移＞:点取 A 轴交 7 轴交点 E;

⑤ 按 Enter 键,完成复制。

(3) 镜像命令绘制法

1) 单击工具栏上的 正交图标和 捕捉图标,打开正交模式和对象捕捉模式。

2) 单击【绘图】工具栏上的【直线】 ,或在命令行输入"L"并按 Enter 键,启动【直线】命令,命令行如下:

LINE

① line 指定第一点:在提示下,将十字光标的交叉点放在 1 轴线上任意一点 M 单击,将该点作为辅助直线的左端点;

② 在指定下一点或【放弃(U)】:在提示下,竖直向右拖动光标,捕捉到 7 轴线上垂直点 N 后单击,按 Enter 键;

3) 单击【修改】工具栏上的【镜像】图标 ,或在命令行输入"MI"并按 Enter 键,启动【镜像】命令,命令行如下:

① 选择对象:提示下,选择 1~A 轴交点位置处柱子;

② 选择对象:提示找到一个,按 Enter 键;

③ 指定镜像线的第一点:提示下,光标捕捉辅助线 MN 的中点 O;

④ 指定镜像线的第二点:提示下,光标竖直向上拖动,单击任意一点 P;

⑤ 要删除源对象吗?【是(Y)/否(N)】＜N＞:提示下输入 N,按 Enter 键,完成镜像。

随着学习的深入,同学们在掌握更多绘图命令的同时,还应该注重实践,通过实践和探索,提升自己的绘图技能,根据实际的工程场景,灵活选用绘图方法和命令,以达到最佳的绘制效果。

3.3.3 绘制居中框架柱

1. 绘制 2 轴交 A 轴线上的居中框架柱

柱子尺寸为 500 mm×500 mm,在平面上居中放置,如图 3-22 所示:

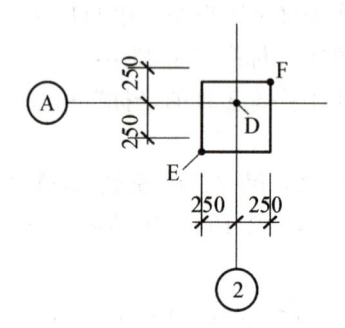

图 3-22 2～A 轴交点位置柱子布置图

(1) 单击【对象捕捉】工具栏上的 捕捉图标。
(2) 启动绘制矩形命令。

单击【绘图】工具栏上的【矩形】图标 或在命令行输入"REC"并按 Enter 键,启动绘制矩形命令,命令行如下:

rectang

① 指定第一个角点或【倒角(C)/标高(E)/圆角(F)/厚度(T)/宽度(W)】:在提示下,指定图 3-22 中的 D 点。

② 指定另一个角点或【面积(A)/尺寸(D)/旋转(R)】:在提示下,输入字母 D,按 Enter 键。

③ 指定矩形的长度<10>:在提示下,输入 500,按 Enter 键。

④ 指定矩形的宽度<10>:在提示下,输入 500,按 Enter 键。

⑤ 指定另一个角点或【面积(A)/尺寸(D)/旋转(R)】:在提示下,点击 D 点右上方任意一点,绘制的柱子如图 3-23 所示。

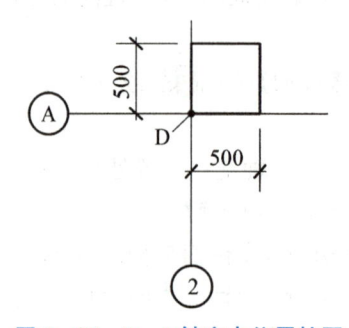

图 3-23 2～A 轴交点位置柱图

(3) 启动移动命令。

单击【修改】工具栏上的【移动】图标✥，或在命令行输入"M"并按 Enter 键，启动移动命令，命令行如下：

MOVE

① 选择对象：在提示下，单击框柱上任意一点，按 Enter 键。

② 指定基点【位移(D)】＜位移＞：在提示下，指定 D 点。

③ 指定第二个点或＜使用第一个点作为位移＞：在提示下，输入@－250，－250，按 Enter 键，结束命令。

注意：上面通过绘制 1～A 轴交点位置、2～A 轴交点位置柱图，介绍了在给定尺寸、给定位置条件下 2 种绘制柱子的方法，锻炼了矩形命令、捕捉命令和移动命令的操作方法。

2. 绘制其他大小相同、居中放置的框架柱

单击【修改】工具栏上的【复制】图标，或在命令行输入"CO"并按 Enter 键，启动【复制】命令：

① 选择对象：在提示下，选择 2～A 轴交点位置处柱子；

② 选择对象：提示找到一个，按 Enter 键；

③ 指定基点或【位移(D)模式 O】＜位移＞：在提示下，指定 D 点作为复制基点；

④ 指定第二个点或【阵列(A)】＜使用第一个点作为位移＞：在提示下，点取 A 轴交 3 轴交点；

⑤ 指定第二个点或【阵列(A)退出(E)放弃(U)】＜退出＞：点取 A 轴交 4 轴交点

⑥ 指定第二个点或【阵列(A)退出(E)放弃(U)】＜退出＞：点取 A 轴交 5 轴交点……

⑦ 分别点取 A 轴交 6 轴交点，B 轴交 1 轴、2 轴、3 轴、4 轴、5 轴、6 轴、7 轴交点，C 轴交 1 轴、2 轴、3 轴、4 轴、5 轴、6 轴、7 轴交点；

⑧ 按 Enter 键，完成宿舍楼一层平面布置图中居中柱子的复制。

注意：学习【复制】命令的过程中要理解基点的作用，基点的作用是使被复制出的对象能够准确定位，所以为准确捕捉到基点 D(A 轴与 3 轴交点)，注意一定要打开【对象捕捉】功能。

▶ 任务 3.4　绘制墙体 ◀

▶ 3.4.1　设置当前图层

将【墙线】图层设置为当前层，单击【图层】工具栏上【图层控制】选项右侧的下拉按钮，在下拉列表中选择【墙线】图层后，单击"置为当前"按钮，如图 3-24 所示：

图 3-24　墙线图层设置为当前层

3.4.2 绘制墙线

绘制墙线常用的方法有两种:

第一种是轴线偏移法,直接把轴线往两侧偏移,利用轴线绘制墙线。

另一种是多线绘制法,设定好多线的宽度,捕捉轴线交点直接绘制墙线,不需要设置辅助轴线。

1. 轴线偏移法

本工程宿舍楼外墙厚度均为 200 mm,外墙线偏心布置,外侧距轴线偏移 250 mm,内侧距轴线偏移 50 mm,接下来以图 3-25 所示局部外墙为例,讲述偏移法绘制外墙。

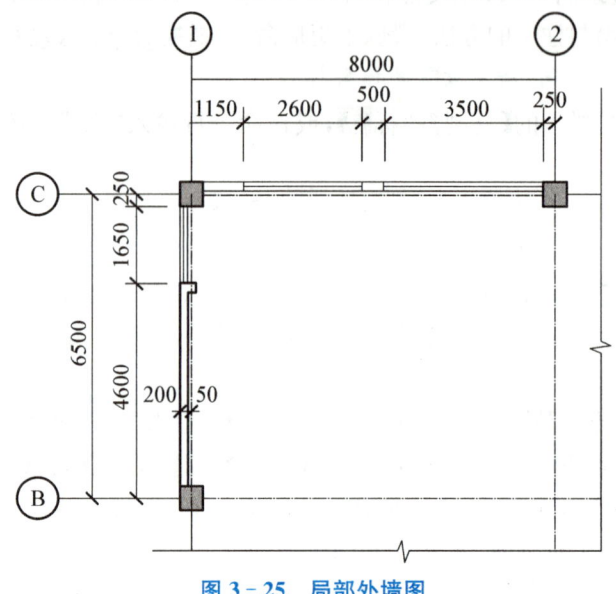

图 3-25 局部外墙图

(1) 单击【修改】工具栏上的【偏移】图标,或在命令行输入"O"并按 Enter 键,启动【偏移】命令,命令行如下:

OFFSET

① 指定偏移距离或【通过(T)/删除(E)/图层(L)】<8000>:在提示下,输入 250;

② 选择要偏移的对象,或【退出(E)/放弃(U)】<退出>:在提示下,选择 1 轴线;

③ 指定要偏移的那一侧上的点,或【退出(E)/多个(M)/放弃(U)】<退出>:在提示下,在 1 轴线的左侧任意一点进行单击;

④ 选择要偏移的对象,或【退出(E/)放弃(U)】<退出>:在提示下,选择 C 轴线;

⑤ 指定要偏移的那一侧上的点,或【退出(E)/多个(M)/放弃(U)】<退出>:在提示下,在 C 轴线的上方任意一点进行单击;

……

⑥ 用相同的操作步骤完成 A 轴和 7 轴线上轴线的偏移。

(2) 按 Enter 键或空格键,重复【偏移】命令,命令行如下:

OFFSET

① 指定偏移距离或【通过(T)/删除(E)/图层(L)】<8 000>:在提示下,输入 50;

② 选择要偏移的对象,或【退出(E)/放弃(U)】<退出>:在提示下,选择 1 轴线;

③ 指定要偏移的那一侧上的点,或【退出(E)/多个(M)/放弃(U)】<退出>:在提示下,在 1 轴线的左侧任意一点进行单击;

④ 选择要偏移的对象,或【退出(E)/放弃(U)】<退出>:在提示下,选择 C 轴线;

⑤ 指定要偏移的那一侧上的点,或【退出(E)/多个(M)/放弃(U)】<退出>:在提示下,在 C 轴线的上方任意一点进行单击;

……

⑥ 用相同的操作步骤完成 A 轴和 7 轴线上轴线的偏移,偏移完成后的局部图形如图 3-26 所示。

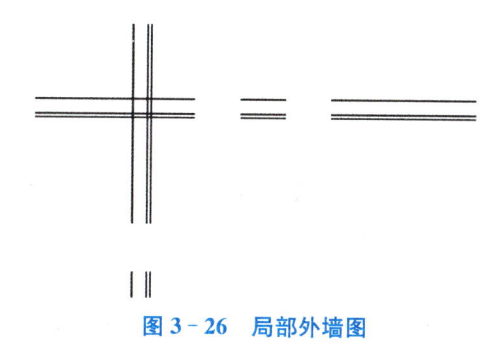

图 3-26　局部外墙图

(3) 修改图层。选择所有偏移出的墙线,在图层特性管理器里将其图层由轴线层改为墙线层。

(4) 锁定或关闭轴线图层

(5) 用【修剪】或【倒角】等命令,修改墙线

单击【修改】工具栏上的【剪切】图标,或在命令行输入"TR"并按 Enter 键,启动【剪切】命令,命令行如下:

TRIM

① TRIM【剪切边(T)/窗交(C)/模式(O)/投影(P)/删除(R)】:提示下,输入 T,并按 Enter 键;

② 选择对象或<全部选择>:提示下,选择 1 轴和 C 轴外侧外墙线,选中的墙线显亮显示,如图 3-27 所示,再按 Enter 键;

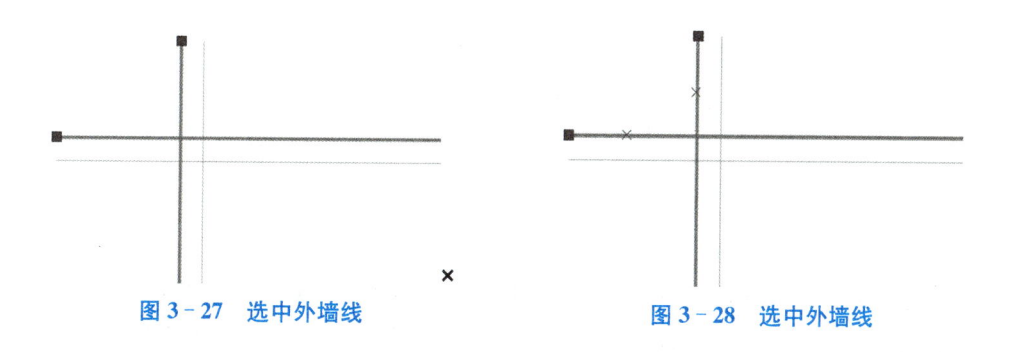

图 3-27　选中外墙线

图 3-28　选中外墙线

③【剪切边(T)/窗交(C)/模式(0)/投影(P)/删除(R)】：在提示下，如图 3-28 所示点击要剪切掉的线条；

④ 选择对象或＜全部选择＞：在提示下，选择 1 轴和 C 轴外侧外墙线，选中的墙线显亮显示，如图 3-29 所示，再按 Enter 键；

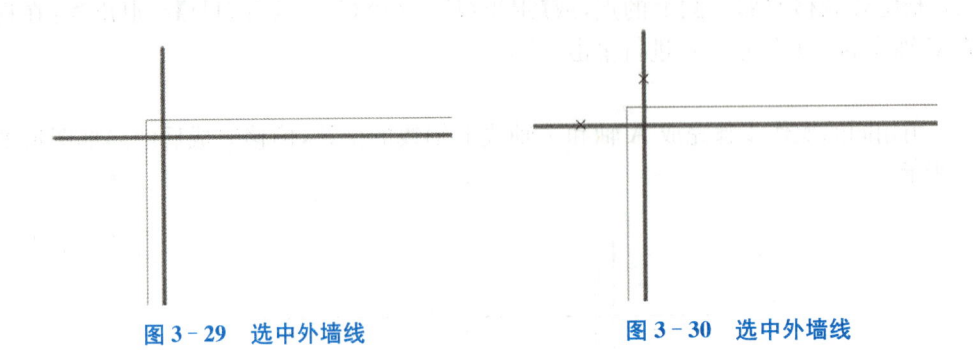

图 3-29　选中外墙线　　　图 3-30　选中外墙线

⑤【剪切边(T)/窗交(C)/模式(0)/投影(P)/删除(R)】：在提示下，点击要剪切掉的线条，如图 3-30 所示，输入 T，按 Enter 键，结束剪切命令；

⑥ 用相同的操作步骤完成宿舍楼项目中所有外墙的剪切任务。

2. 多线绘制法

本工程宿舍楼内墙厚度分 200 mm、100 mm 两种类型，所有内墙线均相对轴线居中布置。接下来以图 3-31 所示局部内墙线为例，讲述多线绘制法。

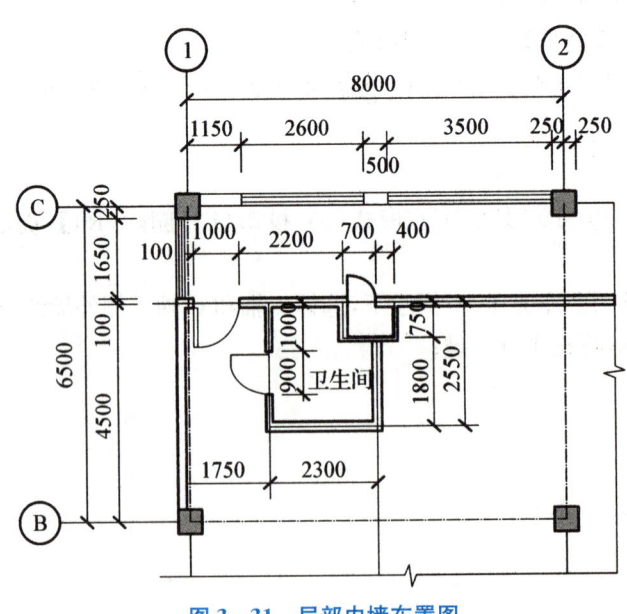

图 3-31　局部内墙布置图

（1）选择下拉菜单【格式】→【多线样式】选项，单击【新建】按钮，新建一个 200 mm 内墙，多线样式名定义为 N20，如图 3-32 所示；按【继续】按钮，打开"新建多线样式：N20"对话框,将"封口"选项框中直线的"起点"和"端点"都设置为封闭,将"图元"选项框中偏移量 0.5 改为 100,-0.5 改为-100,颜色和线型设置为 ByLayer,如图 3-33 所示,然后确定。

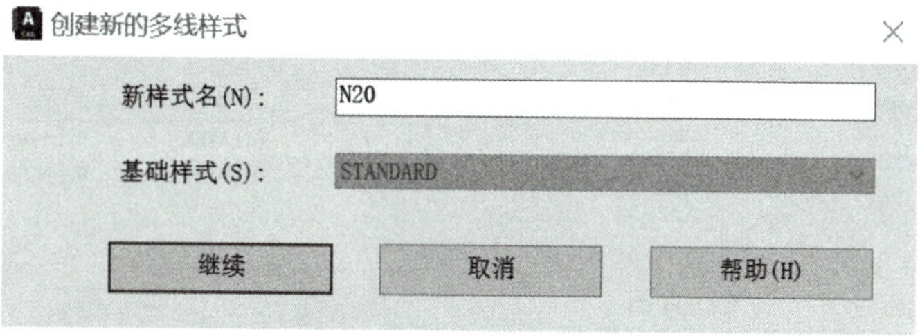

图 3-32 创建新的多线样式对话框

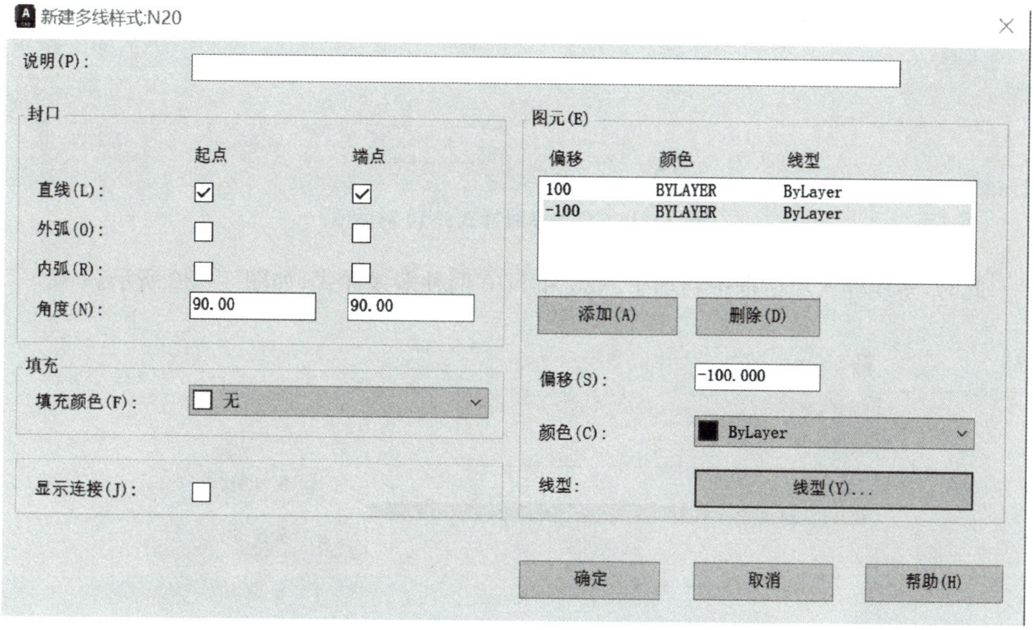

图 3-33 创建多线样式:N20 对话框

(2) 在【多线样式】对话框中,再次单击【新建】按钮,新建一个 100 mm 内墙,多线样式名定义为 N10,如图 3-34 所示;按【继续】按钮,打开"新建多线样式:120"对话框,将"封口"选项框中直线的"起点"和"端点"都设置为封闭,将"图元"选项框中偏移量 0.5 改为 50,-0.5 改为-50,颜色和线型设置为 ByLayer,如图 3-35 所示,点击"确定"。

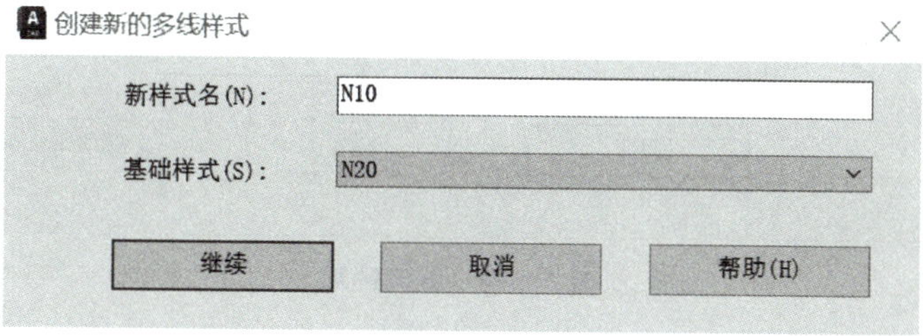

图 3-34 创建新的多线样式对话框

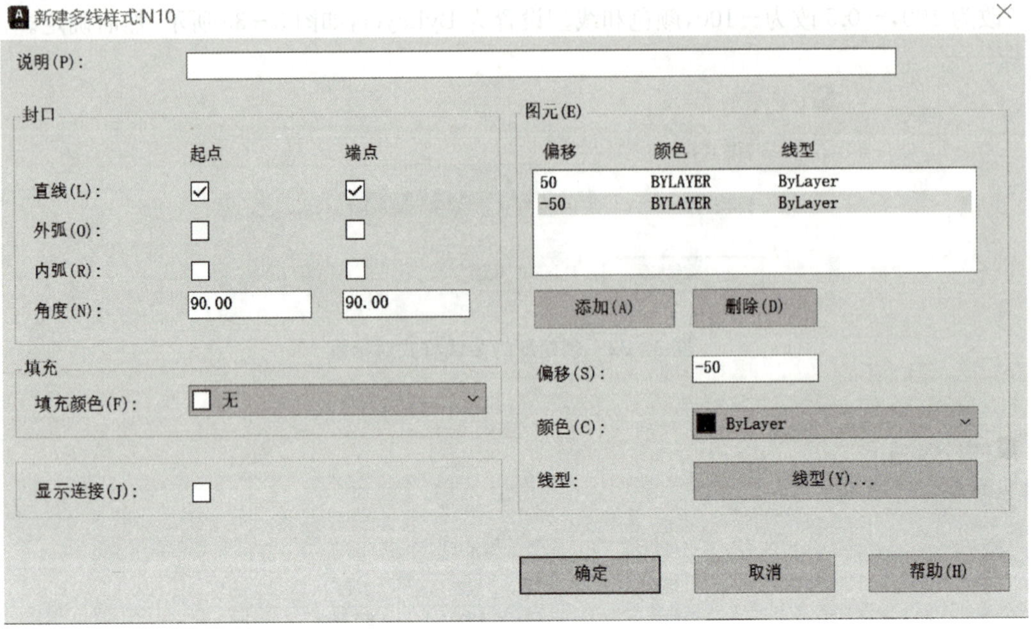

图 3-35　创建多线样式：N10 对话框

此时，多线样式对话框中新增了 N20 和 N10 两种多线样式，如图 3-36 所示。

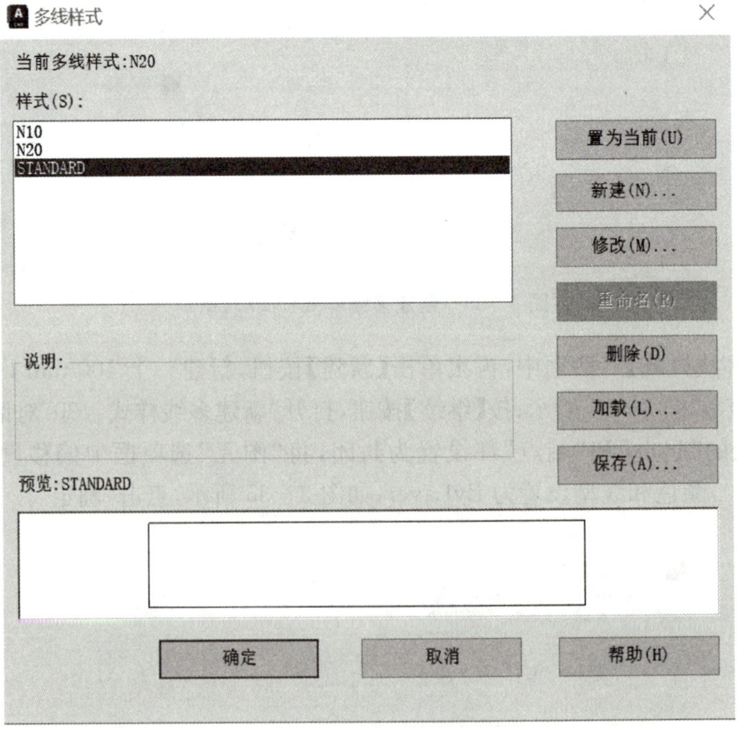

图 3-36　多线样式

(3) 单击【对象捕捉】工具栏上的 捕捉图标。

(4) 绘制宽度为 200 mm 的内墙

宿舍楼局部一层布置图中,200 mm 宽内墙所在的轴线如图 3-37 所示。

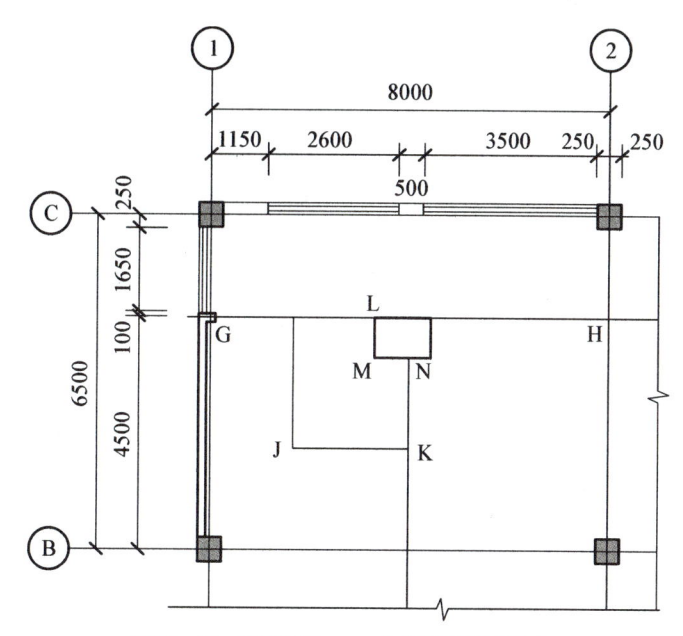

图 3-37 局部 200 mm 宽内墙轴线布置图

将多线样式 N20 设置为当前多线样式,单击下拉菜单【绘图】→【多线】选项,或命令行输入"ML"并按 Enter 键,启动【多线】命令,命令行如下:

MLINE

① 指定起点或【对正(J)/比例(S)/样式(ST)】:在提示下,输入 J 并按 Enter 键;
② 输入对正类型【上(T)/无(Z)/下(B)】<下>:在提示下,输入 Z 并按 Enter 键;
③ 指定起点或【对正(J)/比例(S)/样式(ST)】:在提示下,输入 S 并按 Enter 键;
④ 输入多线比例<1.00>:在提示下,多线比例默认为 1.00,按 Enter 键;
⑤ 指定起点或【对正(J)比例(S)样式(ST)】:在提示下,多线样式已经默认为 N20,点击 G 点;
⑥ 指定下一点:提示下,点击 H 点;
⑦ 指定下一点或【放弃(U)】:按 Enter 键。

按 Enter 键或空格键,重复【多线】命令,命令行如下:

MLINE

① 指定起点或【对正(J)/比例(S)/样式(ST)】:在提示下,输入 J 点并按 Enter 键;
② 指定下一点:在提示下,点击 K 点;
③ 指定下一点或【放弃(U)】:在提示下,点击 N 点;
④ 指定下一点或【放弃(U)】:按 Enter 键。

按 Enter 键或空格键,再次重复【多线】命令,命令行如下:

MLINE

① 指定起点或【对正(J)/比例(S)/样式(ST)】:在提示下,输入 L 点并按 Enter 键;
② 指定下一点:在提示下,点击 M 点;
③ 指定下一点或【放弃(U)】:按 Enter 键。

(5) 绘制宽度为 100 mm 的内墙

宿舍楼局部一层布置图中,100 mm 宽内墙所在的轴线如图 3-38 所示。

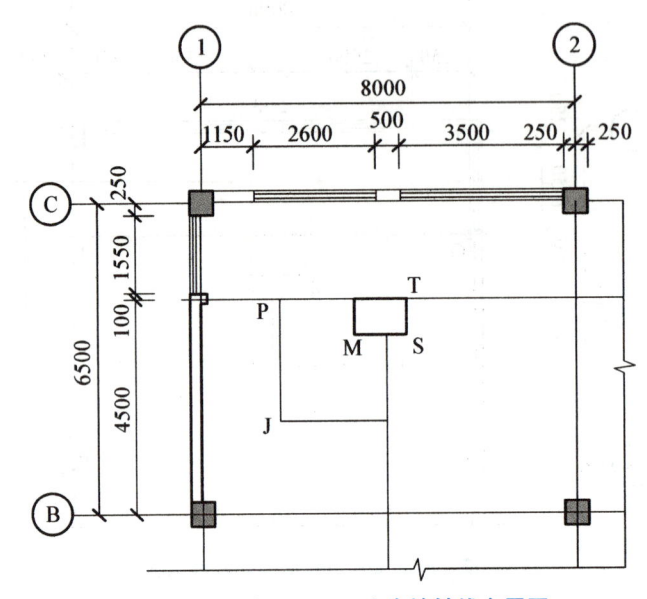

图 3-38 局部 100 mm 宽内墙轴线布置图

单击下拉菜单【绘图】→【多线】选项,或命令行输入"ML"并按 Enter 键,启动【多线】命令,命令行如下:

MLINE

① 提示当前设置为:对正=无,比例=1.00,样式=N20(在绘制完成居中放置的 200 mm 宽墙线的前提下);

② 指定起点或【对正(J)/比例(S)/样式(ST)】:在提示下,输入 ST 并按 Enter 键;

③ 输入多线样式名或【?】:在提示下,输入 N10 并按 Enter 键;

④ 指定起点或【对正(J)/比例(S)/样式(ST)】:在提示下,点击 P 点;

⑤ 指定下一点:在提示下,点击 J 点;

⑥ 指定下一点或【放弃(U)】:按 Enter 键。

按 Enter 键或空格键,重复【多线】命令,命令行如下:

MLINE

① 指定起点或【对正(J)/比例(S)/样式(ST)】:提示下,输入 M 点并按 Enter 键;

② 指定下一点:在提示下,点击 S 点;

③ 指定下一点或【放弃(U)】:在提示下,点击 T 点;

④ 指定下一点或【放弃(U)】:按 Enter 键。

(6) 用相同的操作步骤完成宿舍楼项目所有内墙的绘制。

(7) 编辑墙线

① 单击【图层】工具栏上的【图层控制】选项窗口旁边的下拉按钮,在下拉列表中单击【轴线】、【柱子】层灯泡图标,灯泡图标由黄变蓝,【轴线】和【柱子】图层被关闭,如图 3-39 所示。

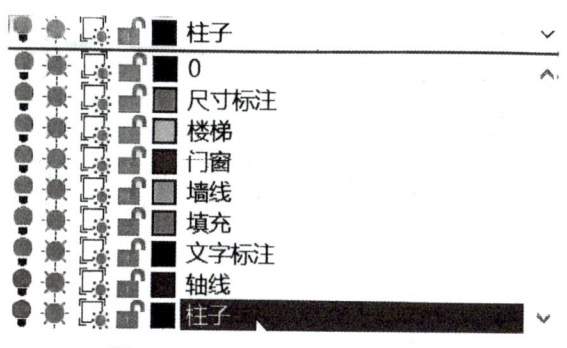

图 3-39 关闭【轴线】【柱子】图层

② 执行【修改】菜单栏中【对象】→【多线】命令,或双击将要编辑的多线,打开【多线编辑工具】对话框,如图 3-40 所示。

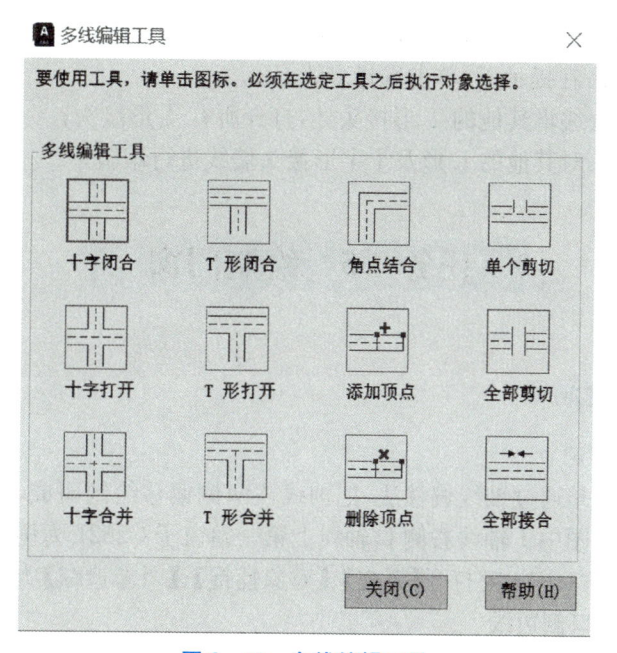

图 3-40 多线编辑工具

③ 单击【T 形打开】图标,以图 3-41 中局部墙线为例进行墙线编辑;

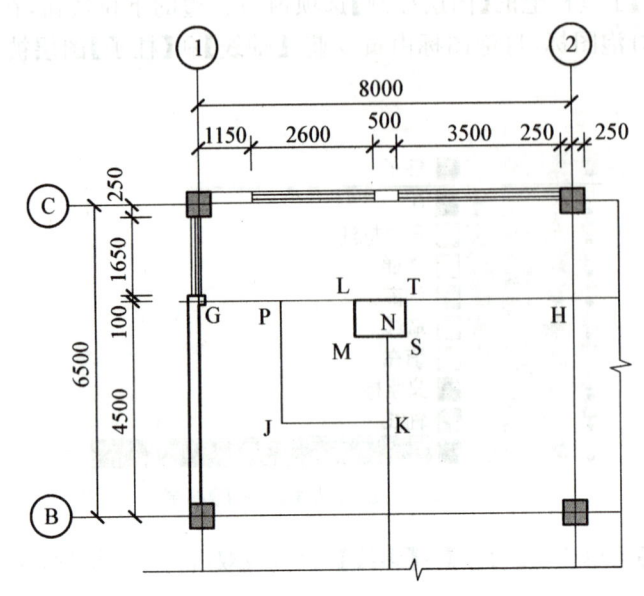

图 3-41 局部墙线接头

选择第一条多线:在提示下,单击选择多线 PJ;
选择第二条多线:在提示下,单击选择多线 GL。
④ 用同样的方法编辑其他的 T 形接头处,打开所有 T 形接头;
⑤ 用同样的方法对其他的 L 形及十字形接头墙线进行编辑。

任务 3.5 绘制门窗

3.5.1 开门窗洞口

1. 开外墙上门窗洞口

本项目中外墙线是通过轴线偏移法,把轴线往两侧偏移绘制而成,其线型特性为直线。现在以一层平面布置图中 1 轴线右侧 C 轴线上第一扇窗子 C2621 为例进行绘制。

(1) 分别按 F8、F3、F11 键打开【正交】、【对象捕捉】、【对象追踪】功能。

(2) 绘制门窗洞口侧边线

单击【绘图】工具栏上的【直线】图标,或在命令行输入"L"并按 Enter 键,启动绘制直线命令:

LINE

1) line 指定第一点:在提示下,将光标放在 1 轴线和 C 轴线外墙线交点处,不单击,待出现端点捕捉符号后,将光标轻轻地水平向右拖动,会出现一条虚线,如图 3-42 所示。然后输入"1150"(该值为 1 轴线到窗洞口左上角点的距离)后按 Enter 键,直线的起点就画在门窗洞口的左上角点处。

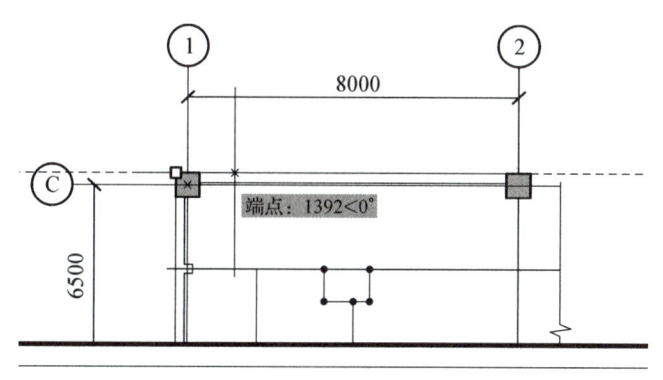

图 3-42 利用【对象追踪】找点的位置

2) 在指定下一点或【放弃(U)】:提示下,将光标垂直向下拖动,然后输入"200",按 Enter 键结束命令。

3) 单击【修改】工具栏上的【偏移】图标,或在命令行输入"O"并按 Enter 键,启动偏移命令,命令行如下:

OFFSET

① 指定偏移距离或【通过(T)/删除(E)/图层(L)】<通过>:在提示下,输入 2600(该位置处窗洞的宽度为 2 600)

② 选择要偏移的对象,或【退出(E)/放弃(U)】<退出>:在提示下,选择刚绘制的窗洞口边线。

③ 指定要偏移的那一侧上的点,或【退出(E)/多个(M)/放弃(U)】<退出>:在提示下,在刚绘制的窗洞口边线的右侧任意一点进行单击,生成窗洞口右侧的边线,如图 3-43 所示。

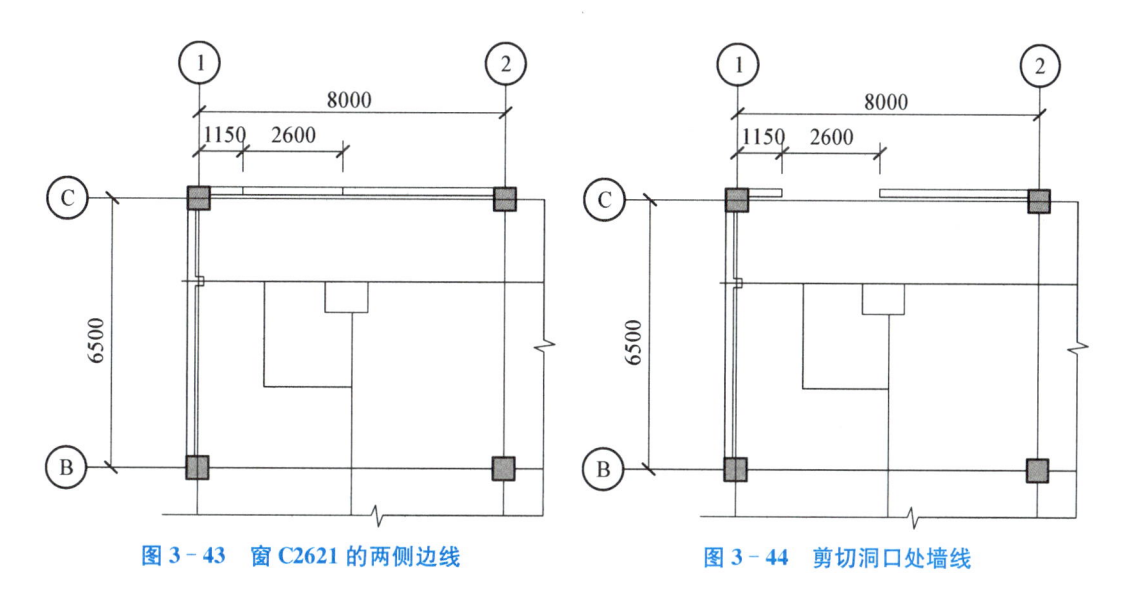

图 3-43 窗 C2621 的两侧边线

图 3-44 剪切洞口处墙线

(3) 剪切洞口处墙线

1) 单击【修改】工具栏上的【剪切】图标,或在命令行输入"TR"并按 Enter 键,启动剪切命令,对外墙窗洞口处外墙线进行剪切,开洞后图形如图 3-44 所示。

……

(4) 用相同的操作步骤对外墙所有门窗进行开洞口

2. 开内墙上门窗洞口

本项目中内墙线是通过多线绘制法绘制而成,其线型特性为多线。现在以一层平面布置图中 1 轴线右侧、C 轴线下方内墙上的门洞 M1021 为例,进行绘制。

(1) 通过偏移轴线绘制门窗洞口侧边线

单击【修改】工具栏上的【偏移】图标,或在命令行输入"O"并按 Enter 键,启动偏移命令,命令行如下:

OFFSET

① 指定偏移距离或【通过(T)/删除(E)/图层(L)】<通过>:在提示下,输入 100(该位置处门洞左侧距离 1 轴线的距离为 100),按 Enter 键;

② 选择要偏移的对象,或【退出(E)/放弃(U)】<退出>:在提示下,选择 1 轴线;

③ 指定要偏移的那一侧上的点,或【退出(E)/多个(M)/放弃(U)】<退出>:在提示下,在 1 轴线右侧任意一点进行单击,生成直线 1a;

④ 选择要偏移的对象,或【退出(E)/放弃(U)】<退出>:在提示下,按 Enter 键;

⑤ 按 Enter 键,启动偏移命令;

⑥ 指定偏移距离或【通过(T)/删除(E)/图层(L)】<通过>:在提示下,输入 1000(该位置处门洞的宽度为 1 000),按 Enter 键;

⑦ 选择要偏移的对象,或【退出(E)/放弃(U)】<退出>:在提示下,选择 1a 轴线;

⑧ 指定要偏移的那一侧上的点,或【退出(E)/多个(M)/放弃(U)】<退出>:在提示下,在 1a 轴线右侧任意一点进行单击,生成直线 1b,如图 3-45 所示。

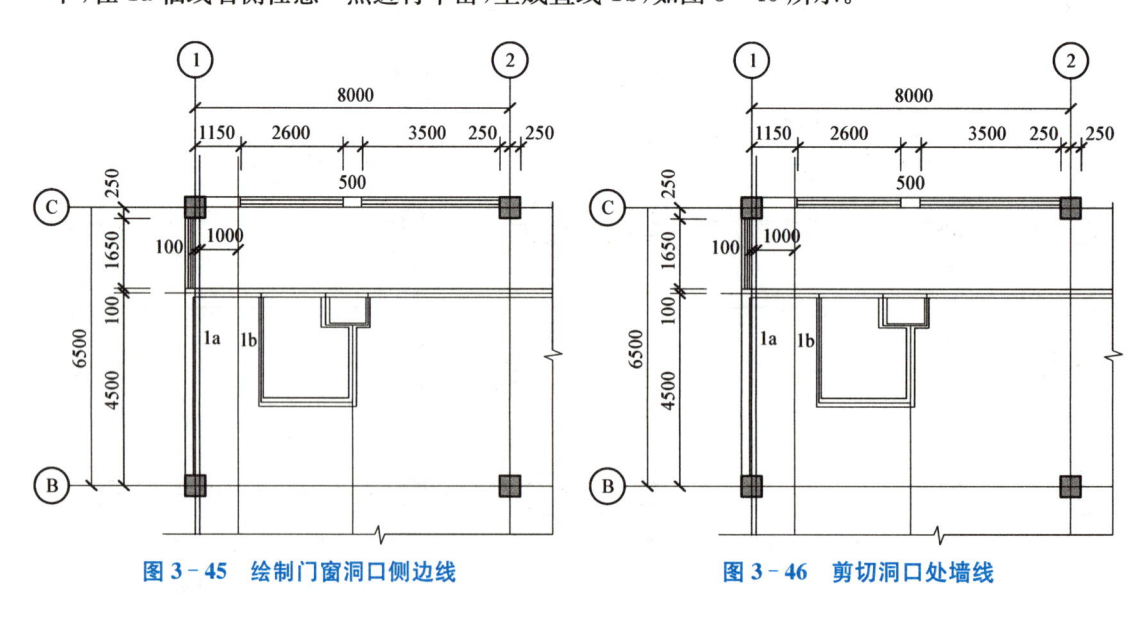

图 3-45 绘制门窗洞口侧边线　　图 3-46 剪切洞口处墙线

⑨ 选择要偏移的对象,或【退出(E)/放弃(U)】<退出>:提示下,按 Enter 键结束偏移。

(2) 剪切洞口处墙线

单击【修改】工具栏上的【剪切】图标,或在命令行输入"TR"并按 Enter 键,启动剪切命令,对内墙窗洞口处外墙线进行剪切,开洞后图形如图 3-46 所示。

(3) 删除洞口两侧边线

单击【修改】工具栏上的【删除】图标,或在命令行输入"E"并按 Enter 键,启动删除命令,删除洞口两侧边线。

(4) 用相同的操作方法,对内墙所有门窗进行开洞口

3.5.2 设置当前图层

将【门窗】图层设置为当前层,单击【图层】工具栏上【图层控制】选项右侧的下拉按钮,在下拉列表中选择【门窗】图层后,单击"置为当前"按钮,如图 3-47 所示。

图 3-47 门窗图层设置为当前层

3.5.3 绘制门窗

门窗绘制方法有很多,下面介绍图块插入法:

1. 创建门窗图块

(1) 将图层改为门窗图层,绘制一个长宽尺寸为单位长度的门和窗,如图 3-48 所示。

图 3-48 门窗图块

(2) 单击【绘图】菜单栏中的【块】,单击【创建】按钮,或在命令行输入"B"并按 Enter 键,打开"块定义"对话框,如图 3-49 所示:

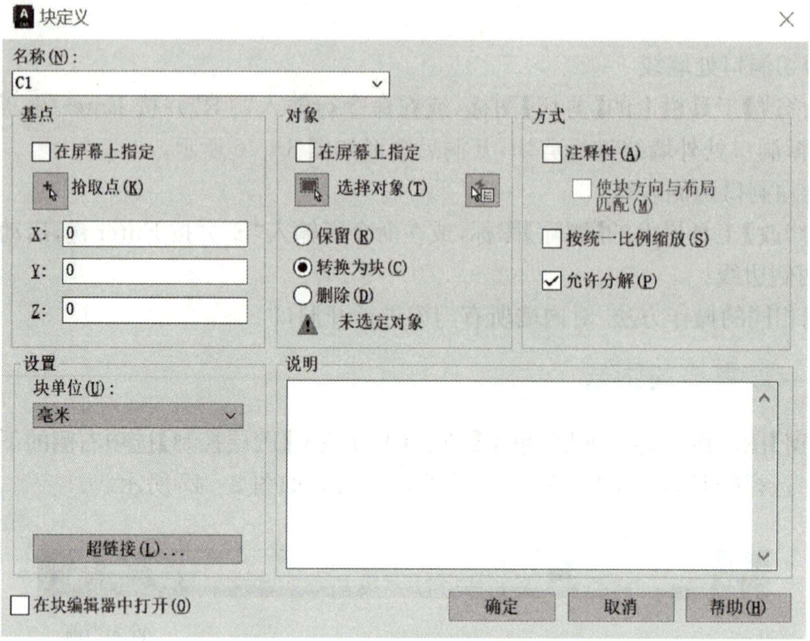

图 3－49 块定义

块名称:输入"C1";
点击"拾取点"按钮,选择窗图形的左上交点;
点击"选择对象"按钮,选择窗图形;
选择"转换为块"选项;
点击"确定"按钮,完成窗图块"C1"的制作。
(3) 相同的方法制作门图块"M1"。

2. 插入门窗图块

以一层平面布置图中,1 轴线右侧 C 轴线上第一扇窗子 C2621 为例插入 C1 图块。

(1) 按 F8 键打开【对象捕捉模式】。

(2) 单击【插入】菜单中的【块】按钮,或在命令行输入"I",并按 Enter 键,图块名称选择"C1",点击"确定"按钮:

INSERT

指定插入点或【基点(B)/比例(S)/X/Y/Z/旋转(R)】:在提示下,输入 x;

指定 X 比例因子<1>:在提示下,输入 2.6;

指定插入点或【基点(B)/比例(S)/X/Y/Z/旋转(R)】:在提示下,输入 y;

指定 Y 比例因子<1>:在提示下,输入 2;

指定插入点或【基点(B)/比例(S)/X/Y/Z/旋转(R)】:在提示下,鼠标点击窗子 C2621 左侧边线的上角点,完成 C2621 窗图块的插入。

(3) 完成所有门窗图块的绘制。

对于不同规格、不同开启方向的门窗洞口,可以采用相同的步骤进行插入;对于相同规格、相同开启方向的门窗洞口,可以灵活采用复制粘贴、镜像以及阵列的方法完成绘制。

特别提示

1. 比例因子＝新尺寸/旧尺寸。

2.【比例】命令是将图形沿 X,Y,Z 方向等比例地放大或缩小,当图形沿着 X,Y,Z 方向等比例变大或缩小时,在提示下输入相应的比例数值。

3. 当图形沿着 X,Y,Z 方向变大或缩小的比例不同时:在提示下,分别输入 X,再输入 X 方向对应的比例因子;在提示下,输入 Y,再输入 Y 方向对应的比例因子;在提示下,输入 Z,再输入 Z 方向对应的比例因子。

任务 3.6 绘制楼梯

楼梯是建筑平面图中不可缺少的部分,主要分为一层(底层)楼梯平面图、标准层楼梯平面图、顶层楼梯平面图;本工程中,层平面图中包含 2 个楼梯,因一层楼梯平面图比较简单,本节以相对复杂的楼梯 1 标准层平面图,如图 3-50 所示,作为绘制案例进行绘制。

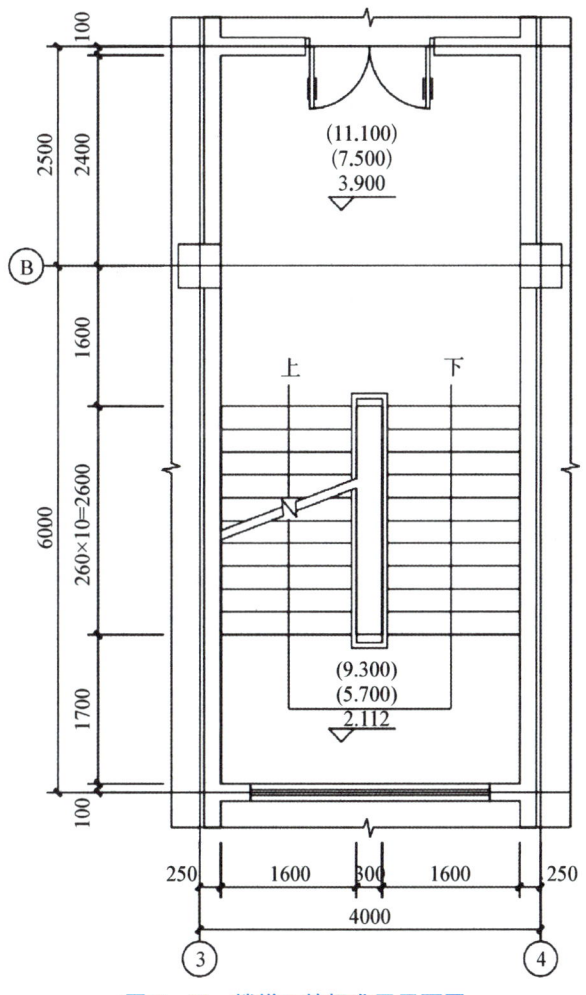

图 3-50 楼梯 1 的标准层平面图

3.6.1 绘制楼梯踏步线

(1) 将【楼梯】图层设置为当前层。
(2) 分别按 F8、F3、F11 键打开【正交】、【对象捕捉】、【对象追踪】功能。
(3) 单击【绘图】菜单栏上的【直线】图标,或在命令行输入"L"并按 Enter 键,启动绘制直线命令。

Line

① 指定第一点:在提示下,光标捕捉楼梯间 B 轴线和 3 轴线交点右侧 A 点,如图 3-51 所示,不单击,待出现端点捕捉符号后,将光标轻轻地数值向下拖动,会出现一条虚线,如图 3-52 所示。然后输入"1600"(该值为 B 轴线到第一条踏步线的距离)后按 Enter 键。这样就利用【对象追踪】命令将直线的起点绘制在离 A 点垂直向下 1 600 mm 处。

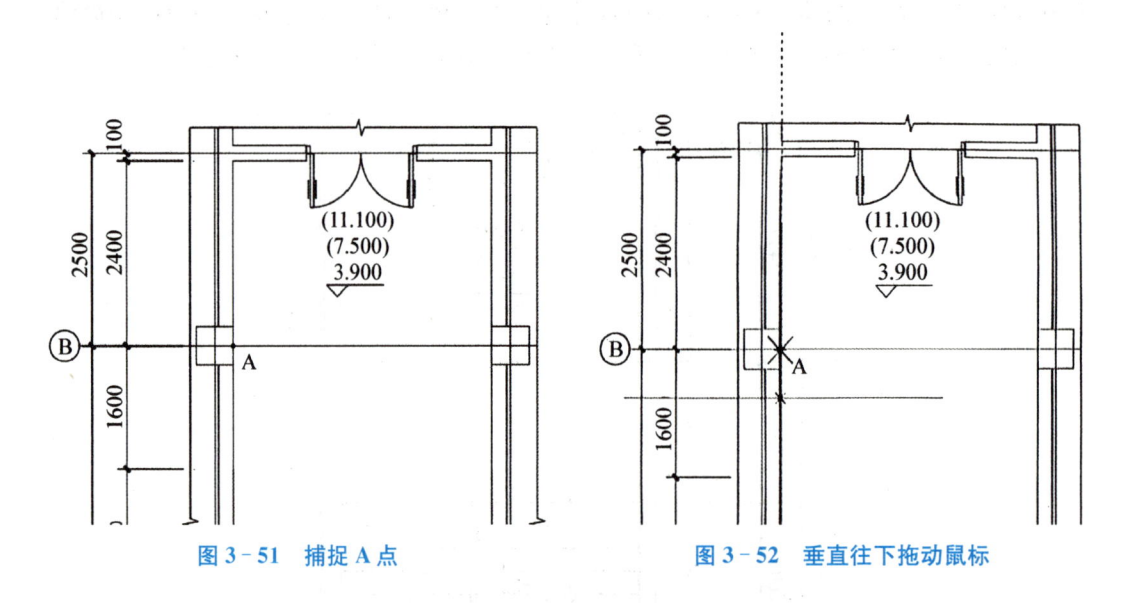

图 3-51 捕捉 A 点　　　　图 3-52 垂直往下拖动鼠标

② 在指定下一点或【放弃(U)】:在提示下,将光标水平向右拖动到 4 轴线墙线位置,出现垂直捕捉符号后单击,生成第一条踏步线 L1,如图 3-53 所示,按 Enter 键结束命令。

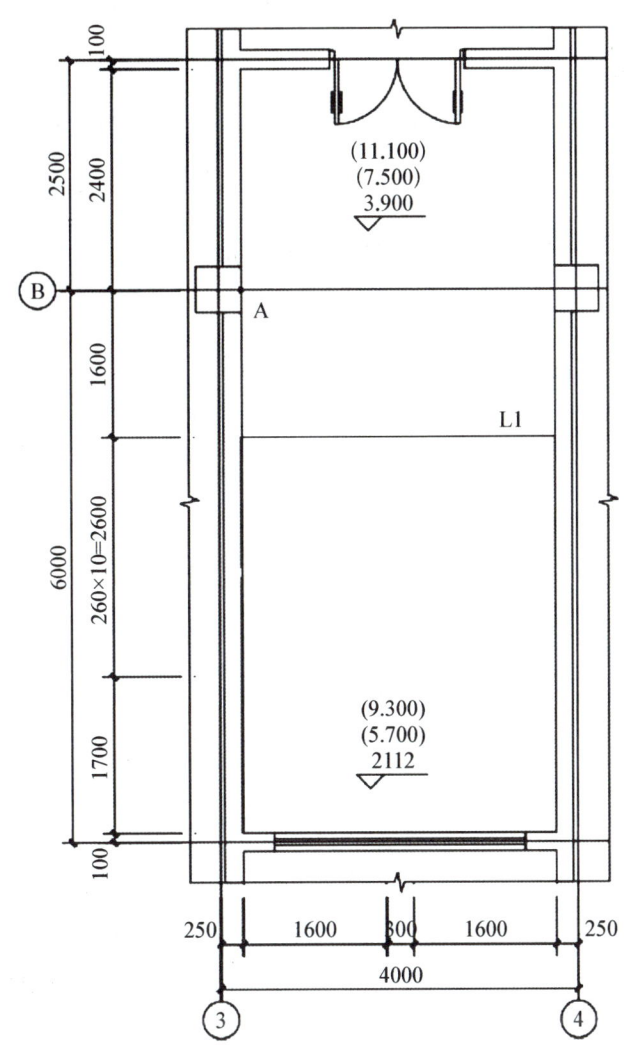

图 3‐53 绘制出第一条踏步线

（4）利用偏移命令生成其他踏步线。

单击【修改】工具栏上的【偏移】图标，或在命令行输入"O"并按 Enter 键，启动偏移命令，命令行如下：

OFFSET

① 指定偏移距离或【通过(T)/删除(E)/图层(L)】<通过>：在提示下，输入 260（踏面宽度为 260），按 Enter 键

② 选择要偏移的对象，或【退出(E)/放弃(U)】<退出>：在提示下，选择第一条踏步线 L1

③ 指定要偏移的那一侧上的点，或【退出(E)/多个(M)/放弃(U)】<退出>：在提示下，在第一条踏步线 L1 的下方任意一点进行单击，生成第二条踏步线 L2

④ 选择要偏移的对象，或【退出(E)/放弃(U)】<退出>：在提示下，按 Enter 键

⑤ 按 Enter 键，启动偏移命令

⑥ 指定偏移距离或【通过(T)/删除(E)/图层(L)】<通过>：在提示下，输入 260，按 Enter 键

⑦ 选择要偏移的对象，或【退出(E)/放弃(U)】<退出>：在提示下，选择踏步线 L2

⑧ 指定要偏移的那一侧上的点，或【退出(E)/多个(M)/放弃(U)】<退出>：在提示下，在踏步线 L2 的下方任意一点进行单击，生成直线 L3。

……

⑨ 用相同的操作步骤完成其他 9 条踏步线的绘制。

3.6.2 绘制楼梯扶手

楼梯扶手与第一级踏步的尺寸关系如图 3-54 所示。

(1) 在无命令时单击图 3-55 中的 M 线，然后单击中间的蓝色夹点，则变成红色，按 Esc 键两次取消夹点。注意，此步骤的操作非常重要，这里通过此步操作定义了下一步操作的相对坐标基本点。

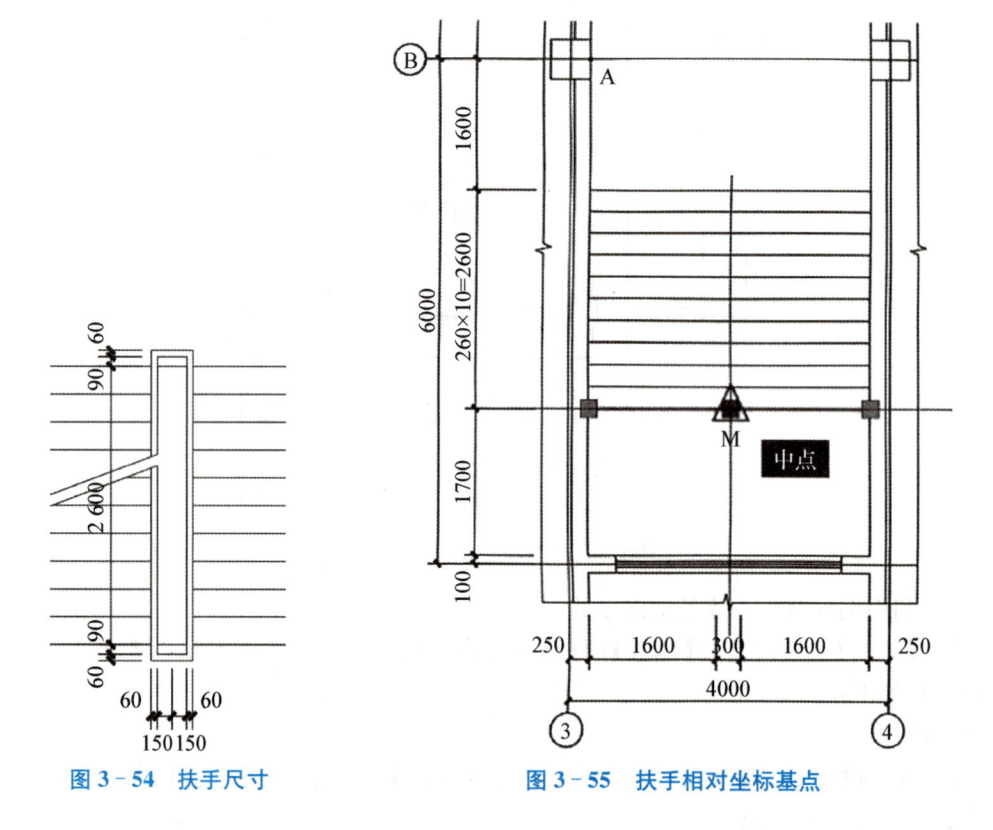

图 3-54　扶手尺寸　　　图 3-55　扶手相对坐标基点

(2) 单击【绘图】工具栏上的【矩形】图标口或在命令行输入"REC"并按 Enter 键，启动【矩形】命令：

RECTANG

① 在指定第一个角点或【倒角(C)/标高(E)/圆角(F)/厚度(T)/宽度(W)】：在提示下，输入"@-150,-90"后按 Enter 键。"@-150,-90"表示把矩形的左下角点绘制在刚才定义的相对坐标基本点偏左 150、偏下 90 处。

② 指定另一个角点或【面积(A)/尺寸(D)/旋转(R)】：在提示下，输入矩形右上角点相对于左下角点的坐标，即"@300,2780"(300＝150×2,2 780＝2 600＋2×90)后，按 Enter 键结束命令。这里的"300"是梯井的宽度，结果如图 3-56 所示。

（3）使用【偏移】命令将矩形向外偏移 60 mm。

（4）单击【修改】工具栏上的【剪切】图标或在命令行输入"TR"并按 Enter 键，启动【剪切】命令，选择外部的矩形为剪切边界，将图形修剪至如图 3-57 所示的状态。

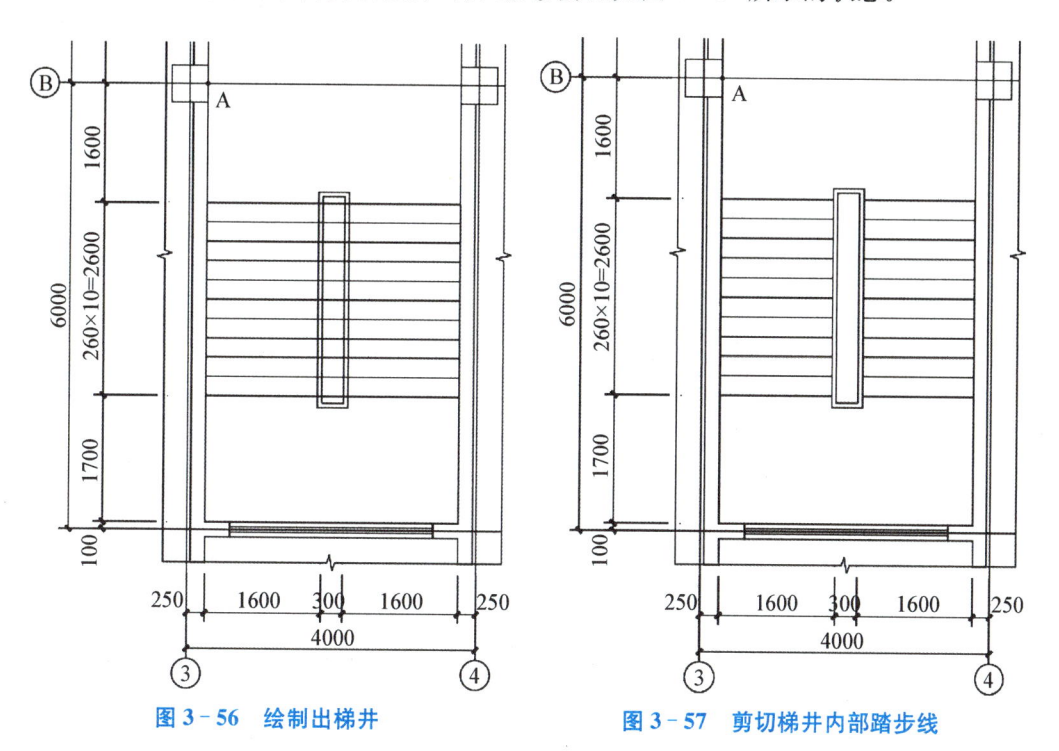

图 3-56　绘制出梯井

图 3-57　剪切梯井内部踏步线

3.6.3　绘制楼梯折断线

（1）打开【对象捕捉】功能，在扶手右侧楼梯段上绘制出一条斜线，如图 3-58 所示。

（2）单击【修改】工具栏上的【打断】图标或在命令行输入"BR"并按 Enter 键，启动【打断】命令。

① 在 break 选择对象：提示下，用拾取的方法选择斜线作为打断的对象；

② 在指定第二个打断点或【第一点(F)】：提示下，输入"F"后按 Enter 键，表示要重新选择第一打断点；

可以把选择对象的点作为第一打断点，也可输入"F"，要求重新选择第一打断点；

③ 指定第一个打断点：提示下，关闭【对象捕捉】功能，单击如图 3-59 所示的 B 点位置，选择 B 点为第一个打断点；

④ 指定第二个打断点：提示下，单击如图 3-59 所示的 C 点位置，选择 C 点为第二个打断点，结果将斜线打断，形成一个 BC 缺口；

⑤ 关闭【正交】功能，执行【绘图】菜单栏中的【直线】命令，或在命令行输入"L"并按

Enter 键,完成楼梯折断线的绘制,如图 3-60 所示;

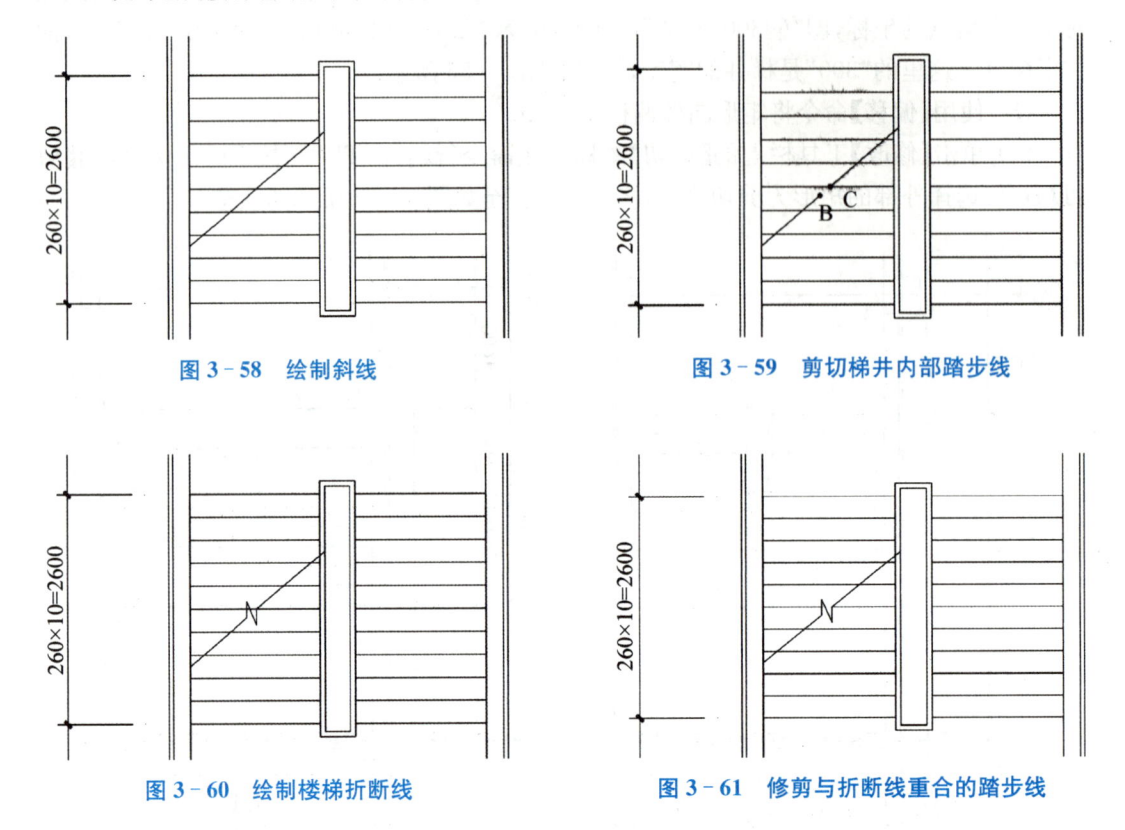

图 3-58 绘制斜线

图 3-59 剪切梯井内部踏步线

图 3-60 绘制楼梯折断线

图 3-61 修剪与折断线重合的踏步线

⑥ 在命令行输入"TR"并按 Enter 键,启动【剪切】命令,修剪与折断线重合的踏步线,如图 3-61 所示;

⑦ 在命令行输入"CO"并按 Enter 键,启动【复制】命令,将绘制好的折断线复制为双折断线。

3.6.4 绘制楼梯上下行箭头

(1) 绘制上行箭头

1) 打开【正交】、【对象捕捉】、【对象追踪】功能;

2) 单击【绘图】工具栏中的【多段线】图标或在命令行输入"PL"并按 Enter 键,启动绘制多段线命令:

PLINE

① 指定起点:在提示下,将光标放在左侧上方第一条踏步线的中点,不单击,将光标轻轻地垂直向上拖动,当拖至上行箭头杆起点的位置时单击。这样就通过【对象追踪】命令寻找到了上行箭头杆起点的位置,并且保证将其绘制在左侧梯段的中心;

② 指定下一个点或【圆弧(A)/半宽(H)/长度(L)/放弃(U)/宽度(W)】:提示下,输入"W"后按 Enter 键,表示要改变线的宽度;

③ 指定起点宽度<0>:提示下,输入"0"后按 Enter 键,表示将线的端点宽度设置为 0 mm;

④ 指定端点宽度<0>：提示下，输入"0"后按 Enter 键，表示将线的端点宽度设置为 0 mm；

⑤ 指定下一个点或【圆弧(A)/半宽(H)/长度(L)/放弃(U)/宽度(W)】：提示下，关闭【对象捕捉】功能，将光标垂直向下拖动至箭头杆终点位置，并单击，这样就绘制出了上行箭头的杆，如图 3-62 所示；

⑥ 指定下一个点或【圆弧(A)/半宽(H)/长度(L)/放弃(U)/宽度(W)】：提示下，输入"W"后按 Enter 键，表示要改变线的宽度；

⑦ 指定起点宽度<0>：提示下，输入"80"后按 Enter 键，表示将线的端点宽度设置为 80 mm；

⑧ 指定端点宽度<80>：提示下，输入"0"后按 Enter 键，表示将线的端点宽度设置为 0 mm；

⑨ 指定下一个点或【圆弧(A)/半宽(H)/长度(L)/放弃(U)/宽度(W)】：

提示下，将光标垂直向下拖动，输入"400"表示箭头的长度为 400 mm，后按 Enter 键，终止多段线的绘制，如图 3-63 所示。

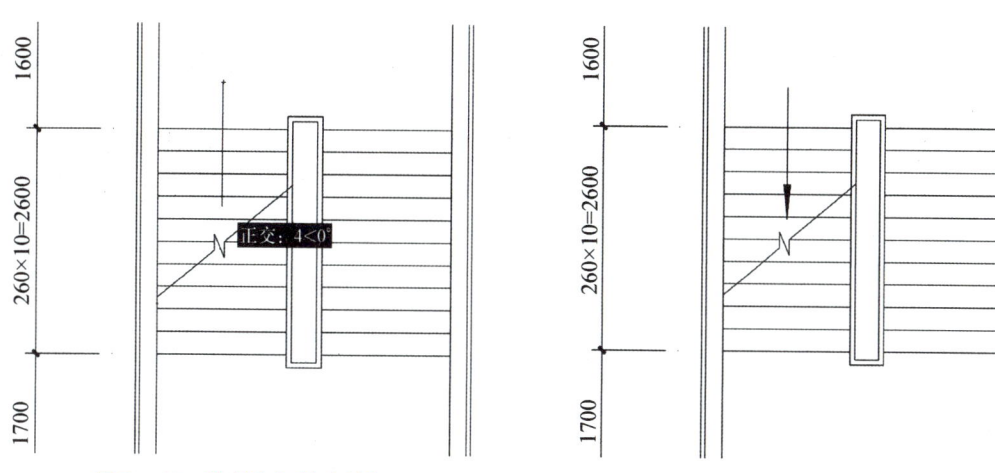

图 3-62 绘制上行箭头的杆　　　　图 3-63 绘制完成上行箭头

(2) 绘制下行箭头

1) 打开【正交】、【对象捕捉】、【对象追踪】功能。

2) 单击【绘图】工具栏中的【多段线】图标或在命令行输入"PL"并按 Enter 键，启动绘制多段线命令：

PLINE

① 指定起点：在提示下，将光标放在右侧上方第一条踏步线的中点，不单击，将光标轻轻地垂直向上拖动，当拖至上行箭头杆起点的位置时单击。这样就通过【对象追踪】命令寻找到了上行箭头杆起点的位置，并且保证将其绘制在左侧梯段的中心；

② 指定下一个点或【圆弧(A)/半宽(H)/长度(L)/放弃(U)/宽度(W)】：提示下，输入"W"后按 Enter 键，表示要改变线的宽度；

③ 指定起点宽度<0>：在提示下，输入"0"后按 Enter 键，表示将线的端点宽度设置为 0 mm；

④ 指定端点宽度<0>：在提示下，输入"0"后按 Enter 键，表示将线的端点宽度设置为 0 mm；

⑤ 指定下一个点或【圆弧(A)/半宽(H)/长度(L)/放弃(U)/宽度(W)】：在提示下，将光标垂直向下拖动至第一段箭头杆端点位置并单击，这样就绘制出第一段箭头杆，如图 3-59 所示；

⑥ 指定下一个点或【圆弧(A)/半宽(H)/长度(L)/放弃(U)/宽度(W)】：在提示下，将光标水平向左拖动，捕捉左侧梯段中点位置并单击，这样就绘制出第二段箭头杆，如图 3-60 所示；

⑦ 指定下一个点或【圆弧(A)/半宽(H)/长度(L)/放弃(U)/宽度(W)】：在提示下，将光标垂直向上拖动至第三段箭头杆端点位置并单击，这样就绘制出第三段箭头杆，如图 3-61 所示；

⑧ 指定下一个点或【圆弧(A)/半宽(H)/长度(L)/放弃(U)/宽度(W)】：在提示下，输入"W"后按 Enter 键，表示要改变线的宽度；

⑨ 指定起点宽度<0>：在提示下，输入"80"后按 Enter 键，表示将线的端点宽度设置为 80 mm；

⑩ 指定端点宽度<80>：在提示下，输入"0"后按 Enter 键，表示将线的端点宽度设置为 0 mm；

⑪ 指定下一个点或【圆弧(A)/半宽(H)/长度(L)/放弃(U)/宽度(W)】：在提示下，将光标垂直向下拖动，输入"400"表示箭头的长度为 400 mm，后按 Enter 键，终止多段线的绘制，如图 3-62 所示，完成下行箭头的绘制。

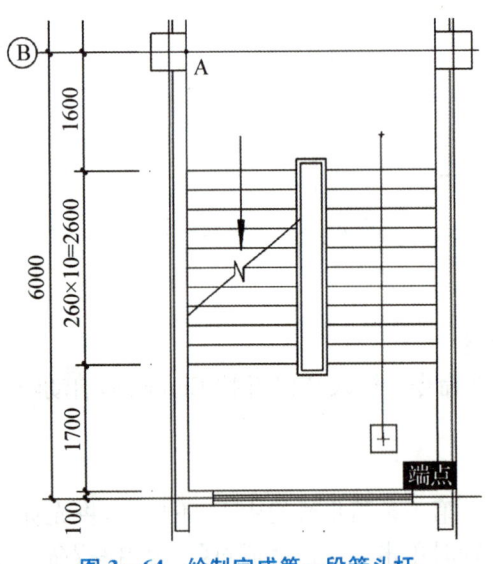

图 3-64　绘制完成第一段箭头杆 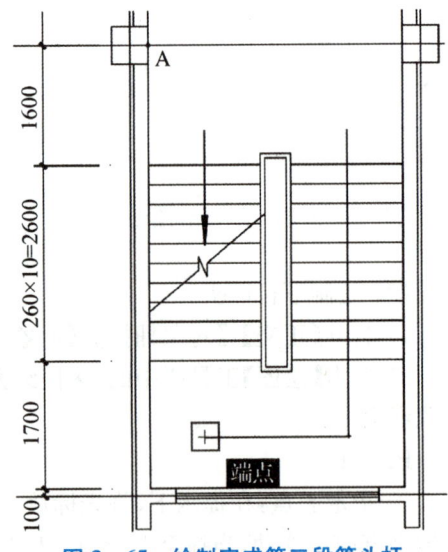　　　　图 3-65　绘制完成第二段箭头杆

图 3-66 绘制完成第三段箭头杆

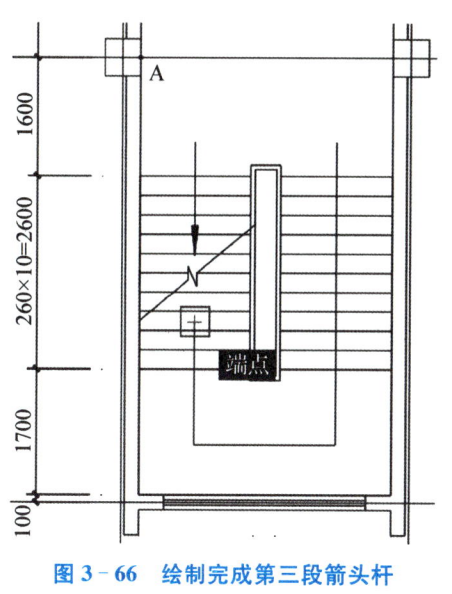

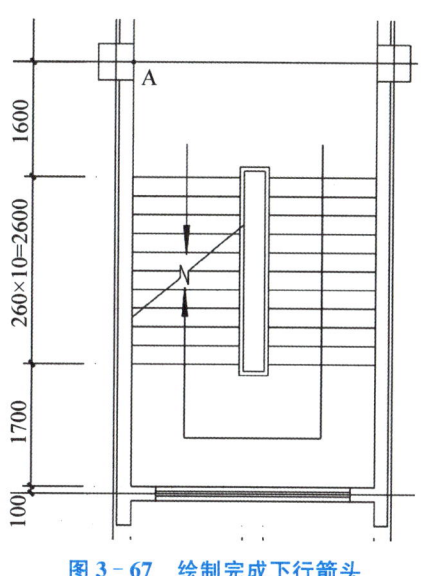

图 3-67 绘制完成下行箭头

任务 3.7　绘制建筑细部构件

建筑细部构件,如散水、台阶等均是建筑平面布置图的重要组成部分,主要是通过直线、偏移、修剪、删除等命令绘制而成。

3.7.1　绘制室外散水

散水是指房屋外墙四周的勒脚处(室外地坪上)用片石砌筑或用混凝土浇筑的有一定坡度的散水坡,其宽度一般在 600～1 000 mm。根据散水节点详图,如图 3-68 所示,可知本项目一层平面布置图中散水的宽度为 800 mm。现在以一层平面布置图中,如图 3-69 所示,1～2 轴线交 A～B 轴线区域的局部散水为例,学习散水的绘制。

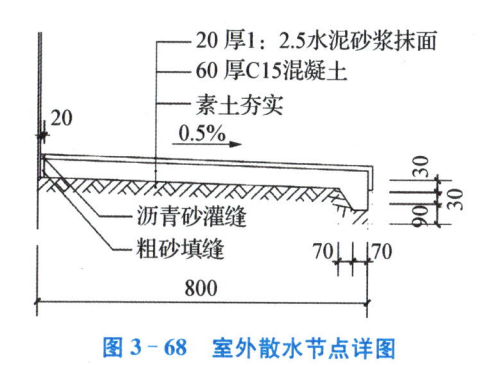

图 3-68　室外散水节点详图

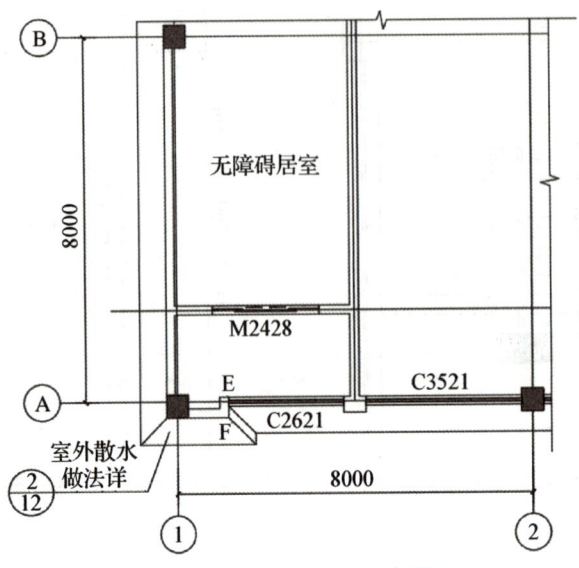

图 3‐69　局部室外散水布置图

1. 通过偏移绘制散水线

单击【修改】工具栏上的【偏移】图标，或在命令行输入"O"并按 Enter 键，启动【偏移】命令，命令行如下：

OFFSET

① 指定偏移距离或【通过(T)/删除(E)/图层(L)】<0>：在提示下，输入 1050(1 050＝800＋250，1 轴左侧散水线距离 1 轴线的距离为 1 050)；

② 选择要偏移的对象，或【退出(E)/放弃(U)】<退出>：在提示下，选择 1 轴线；

③ 指定要偏移的那一侧上的点，或【退出(E)/多个(M)/放弃(U)】<退出>：在提示下，在 1 轴线左侧任意一点进行单击；

④ 选择要偏移的对象，或【退出(E)/放弃(U)】<退出>：在提示下，按 Enter 键；

⑤ 按 Enter 键，启动偏移命令；

⑥ 指定偏移距离或【通过(T)/删除(E)/图层(L)】<通过>：在提示下，输入 1150，(1 150＝800＋350，A 轴下方靠近 1 轴位置散水线距离 A 轴线的距离为 1 150)，按 Enter 键；

⑦ 选择要偏移的对象，或【退出(E)/放弃(U)】<退出>：在提示下，选择 A 轴线；

⑧ 指定要偏移的那一侧上的点，或【退出(E)/多个(M)/放弃(U)】<退出>：在提示下，在提示下，在 A 轴线下方任意一点进行单击；

⑨ 选择要偏移的对象，或【退出(E)/放弃(U)】<退出>：在提示下，按 Enter 键；

⑩ 按 Enter 键，启动偏移命令；

⑪ 指定偏移距离或【通过(T)/删除(E)/图层(L)】<通过>：在提示下，输入 900，(900＝800＋100，A 轴下方靠近 2 轴位置散水线距离 A 轴线的距离为 900)，按 Enter 键；

⑫ 选择要偏移的对象，或【退出(E)/放弃(U)】<退出>：在提示下，选择 A 轴线；

⑬ 选择要偏移的对象，或【退出(E)放弃(U)】<退出>：在提示下，按 Enter 键；

⑭ 按 Enter 键,启动偏移命令;

⑮ 指定偏移距离或【通过(T)/删除(E)/图层(L)】<通过>:在提示下,输入 800,(A 轴下方靠近 2 轴位置散水线距离 A 轴线的距离为 900),按 Enter 键;

⑯ 选择要偏移的对象,或【退出(E)/放弃(U)】<退出>:在提示下,选择 EF 段墙线;

⑰ 指定要偏移的那一侧上的点,或【退出(E)/多个(M)/放弃(U)】<退出>:在提示下,在 EF 段墙线右侧任意一点进行单击,按 Enter 键结束偏移命令;

⑱ 选择要偏移的对象,或【退出(E)/放弃(U)】<退出>:在提示下,按 Enter 键。偏移后的散水线如图 3-70 所示。

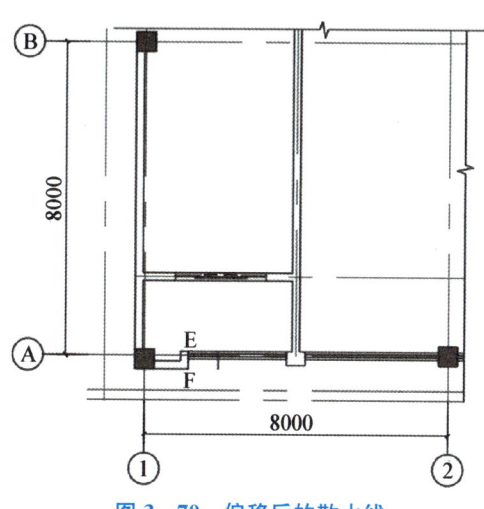

图 3-70 偏移后的散水线

图 3-71 散水线完成图层修改

……
用相同的操作步骤完成所有室外散水的绘制。

2. 将偏移后的散水线修改为细部图层

通过偏移绘制出的散水线和原图形的图层及特性相同,需要将其全部选中后改为细部图层,图层修改完成后的散水如图 3-71 所示。

3. 对散水交点进行编辑

单击【修改】工具栏上的【倒角】图标■,或在命令行输入"CHA"并按 Enter 键,启动【倒角】命令,命令行如下:

(1) 单击【修改】工具栏上的【倒角】图标□或在命令行输入"CHA"并按 Enter 键,启动【倒角】命令,查看命令行:

CHAMFER

("修剪"模式)当前倒角距离 1=0.000 0,距离 2=0.000 0

① 选择第一条直线或【放弃(U)/多段线(P)/距离(D)/角度(A)/修剪(T)/方式(E)/多个(M)】:在提示下,输入 D,按 Enter 键;

② 指定第一个倒角距离<0>:在提示下,输入 0,按 Enter 键

③ 指定第二个倒角距离<0>:在提示下,输入 0,按 Enter 键

④ 选择第一条直线,或【放弃(U)/多段线(P)/距离(D)/角度(A)/修剪(T)/方式(E)/

多个(M)】:在提示下,选择直线 GH 的下部;

⑤选择第二条直线,或按住 Shift 键选择直线以应用角点或【距离(D)角度(A)方法(M)】:在提示下,选择直线 LM 的左侧,按 Enter 键;

⑥选择第一条直线,或【放弃(U)/多段线(P)/距离(D)/角度(A)/修剪(T)/方式(E)/多个(M)】:在提示下,选择直线 LM 的左侧;

⑦选择第二条直线,或按住 Shift 键选择直线以应用角点或【距离(D)角度(A)方法(M)】:在提示下,选择直线 RS 的下部,按 Enter 键;

⑧选择第一条直线,或【放弃(U)/多段线(P)/距离(D)/角度(A)/修剪(T)/方式(E)/多个(M)】:在提示下,选择直线 RS 的下部;

⑨选择第二条直线,或按住 Shift 键选择直线以应用角点或【距离(D)角度(A)方法(M)】:在提示下,选择直线 JK 的左侧,按 Enter 键,完成散水交点位置的编辑。

▶ 3.7.2 绘制室外台阶

本项目一层平面布置图中 5 个出入口位置均设置了室外台阶,用来解决建筑物室内外的高差问题。现在以一层平面布置图中,2～3 轴线交 A 轴线位置处室外台阶为例,如图 3-72 所示,学习室外台阶的绘制。

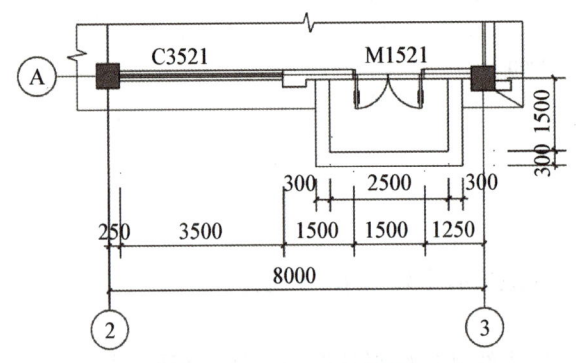

图 3-72 室外台阶布置图

(1) 打开【正交】、【对象捕捉】、【对象追踪】功能。

(2) 使用多段线命令绘制第一级踏步线

单击【绘图】工具栏中的【多线】图标或在命令行输入"PL"并按 Enter 键,启动绘制多段线命令:

PLINE

① 指定起点:在提示下,用光标捕捉 3 轴和 A 轴线交点位置,不单击,待出现端点捕捉符号后,将光标轻轻地水平向左拖动,会出现一条虚线,然后输入"450"(室外台阶相对门 M1521 居中放置,因此 3 轴线到第一级室外台阶的水平距离为:1 500/2+1 250-2 500/2-300=450),后按 Enter 键;

② 指定下一个点或【圆弧(A)/半宽(H)/长度(L)/放弃(U)/宽度(W)】:在提示下,输入"W"后按 Enter 键,表示要改变线的宽度;

③ 指定起点宽度<0>:在提示下,输入"0"后按 Enter 键,表示将线的端点宽度设置为

0 mm；

④ 指定端点宽度<0>：在提示下，输入"0"后按 Enter 键，表示将线的端点宽度设置为 0 mm；

⑤ 指定下一个点或【圆弧(A)/半宽(H)/长度(L)/放弃(U)/宽度(W)】：在提示下，将光标垂直向下拖动，同时输入"1800"(第一级踏步线竖向尺寸为 1 800＝1 500＋300)，生成第一条竖向踏步线，如图 3‑73 所示，后按 Enter 键；

⑥ 指定下一个点或【圆弧(A)/半宽(H)/长度(L)/放弃(U)/宽度(W)】：
在提示下，将光标水平向左拖动，输入"3100"，第一级室外台阶的水平长度为：2 500＋300×2＝3 100)，生成第一条水平踏步线，如图 3‑74 所示，后按 Enter 键；

⑦ 指定下一个点或【圆弧(A)/半宽(H)/长度(L)/放弃(U)/宽度(W)】：在提示下，将光标垂直向上拖动，同时输入"1800"(第一级踏步线竖向尺寸为 1 800＝1 500＋300)，生成第一条竖向踏步线，按 Enter 键结束命令。

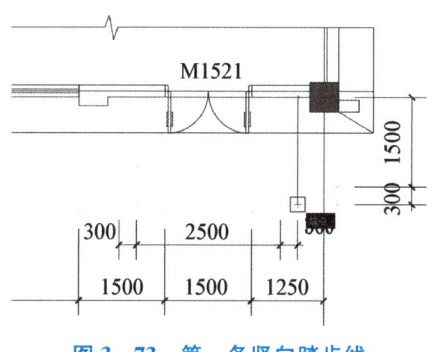

图 3‑73　第一条竖向踏步线　　　　　图 3‑74　第一条水平踏步线

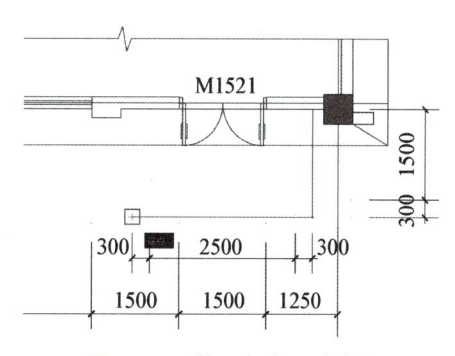

(3) 使用偏移命令绘制第二级踏步线

单击【修改】工具栏上的【偏移】图标，或在命令行输入"O"并按 Enter 键，启动偏移命令，命令行如下：

OFFSET

① 指定偏移距离或【通过(T)/删除(E)/图层(L)】<通过>：在提示下，输入 300(两级踏步的距离为 300)，按 Enter 键；

② 选择要偏移的对象，或【退出(E)/放弃(U)】<退出>：在提示下，第一级踏步线；

③ 指定要偏移的那一侧上的点，或【退出(E)/多个(M)/放弃(U)】<退出>：在提示下，在第一级踏步线内部任意一点进行单击，绘制出第二级踏步线，按 Enter 键结束命令。

(4) 使用剪切命令修剪与台阶重合的散水线

任务 3.8 文字标注

建筑平面图文字标注内容包括平面功能标注、门窗编号标注、局部说明、图名标注等。文字标注可以新建一个文字样式，也可以直接应用默认文字样式"standard"。

3.8.1 设置文字样式

1. 设置 Standard 文字样式

（1）执行菜单栏中的【格式】→【文字样式】命令，打开【文字样式】对话框。在【文字样式】对话框中，默认状态有 Standard 一种文字样式，如图 3-75 所示，下面对 Standard 文字样式中参数进行修改。

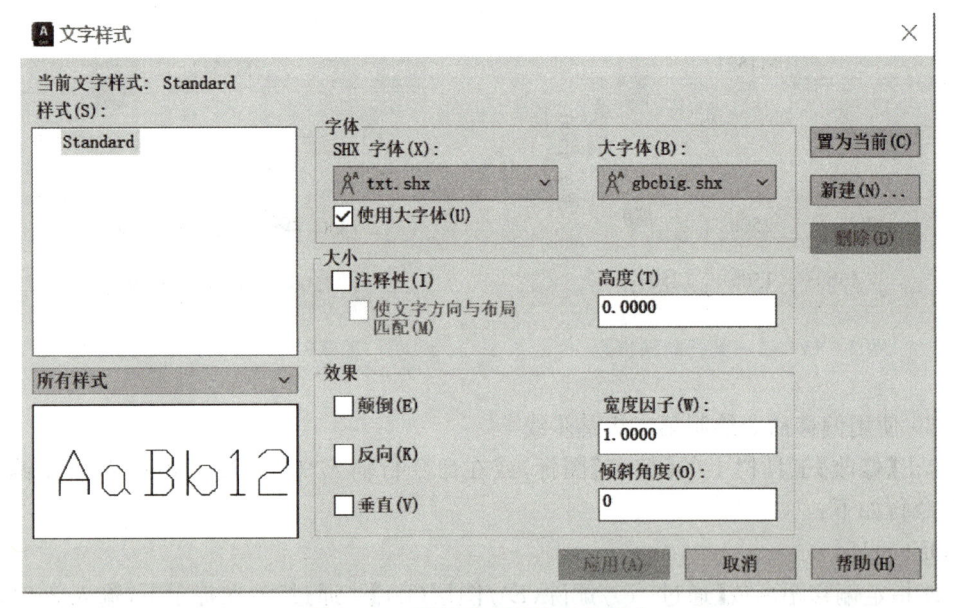

图 3-75 默认状态下的文字样式

（2）将 Standard 文字样式的字体修改为 simplex.shx

① 打开英文输入法，打开【字体名】下拉列表，输入"si"，字体名自动滚动到"simplex.shx"选项，然后选择该字体名即可；

② 勾选【使用大字体】复选框，然后打开【大字体】下拉列表，输入"g"，字体名自动滚动到选择"gcbig.shx"选项；

③ 将【文字样式】对话框中的【宽度比例】值输入为"0.7—0.8"数值，如图 3-76 所示，其他参数保持不变，单击【应用】按钮，使其成为有效设置后，关闭对话框；

模块三 平面图的绘制

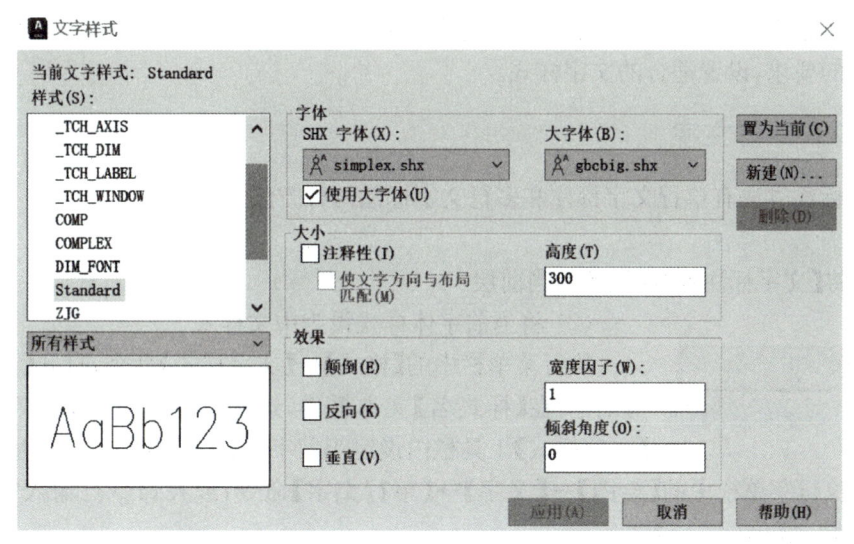

图 3‑76　Standard 文字样式修改

2. 新建文字样式

（1）执行菜单栏中的【格式】→【文字样式】命令，打开【文字样式】对话框。

（2）单击【新建】按钮，打开【新建文字样式】对话框，在【样式名】文本框中输入"中文"，如图 3‑77 所示，单击【确定】按钮，返回【文字样式】对话框。

图 3‑77　新建文字样式对话框

（3）如图 3‑78 所示，将字体名改为"仿宋"，宽度比例改为"0.7—0.8"数值，高度为"0"，如图 3‑78 所示，然后单击【应用】按钮，使设置有效后再单击【关闭】按钮关闭对话框。

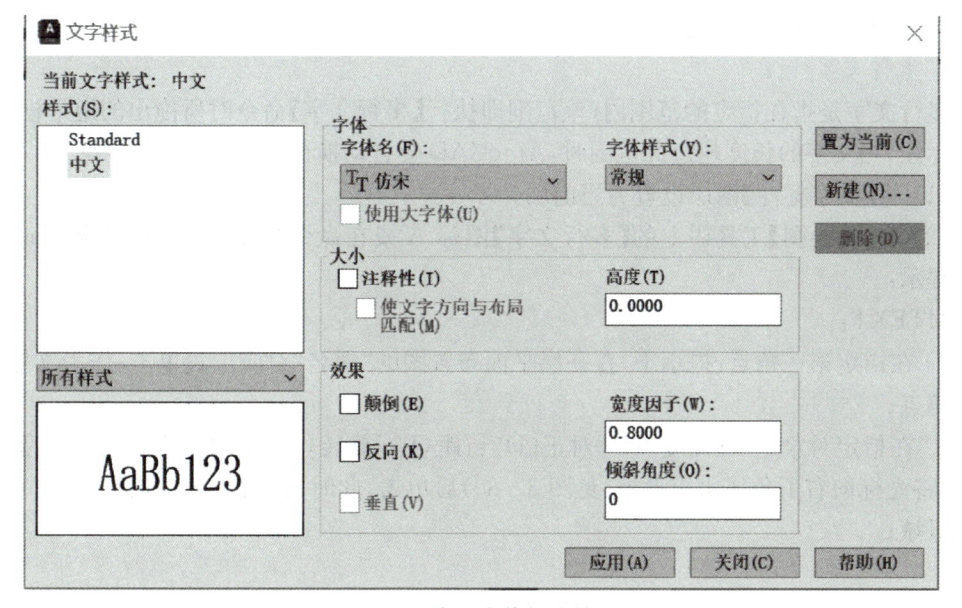

图 3‑78　中文字体样式的设置

以上就是设置 Standard 文字样式和新建文字样式的方法,大家可以根据工程实际情况以及题目的要求,设置适合的文字样式。

3.8.2 标注文字

文字标注方法有单行文字标注和多行文字标注两种方法。

1. 单行文字标注

(1) 将【文字标注】图层设置为当前层

(2) 将当前字体样式设为中文样式

执行菜单栏中的【格式】→【文字样式】命令,打开【文字样式】对话框:在【样式名】文本框内,选择字体后将其置为当前;或在【文字样式】工具栏内设定当前字体样式,如图 3-79 所示。

图 3-79 中文字体工具栏

(3) 执行菜单栏中的【绘图】→【文字】→【单行文字】命令,或在命令行输入"DT"并按 Enter 键,启动【单行文字】命令。

单击【注释】菜单项,在文字工具栏中单击【单行文字】按钮之后,命令行提示:

DTEXT

① 在指定文字的起点或【对正(J)/样式(S)】:在提示下,在一层平面布置图中的"门厅"相应位置单击,作为文字标注的起点位置;

② 在指定高度<2.5000>:在提示下,输入"300",表示标注的字体高度为 300 mm,按 Enter 键;

③ 在指定文字的旋转角度<0>:在提示下,按 Enter 键,执行尖括号内的默认值"0",表示文字不旋转;

④ 打开中文输入法,输入"门厅";

⑤ 依次用鼠标单击需要进行文字标注的位置,依次输入"活动室""厨房"等一层平面所有需标注的文字,按 Enter 键确认;

⑥ 再次按 Enter 键结束命令。

2. 多行文字标注

多行文字是指在指定的范围内(该范围即执行【多行文字】命令时所拖出的矩形框)进行文字标注,当文字的长度超过此范围时,AutoCAD 会自动换行。

(1) 将【文字标注】图层设置为当前层。

(2) 单击【绘图】工具栏上的【多行文字】图标 A 或在命令行输入"T"后按 Enter 键,命令行提示:

MTEXT:

① 在指定第一角点:提示下,在一层平面布置图的"图名"对应位置单击,作为文字框的左上角点;

② 在指定对角点或【高度(H)/对正(J)/行距(L)/旋转(R)/样式(S)/宽度(W)】:在提示下,将光标向右下角拖出矩形框(见图 3-80)后单击,此时打开【文字格式】对话框和文字输入区域;

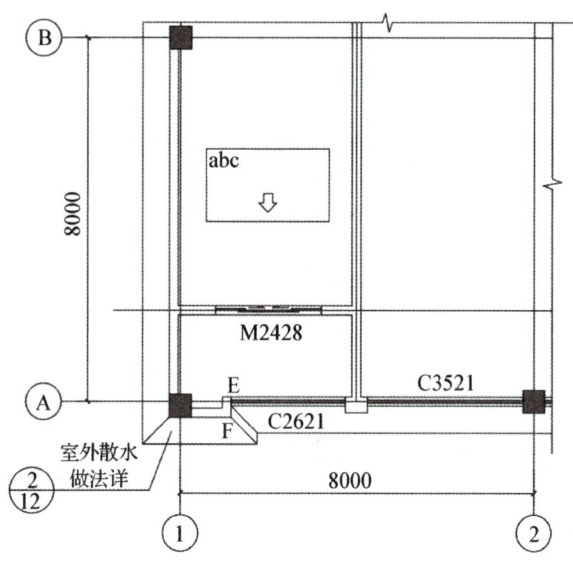

图 3‑80　多行文字输入拖出矩形窗口

③ 在【文字格式】对话框中将当前字体设置为"中文",字高设为"300",然后在文字输入区域内输入"值班室",如图 3‑81 所示,单击【确定】按钮关闭对话框;

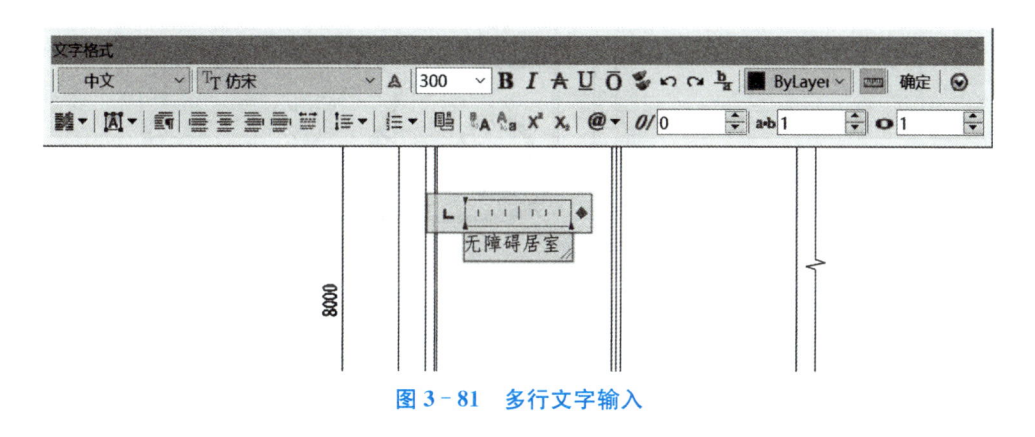

图 3‑81　多行文字输入

④ 依次用相同的方法进行其他位置文字的标注。

任务 3.9　尺寸标注

3.9.1　尺寸标注的基本知识

1. 尺寸标注的规则

建筑工程设计中,标注尺寸时应遵循以下规定:
(1) 建筑工程图中一般标注两到三道尺寸,小尺寸标注在内,大尺寸标注在外。

（2）建筑工程图中的尺寸，一般以毫米（mm）为单位，可以不标注单位；标高是以米（m）为单位的；如果使用其他单位，则需注明单位的代号。

（3）建筑工程图中标注的尺寸为对象的真实尺寸，与绘图的准确程度以及出图比例无关。

（4）图形中标注的尺寸为物体最后完工的尺寸。

（5）对象的每一个尺寸一般只标注一次。

2. 尺寸标注的组成

在建筑工程绘图中，一个完整的尺寸标注应由标注数字、尺寸线、尺寸界线及起点等组成，如图 3-82 所示。

图 3-82　尺寸标注的组成

3.9.2　建立标注样式

（1）执行【格式】菜单栏中的【标注样式】命令，或执行【标注】菜单栏中的【标注样式】命令，打开【标注样式管理器】对话框。在 AutoCAD 默认状态下，只有【ISO-25】一种样式，如图 3-83 所示。

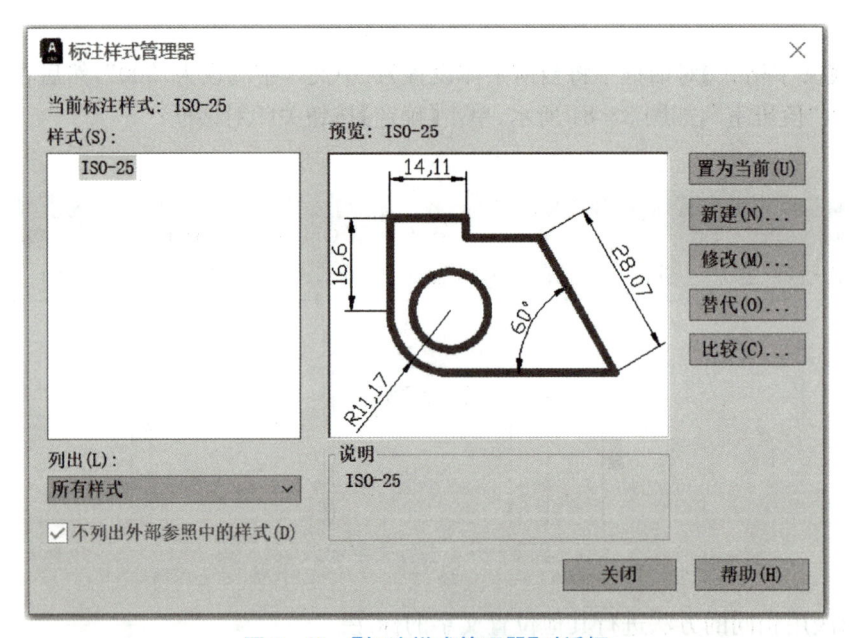

图 3-83　【标注样式管理器】对话框

（2）单击【标注样式管理器】对话框右侧的【新建】按钮，打开【创建新标注样式】对话框，在【新样式名】文本框中输入"标注"，如图 3-84 所示，【基础样式】为 ISO-25，表示新建的"标注"样式是在 ISO-25 样式的基础上修改而成的。

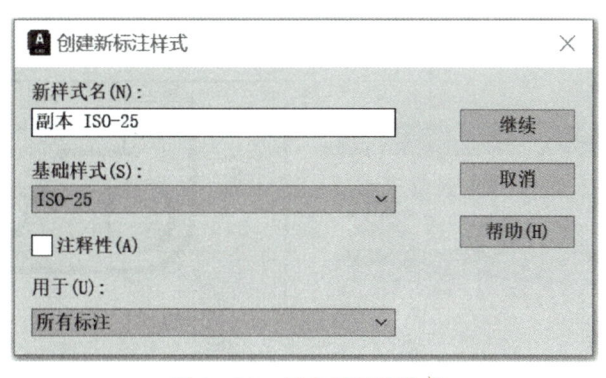

图 3‑84　创建新标注样式

（3）单击【继续】按钮，打开【新建标注样式：标注】对话框，该对话框中共包含 7 个选项卡，下面分别对其进行设置。

① 设置"直线"选项卡，如图 3‑85 所示：

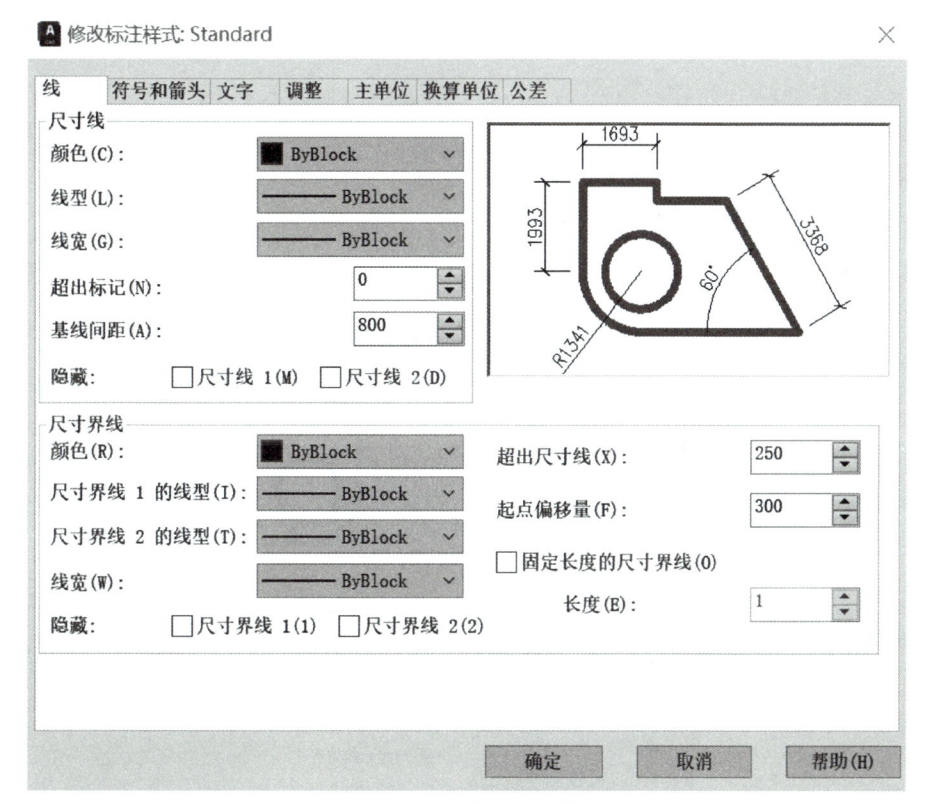

图 3‑85　直线选项卡

② 设置"符号和箭头"选项卡，如图 3‑86 所示：

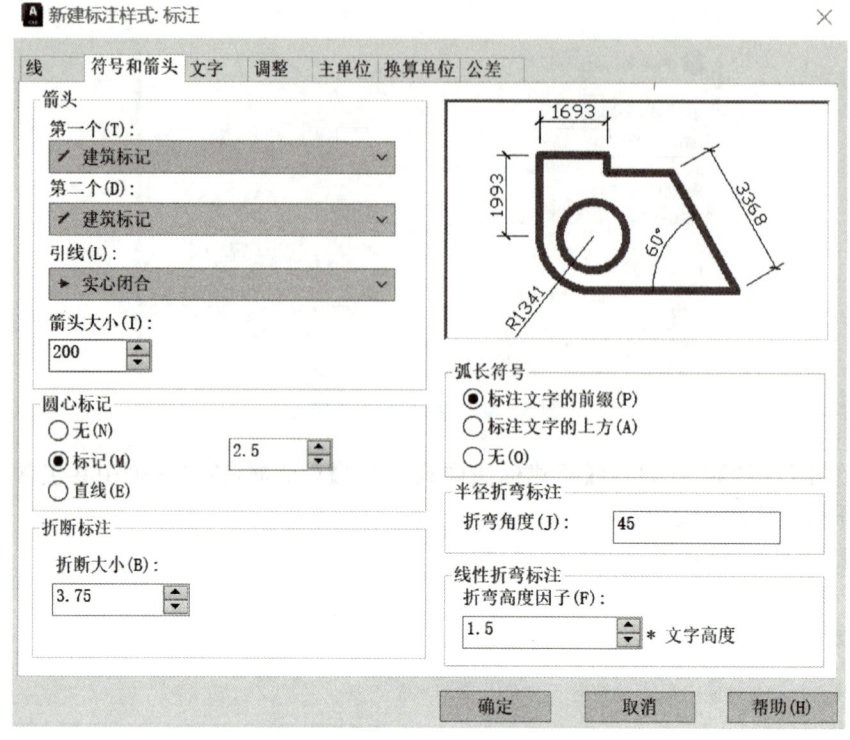

图 3‑86　符号和箭头选项卡

③ 设置"文字"选项卡，如图 3‑87 所示：

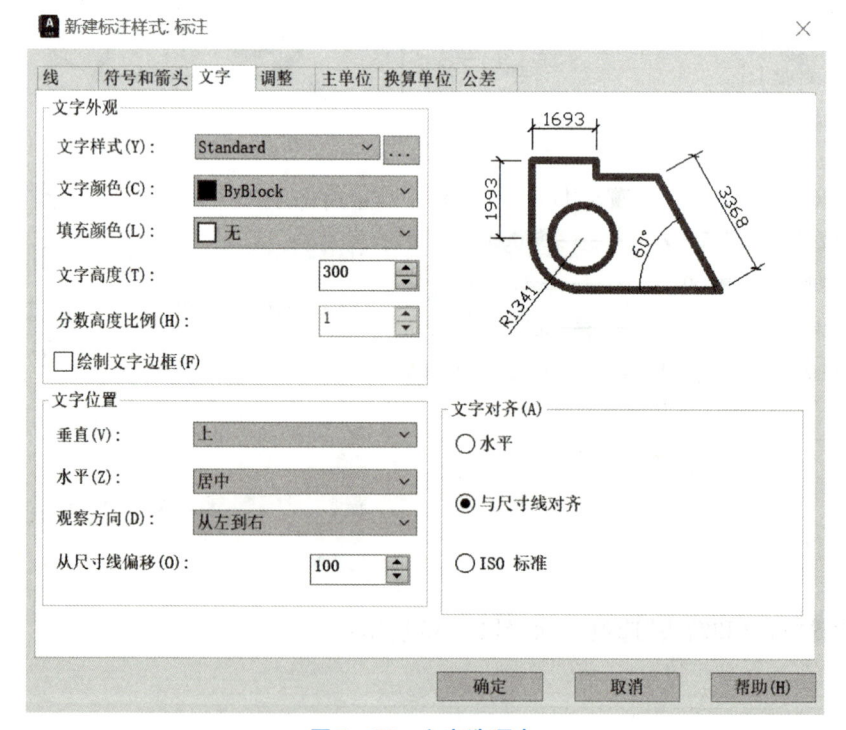

图 3‑87　文字选项卡

④ 设置"调整"选项卡，如图 3-88 所示：

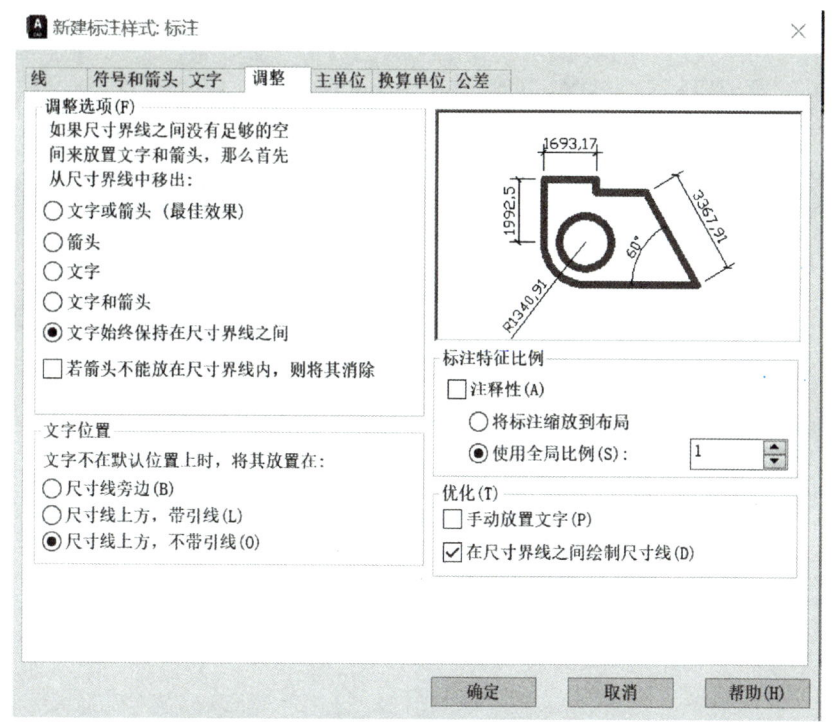

图 3-88　调整选项卡

⑤ 设置"主单位"选项卡，如图 3-89 所示：

图 3-89　主单位选项卡

⑥ "换算单位"选项卡,如图 3-90 所示:

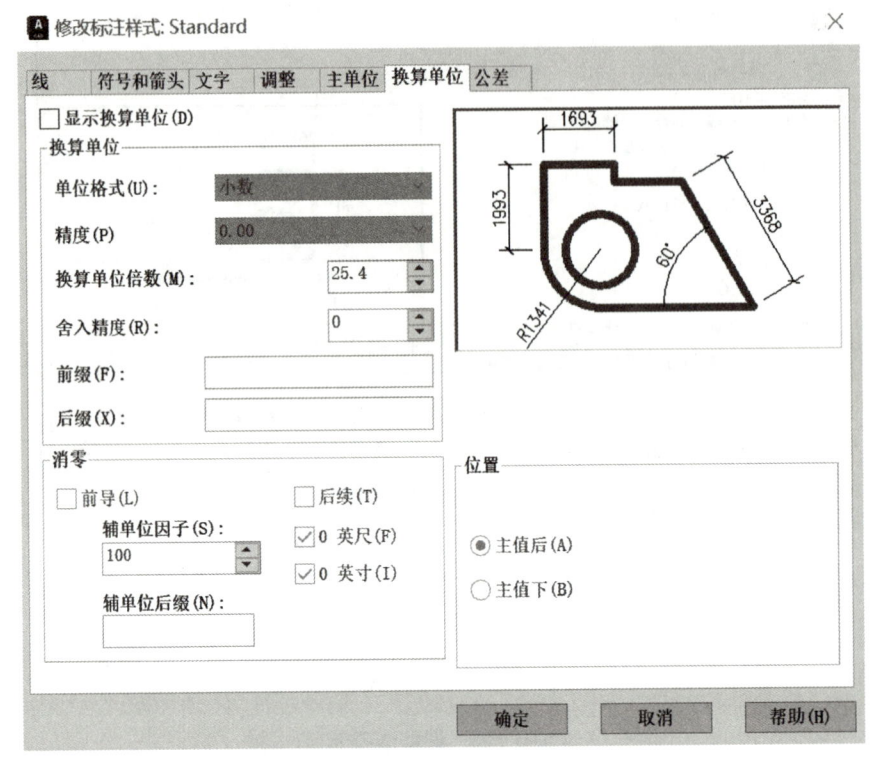

图 3-90 换算单位选项卡

在【换算单位】选项卡内,如果不勾选【显示换算单位】复选框,表明采用公制单位来标注;如勾选【显换算单位】复选框,则表明采用公制和英制双套单位来标注;这里不需要勾选。

⑦ "公差"选项卡的设定:

建筑施工图内无公差概念,因此该选项卡不需设定。

⑧ 单击【确定】按钮返回【标注样式管理器】对话框。

此时在【标注样式管理器】对话框中可以看到两个标注样式:一个是默认的【ISO-25】样式;另一个是新建的【标注】样式。

3.9.3 进行尺寸标注

现在以一层平面布置图中,1~2 轴线交 A~C 轴线之间部平面图为例,如图 3-91 所示,对 A~C 轴之间进行尺寸标注。

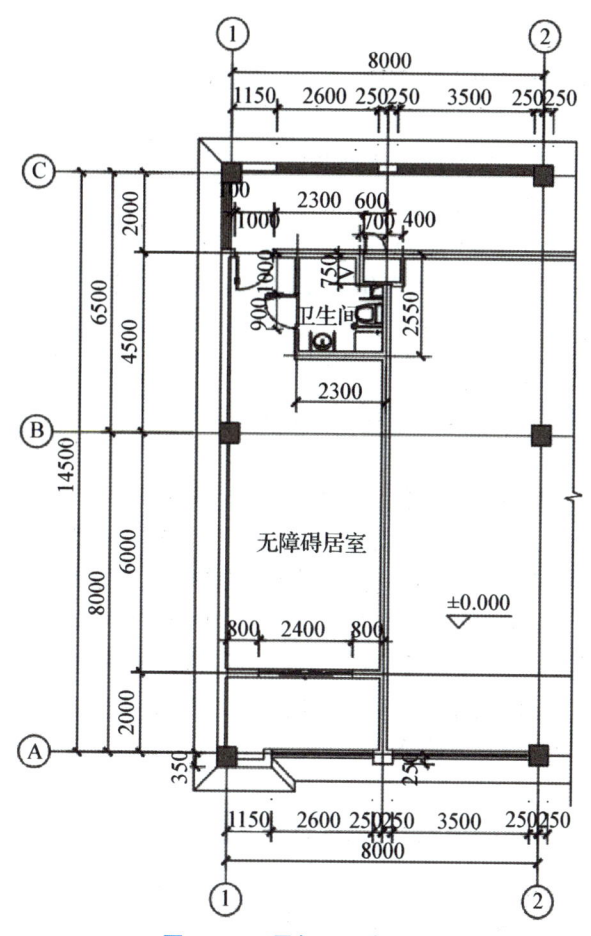

图 3-91 局部平面布置图

1. 将【尺寸标注】图层设置为当前层

单击【图层】工具栏上【图层控制】选项右侧的下拉按钮,在下拉列表中选择【尺寸标注】图层后,单击"置为当前"按钮。

2. 将【标注】样式置为当前标注样式

设置当前标注样式的方法有 3 个。

(1) 执行【格式】菜单栏中的【标注样式】命令,或执行【标注】菜单栏中的【标注样式】命令,打开【标注样式管理器】对话框,选中的【标注】样式,单击右侧的"置为当前"按钮,关闭【标注样式管理器】对话框。

(2) 在【标注】工具栏中打开【标注样式】下拉列表,选中将要置为当前的标注样式,如图 3-92 所示。

图 3-92 在【标注】工具栏中设置当前标注样式

(3) 在【样式】工具栏内设定当前标注样式,如图 3-93 所示。

图 3-93 在【样式】工具栏中设定当前标注样式

089

3. 标注第一道墙段的长度和洞口宽度尺寸

(1) 执行【标注】菜单栏中的【线性】命令,启动线性标注命令:

DIMLINEAR:

① 指定第一个尺寸界线原点或<选择对象>:在提示下,捕捉 A 轴线上一点、将该点作为线性标注的第一条尺寸界线的原点;

② 在指定第二条尺寸界线原点:提示下,将光标垂直向上拖动,捕捉 A 轴线上方 2 000 mm 处轴线上的点后单击,将该点作为线性标注的第二条尺寸界线的原点;

③ 【多行文字(M)/文字(T)/角度(A)/水平(H)/垂直(V)/旋转(R)】:提示下,将光标垂直向左拖动到合适的位置。

(2) 执行【标注】菜单栏中的【连续】命令,启动连续标注命令:

DIMCONTINUE:

① 指定第二个尺寸界线原点或【选择(S)/放弃(U)】<选择>:在提示下,将光标垂直向上拖动,捕捉 B 轴线上点、将该点作为连续标注的第二个尺寸界线原点;

② 指定第二个尺寸界线原点或【选择(S)放弃(U)】<选择>:提示下,将光标垂直向上拖动,捕捉 B 轴线上方 4 500 mm 处轴线单击,将该点作为连续标注的第二个尺寸界线原点;

③ 指定第二个尺寸界线原点或【选择(S)放弃(U)】<选择>:提示下,将光标垂直向上拖动,捕捉 C 轴线上点,将该点作为连续标注的第二个尺寸界线原点;

④ 按 Enter 键结束连续标注命令。

4. 标注第二道轴线尺寸

(1) 执行【标注】菜单栏中的【线性】命令,启动线性标注命令:

DIMLINEAR:

① 指定第一个尺寸界线原点或<选择对象>:在提示下,捕捉 A 轴线上一点、将该点作为线性标注的第一条尺寸界线的原点;

② 在指定第二条尺寸界线原点:提示下,将光标垂直向上拖动,捕捉 B 轴线上的点后单击,将该点作为线性标注的第二条尺寸界线的原点;

③ 【多行文字(M)/文字(T)/角度(A)/水平(H)/垂直(V)/旋转(R)】:在提示下,将光标垂直向左拖动到合适的位置;

(2) 执行【标注】菜单栏中的【连续】命令,启动连续标注命令。

DIMCONTINUE:

① 指定第二个尺寸界线原点或【选择(S)放弃(U)】<选择>:在提示下,将光标垂直向上拖动,捕捉 C 轴线上点、将该点作为连续标注的第二个尺寸界线原点;

② 按 Enter 键结束连续标注命令。

5. 标注总尺寸

(1) 执行【标注】菜单栏中的【线性】命令,启动线性标注命令。

DIMLINEAR:

① 指定第一个尺寸界线原点或<选择对象>:提示下,捕捉 A 轴线上一点、将该点作为线性标注的第一条尺寸界线的原点;

② 在指定第二条尺寸界线原点:提示下,将光标垂直向上拖动,捕捉 C 轴线上的点后单击,将该点作为线性标注的第二条尺寸界线的原点;

③【多行文字(M)/文字(T)/角度(A)/水平(H)/垂直(V)/旋转(R)】:提示下,将光标垂直向左拖动到轴线尺寸左侧合适位置处;

④ 按 Enter 键结束线性标注命令。

除此之外,标注总尺寸还可以选用基线命令进行标注。

6. 标注其他尺寸

灵活选用线性标注命令、连续标注等命令,标注一层平面图中其他外部尺寸和内部尺寸。

▷课后拓展◁

一、单选题

1. 默认状态下 AutoCAD 零角度测量方向为( )。
   A. 逆时针为正　　　B. 顺时针为正　　　C. 都不是

2.【对象捕捉】辅助工具用于捕捉( )。
   A. 栅格点
   B. 图形对象的特征点
   C. 既可捕捉栅格点又可捕捉图形对象的特征点

3.【轴线】图层应将线型加载为( )。
   A. HIDDEN　　　　B. CENTER　　　　C. Continuous

4. ( )键为【正交】辅助工具的快捷键。
   A. F3　　　　　　B. F8　　　　　　C. F9

5. ( )键为【对象捕捉】辅助工具的快捷键。
   A. F3　　　　　　B. F8　　　　　　C. F9

6. 比例命令是将图形沿 X、Y 方向( )地放大或缩小。
   A. 等比例　　　　B. 不等比例　　　　C. 既可等比例又可不等比例

7. 默认状态下圆弧为( )绘制。
   A. 逆时针方向　　　B. 顺时针方向　　　C. 参照圆心

8. 在【文字样式】对话框中将文字高度设定为( )。
   A. 0　　　　　　　B. 300　　　　　　C. 500

9. "±"的输入方法为( )。
   A. %%P　　　　　B. %%C　　　　　C. %%D

10. 标注墙段长度和洞口宽度时,第一道尺寸线的第一个尺寸应使用( )标注命令来标注。
    A. 连续　　　　　B. 基线　　　　　C. 线性

二、操作题

按照绘图步骤以及建筑平面图的绘制要求绘制宿舍楼一层平面布置图。

模块四 立面图的绘制

思政融入

通过立面图的绘制，让学生掌握立面设计布局的重要性，深刻体会到劳动人民的智慧，引导学生热爱生活、热爱艺术、热爱劳动。

思维导图

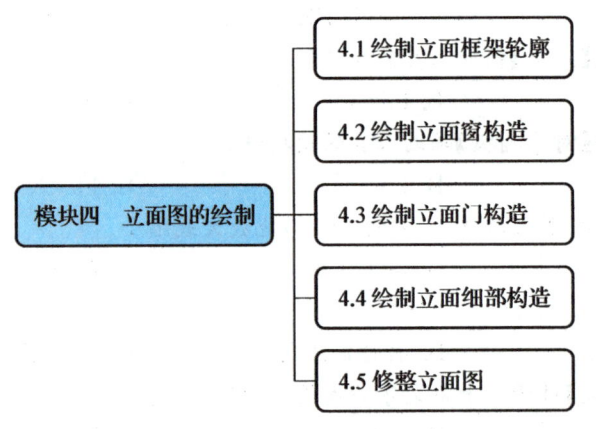

```
                    ┌─── 4.1 绘制立面框架轮廓
                    │
                    ├─── 4.2 绘制立面窗构造
                    │
模块四 立面图的绘制 ─┼─── 4.3 绘制立面门构造
                    │
                    ├─── 4.4 绘制立面细部构造
                    │
                    └─── 4.5 修整立面图
```

学习目标

◇ 熟悉 AutoCAD 工程图中建筑平、立、剖面图三者之间的空间关系；
◇ 综合运用 AutoCAD 基本绘图与编辑命令绘制建筑工程立面图；
◇ 合理运用 AutoCAD 基本绘图与编辑命令，以提高绘制立面图的精确度以及工作效率。

▶ 任务4.1 绘制立面框架轮廓 ◀

模块三中已经介绍了宿舍楼项目平面图的绘制方法和步骤，本模块将根据宿舍楼平面图（附录二）以及所给的尺寸通过绘制宿舍楼南立面图来介绍与建筑立面图绘制相关的绘图和编辑命令，将前面所讲的知识贯穿起来，进一步加深对基本绘图与编辑命令的理解。

4.1.1 设置绘图环境及图层

首先,新建一个文件并将其命名为"南立面图",再参照建筑平面图绘制时设置好的相应绘图环境设置"南立面图"的绘图环境:使用【图层特性管理器】建立轴线、墙线、门窗、尺寸标注、文字标注等基本图层,并设定颜色、线型和线宽,图层如图 4-1 所示;使用【草图设置】设置捕捉点,如图 4-2 所示;点击主菜单→【格式】→【标注样式】菜单项,根据模块三中选择好的标注样式参数确定立面图的标注样式;点击主菜单→【格式】→【文字样式】菜单项,根据模块三中选择好的文字标注参数确定立面图的文字样式。

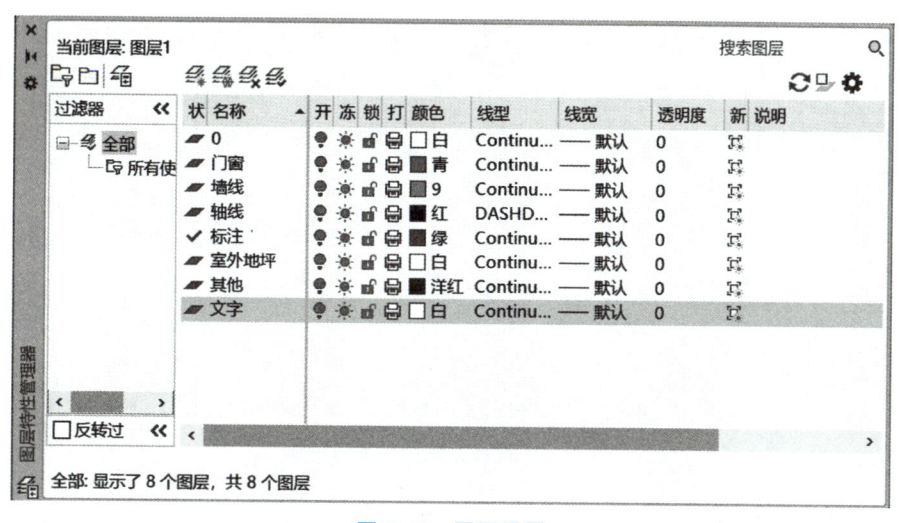

图 4-1 图层设置

图 4-2 捕捉点设置

最后,点击主菜单【格式】→【线型】菜单项,把线型比例改为适当值。立面图的绘图到此设置完成。

4.1.2 绘制立面框架

1. 设置【轴线】图层为当前图层。

2. 观察南立面图,使用【直线】命令绘制出第 1 条竖向轴线,再使用【修改】→【偏移】命令按照轴线间距要求偏移出竖直方向上的其他轴线。点击主菜单→【标注】→【线性】利用线性标注命令将竖向轴线的间距标注出来,以便后续进一步绘图。结果如图 4-3 所示。

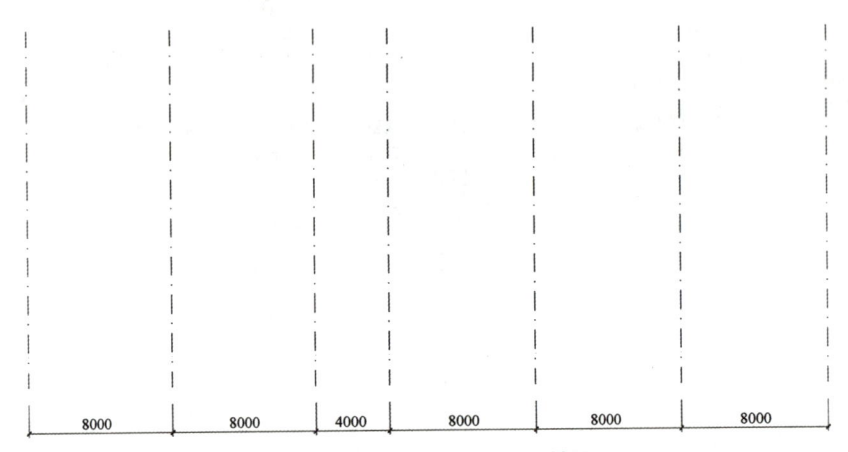

图 4-3 偏移完成竖向定位轴线

3. 使用【绘图】→【直线】命令绘制最下方的 1 条横向轴线,以此确定地面层高线的位置,再使用【修改】→【偏移】命令按照各楼层的层高偏移出其他层高线位置,包括首层地坪、二层楼面、三层楼面、四层楼面、屋顶层。点击主菜单【标注】→【线性】利用线性标注命令将层高线的间距标注出来,以便后续进一步绘图。结果如图 4-4 所示。

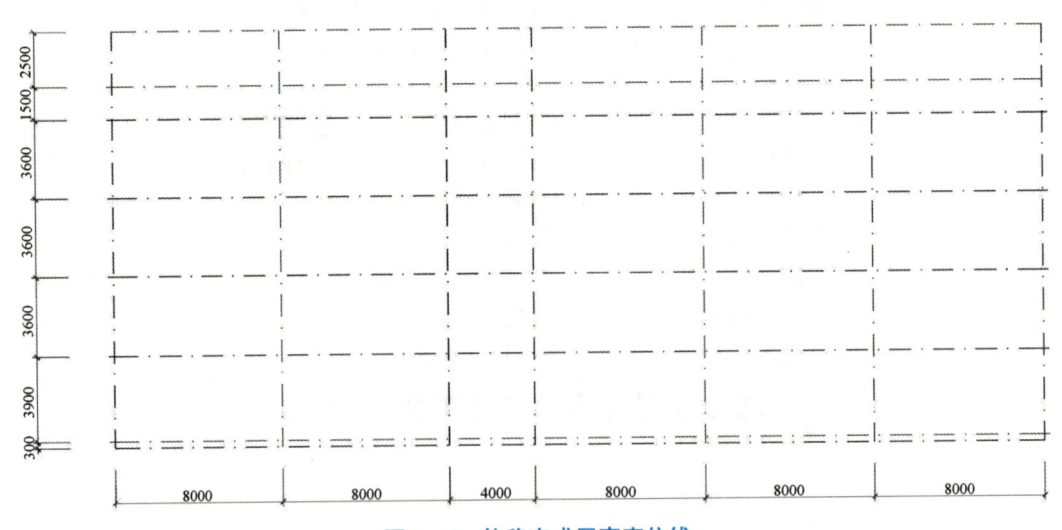

图 4-4 偏移完成层高定位线

4. 将图层调整到【标注】层,按照平面图中轴号的绘制方法和参数,给竖向轴线添加轴号,以便定位。如图 4-5 所示。

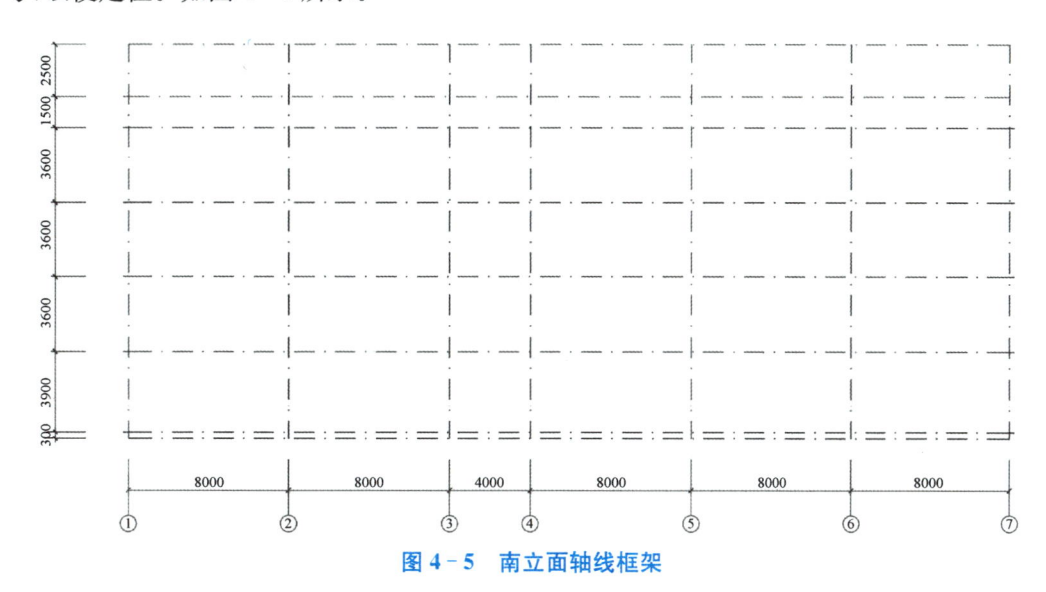

图 4-5 南立面轴线框架

5. 观察平面图和南立面图补充绘制立面框架所需的其他定位轴线,并标注尺寸,结果如图 4-6 所示。

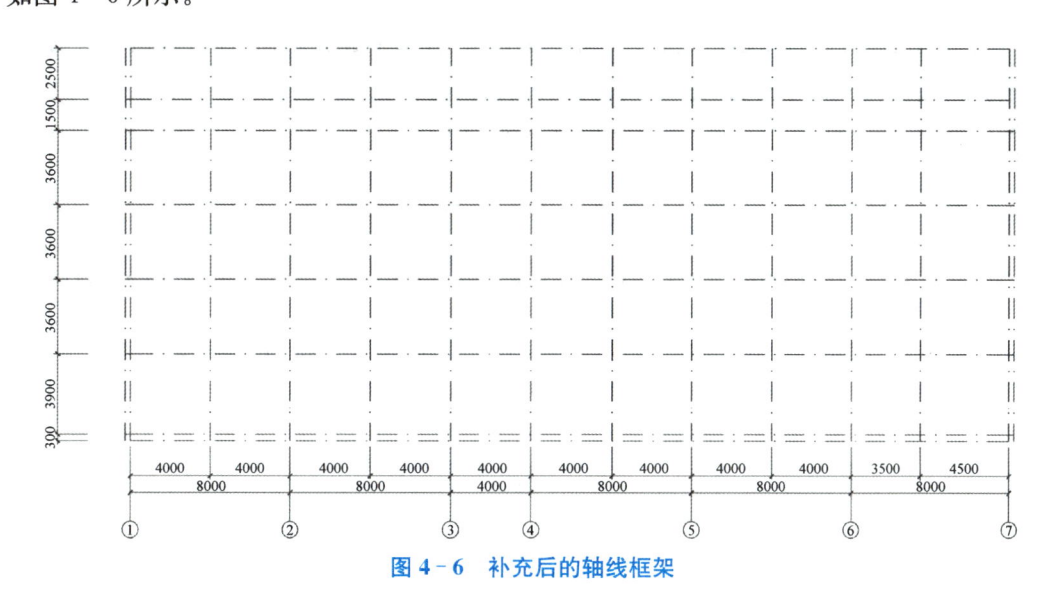

图 4-6 补充后的轴线框架

6. 设置【室外地坪】为当前图层。利用【绘图】→【多段线】命令绘制南立面图的地坪线,注意地坪线相对于其他图层的线条需将线宽加粗,线宽的粗细可根据图形的大小来确定,本项目采用 140 mm 的线宽进行加粗。【多段线】→【指定起点】→【宽度】→【起点宽度】140→【端点宽度】140→【指定下一个点】。

7. 设置【墙线】为当前图层。同样利用【绘图】→【多段线】命令绘制南立面图的外轮廓线。如图 4-7 所示。

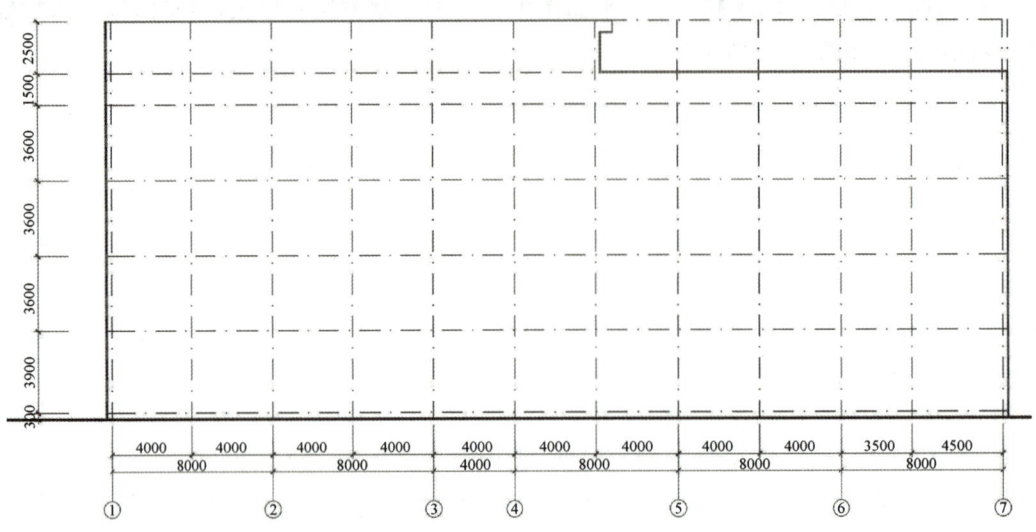

图 4-7 南立面图地坪线及外轮廓线

▶任务 4.2 绘制立面窗构造◀

门窗是绘制建筑立面图必不可少的构件之一,一般采用复制、镜像、偏移等命令绘制而成。接下来,以宿舍楼项目南立面为例进行立面窗构造绘制方法的介绍。

▶ 4.2.1 绘制左下角 C2621 窗

1. 绘制窗的窗框

(1) 查找南立面图左下角的窗户在一层平面图上的窗编号为 C2621,通过门窗表可知 C2621 窗的尺寸为 2 600×2 100 毫米,通过南立面图确定窗户的阳台高度和窗洞口位置,利用【修改】→【偏移】将 1 号定位轴线向右分别偏移 1 150 mm、3 750 mm,卡出窗洞口的左右位置;横向倒数第 2 条轴线(即首层地坪层高线)向上分别偏移 1 000 mm、3 100 mm,卡出窗洞口的上下位置。如图 4-8 所示。

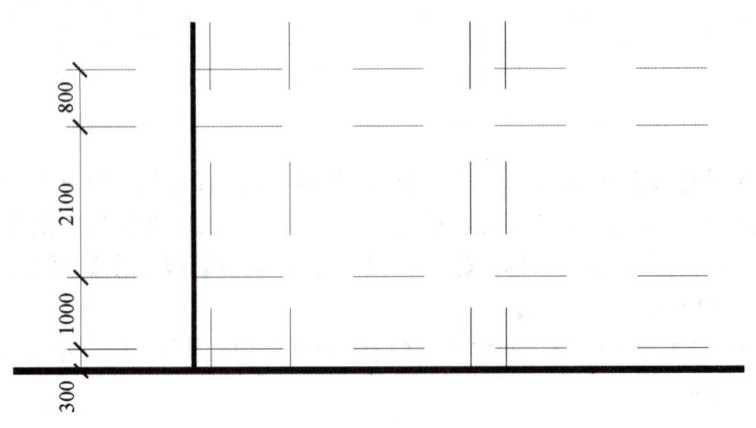

图 4-8 窗洞口定位

模块四 立面图的绘制

(2) 将图层调整到【门窗】层,使用【绘图】→【矩形】命令,选中窗洞口定位线框的左上角拖拽至右下角绘制窗 C2621 的洞口。

(3) 用【修改】→【偏移】命令将窗洞口线向内偏移两个 50 mm,作为 C2621 的窗框,结果如图 4-9 所示。

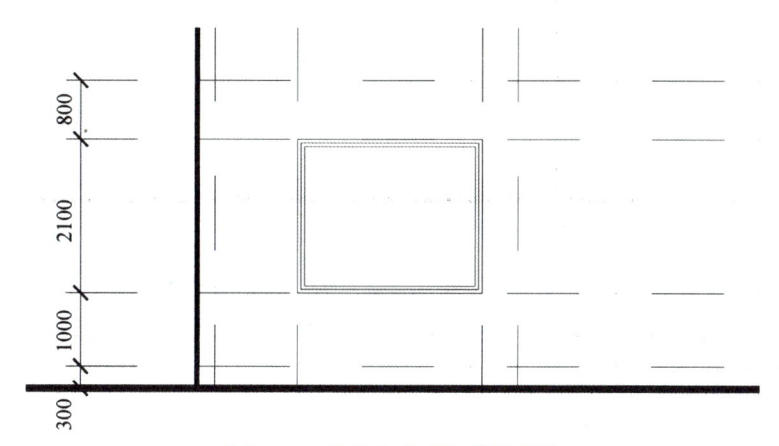

图 4-9 偏移生成窗框的轮廓线

2. 细化窗扇

(1) 使用【修改】→【分解】命令将 C2621 的最外层窗框分解。矩形分解后,选中最上面一条线段利用【修改】→【偏移】命令向下偏移 700 mm,将该线段再分别向上向下偏移 50 mm,得到 C2621 的中横框。点击菜单栏【绘图】→【点】→【定数等分】,选中横框的中间线作为定数等分的对象,输入线段数目为 3,将线段平均分成 3 份对窗扇进行细分。命令完成后如无法识别三等分点,则还需要调整点的显示样式,以帮助识别。修改方式如下:点击菜单栏【格式】→【点样式】选择图 4-10 中的一种样式作为点样式使用。过三等分点利用【绘图】→【直线】命令绘制中竖框的中线,结果如图 4-11 所示。

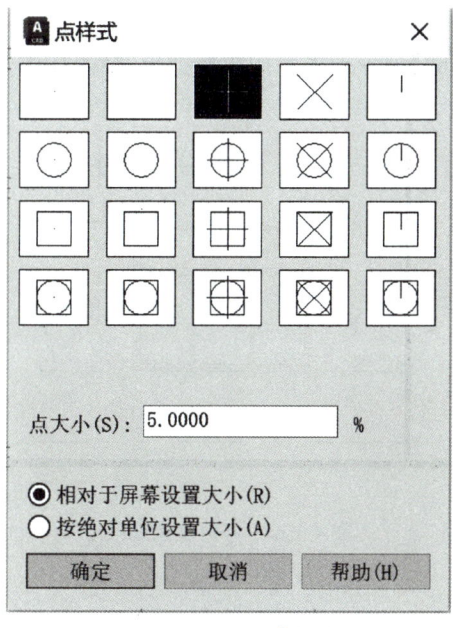

图 4-10 设置点样式

097

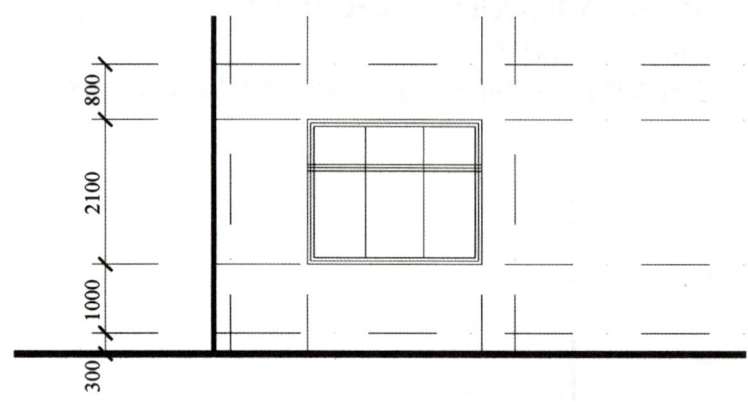

图4-11 绘制上下左右窗扇

(2) 使用【修改】→【偏移】命令，分别选中两条竖向中间线向左右各偏移25 mm，绘制出C2621的中竖框，结果如图4-12所示。

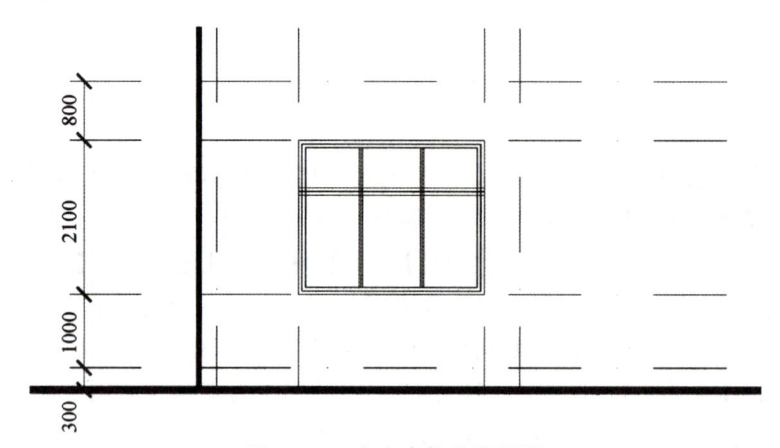

图4-12 向左右偏移中间线

(3) 使用【修改】→【修剪】命令把多余的线修剪掉，结果如图4-13所示。

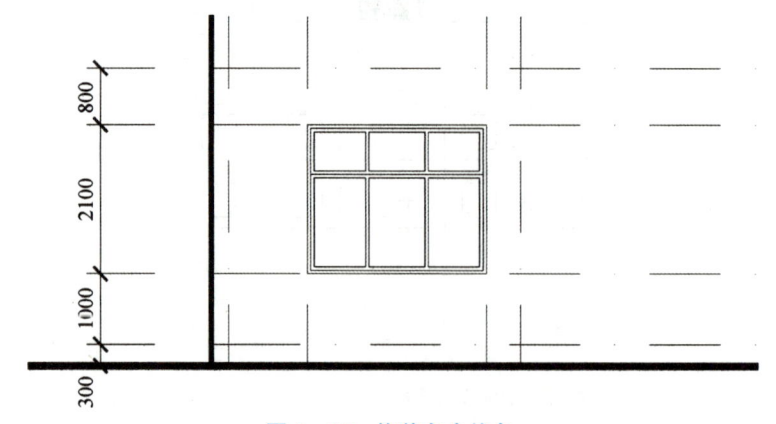

图4-13 修剪多余线条

4.2.2 绘制一层 C3521 和 C1621 窗

1. 绘制 C3521 窗

(1) 参照 C2621 窗的绘制方法,完成南立面图左下角 C3521 窗的绘制。结果如图 4-14 所示。

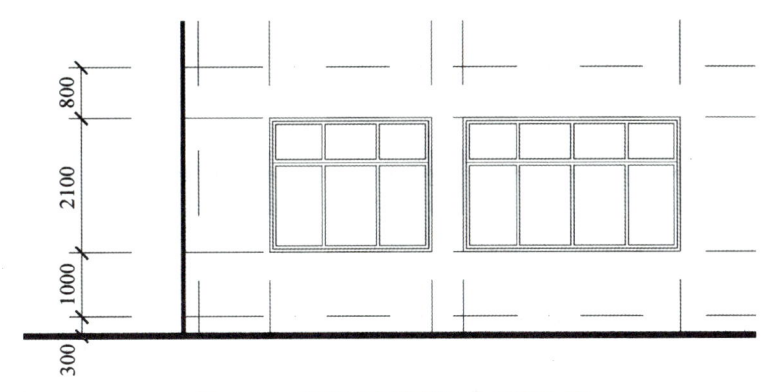

图 4-14 绘制左下角第一个 C3521 窗

(2) 观察平面图可知 2～3 轴线之间的窗户也是 C3521。因此,打开【图层】下拉菜单将轴线层锁定,通过鼠标左键框选已绘制完成的 C3521,使用【修改】→【复制】命令,选中窗户左下角为基点,向右复制一个 C3521,位移长度为 4 000 mm。结果如图 4-15 所示。

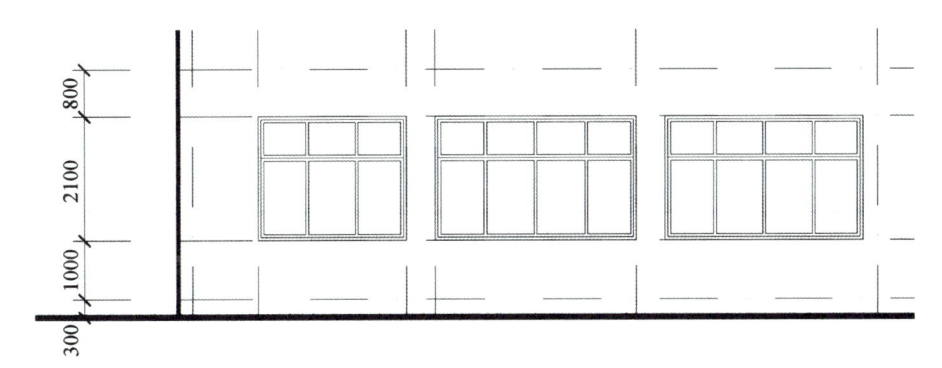

图 4-15 绘制第二个 C3521

2. 绘制 C1621 窗

(1) 参照 C2621 窗的绘制方法,完成南立面图一层 4～5 轴线之的 C1621 窗的绘制。结果如图 4-16 所示。

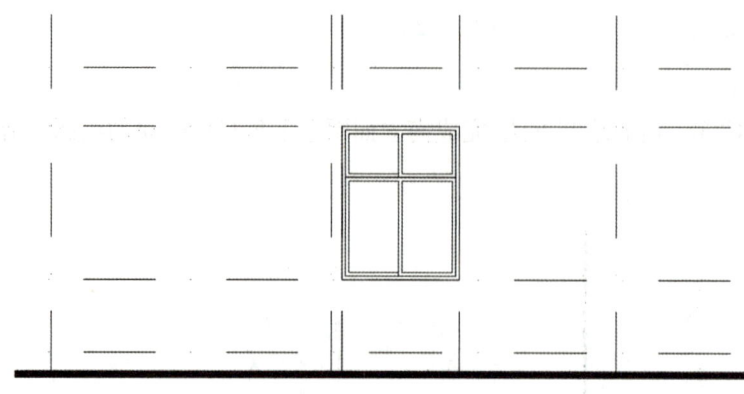

图 4-16 绘制 C1621 窗

(2) 观察平面图可知 5~6 轴线之间的窗户也是 C3521。因此,打开【图层】下拉菜单将轴线层锁定,复制出 5 号轴线右侧的第一个 C1621 窗。

(3) 一层剩下的 4 扇 C1621 窗由于间距相等,均为 300 mm,可以利用【修改】→【阵列】命令绘制。选中 5 号轴线右侧的第一个 C1621 窗,输入【修改】→【阵列】→【矩形】→【列数】4→【列数之间的间距】为 1950→【行数】1。结果如图 4-17 所示。

图 4-17 绘制 C1621 窗

4.2.3 绘制二层及以上的 C2618、C3518 和 C1618 窗

(1) 重复 4.2.1 中的步骤 1 和 2,分别绘制二层的 C2618、C3518 和 C1618,结果如图 4-18 所示。

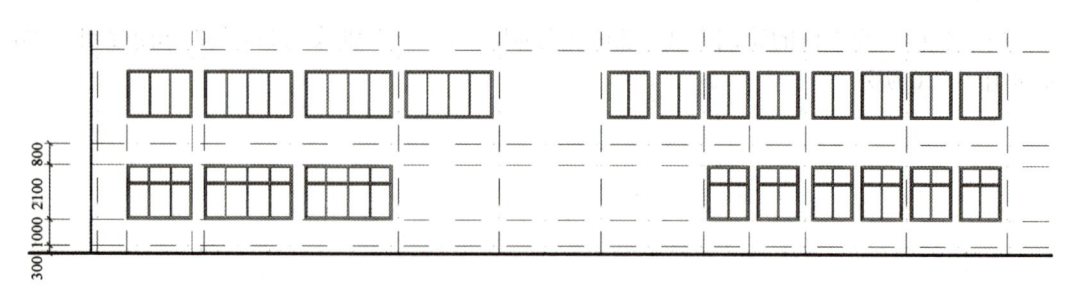

图 4-18 绘制二层 C2618 和 C3518

(2) 重复 4.2.2 中的步骤 3,阵列生成第 3—4 层的 C2618 和 C3518。点击主菜单【修

改】→【阵列】对话框参数设定为:【修改】→【阵列】→【矩形】→【列数】1→【列数之间的间距】为无(按空格键或者回车键)→【行数】3→【行数之间的距离】为 3 600 mm。结果如图 4‑19 所示。

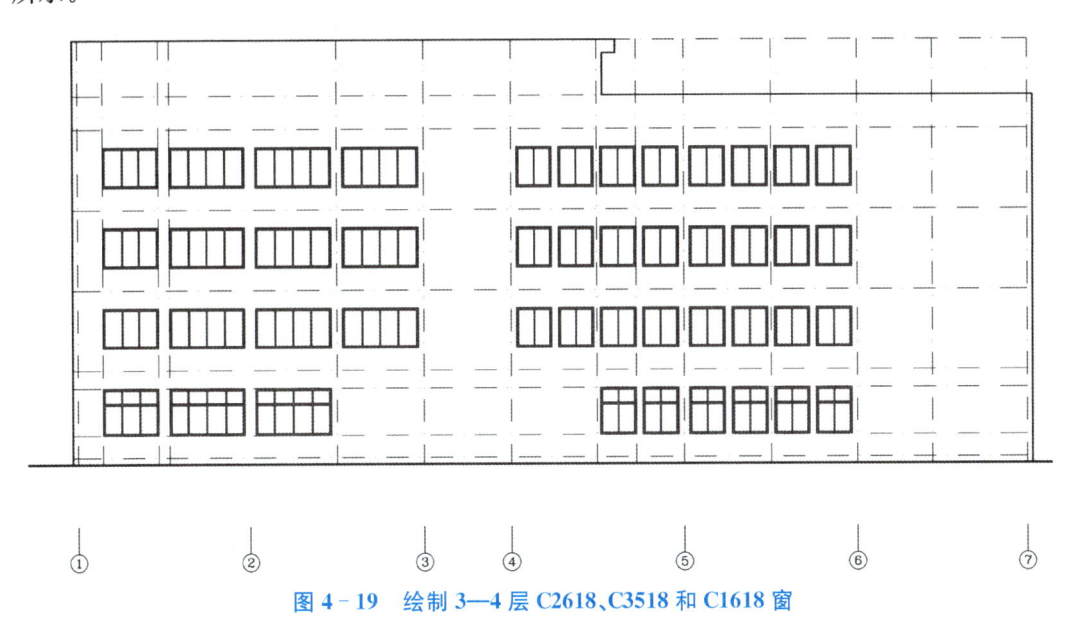

图 4‑19　绘制 3—4 层 C2618、C3518 和 C1618 窗

4.2.4　绘制二层及以上的 C2818、C2408 窗

(1) 重复 4.2.1 中的步骤 1 和 2,分别绘制二层的 C2818 和 C2408,特别是 C2818,结合平面图和立面图可知,该型号的窗户位于楼梯间,由于结构遮挡在南立面图上未完全显示,因此要注意窗扇在竖向的具体位置,利用【修改】→【修剪】命令对完整图例进行细化。结果如图 4‑20 所示。

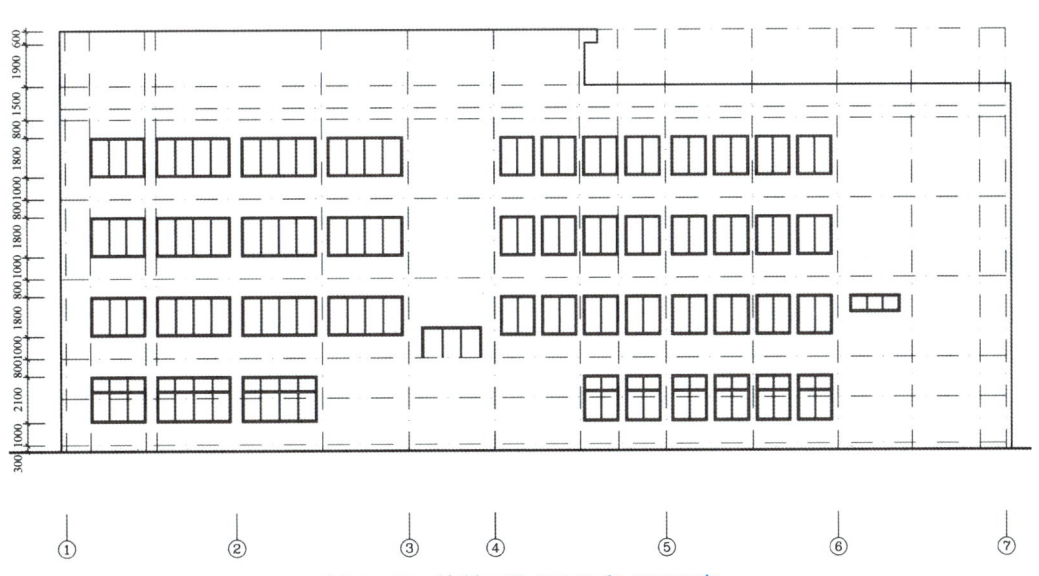

图 4‑20　绘制二层 C2818 和 C2408 窗

(2) 重复 4.2.2 中的步骤 3,阵列生成第 3—4 层的 C2818 和 C2408。【修改】→【阵列】对话框参数设定为:【修改】→【阵列】→【矩形】→【列数】1→【列数之间的间距】为无(按空格键或者回车键)→【行数】3→【行数之间的距离】为 3 600 mm。

(3) 屋顶层 3~4 号轴线之间的楼梯间窗户 C2818 由于女儿墙的遮挡也未显示完全,可以根据竖向高度对 C2818 的图例进行细化。结果如图 4-21 所示。

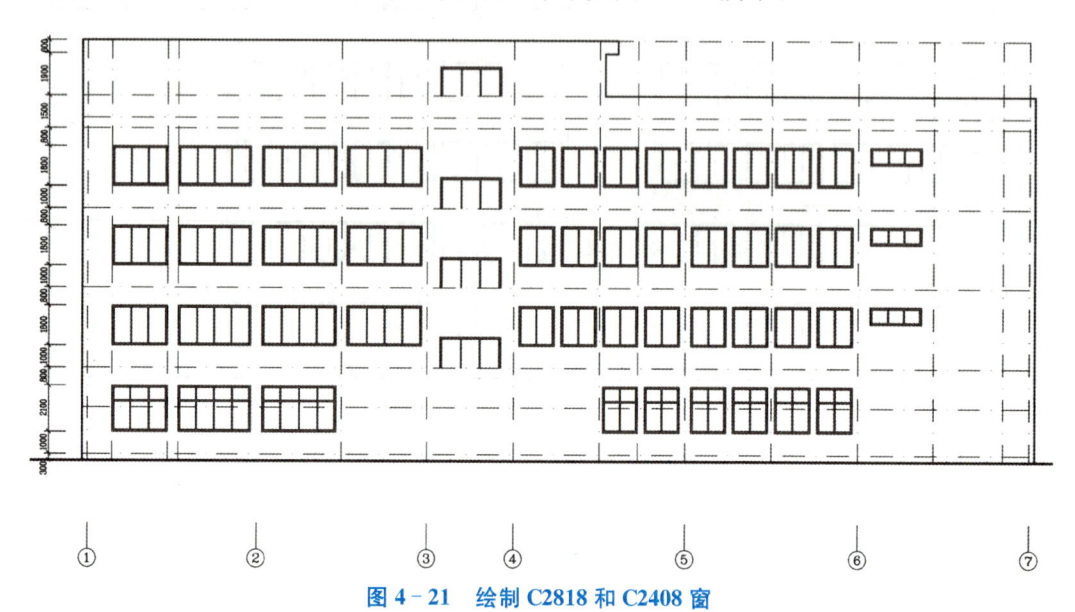

图 4-21 绘制 C2818 和 C2408 窗

4.2.5 绘制一层 C2408 窗

重复 4.2.1 中的步骤 1 和 2,绘制一层的 C2408。至此,南立面所有窗户绘制完毕,结果如图 4-22 所示。

图 4-22 绘制完成的南立面窗户

任务 4.3 绘制立面门构造

4.3.1 绘制立面门 M1521 门框

1. 观察图纸可知宿舍楼项目南立面上有 3 个入口,每个入口的门型号都一致为 M1521,通过查找门窗表可得,M1521 的尺寸为 1 500×2 100 mm。

2. 将【图层】调至【门窗层】。观察图纸,利用【修改】→【偏移】命令对门洞口进行定位,分别找到 2~3,4~5,6~7 号轴线之间 M1521 的洞口位置。

3. 单击【绘图】→【矩形】命令,启动【矩形】命令。选中门洞口定位线框的左上角拖拽至右下角绘制门 M1521 的洞口。

4. 用【修改】→【偏移】命令将门洞口线向内偏移 50 mm,得到 M1521 的门框,结果如图 4-23 所示。

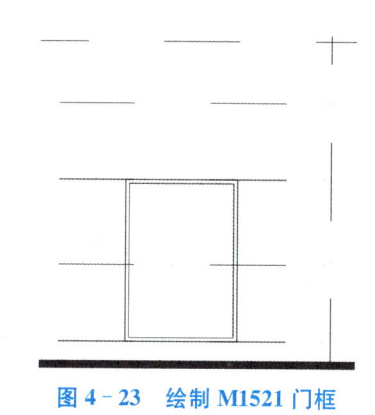

图 4-23 绘制 M1521 门框

4.3.2 绘制立面门 M1521 门扇

1. 在图 4-23 的门框的基础是对门扇进行细化。利用【绘图】→【直线】命令过中心点对半划分门扇,并绘制门扇开启线。结果如图 4-21 所示。

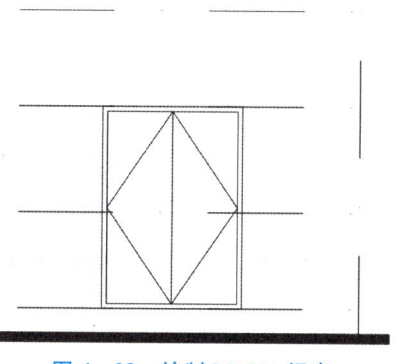

图 4-23 绘制 M1521 门扇

2. 南立面上剩余的两扇 M1521 重复 4.3.2 的步骤 1 完成绘制。结果如图 4－24 所示。

图 4－24　绘制立面门 M1521 门

4.3.3　绘制立面雨篷和台阶

1. 绘制台阶

（1）将【图层】调整到【其他】，利用【绘图】→【直线】命令根据尺寸，先绘制左下角 M1521 的两级台阶。从门扇下方中点向左绘制长度为 1 250 mm 的水平线，垂直于终点，利用【绘图】→【直线】命令向下绘制 150 mm 的台阶，接着过终点再向左绘制长度为 300 mm 的水平线作为台阶踏面，垂直于终点，同样利用【绘图】→【直线】命令向下绘制 150 mm 的台阶踏面。结果如图 4－25 所示。选中画好的四根线条，利用【修改】→【镜像】→【指定镜像线】：以门扇中线为参照的镜像线→【要删除源对象吗】：否，向右镜像，得到右侧的两级台阶。最后，将台阶线进行整理，得到完整的两级台阶，结果如图 4－26 所示。

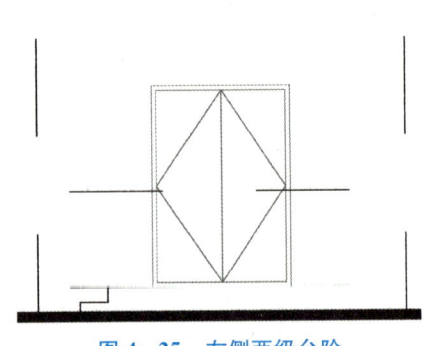

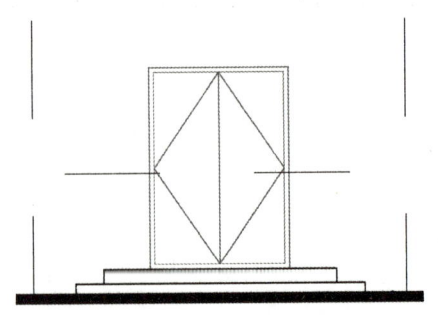

图 4－25　左侧两级台阶　　　　图 4－26　镜像得到室外两级台阶

（2）重复4.3.3的步骤1，将剩余两个入口处M1521门前的两级室外台阶也添加上。

2. 绘制雨篷

（1）根据图纸建施-2-11的3号详图可知雨篷的详细尺寸。利用【绘图】→【矩形】命令，绘制出雨篷的线框。

（2）根据图纸尺寸将上一步画好的雨篷线框放置在2~3号轴线之间M1521上方的对应位置。利用【修改】→【复制】命令，选中画好的雨篷线框下方的中点作为对齐基点与M1521门框的上方中点对齐。接着，根据尺寸，利用【修改】→【移动】命令，选中雨篷线框的下方中点作为对齐基点，雨篷整体向上移动200 mm。

（3）重复4.3.3的步骤2，将剩余两个入口处M1521门上的雨篷也添加上。结果如图4-27所示。

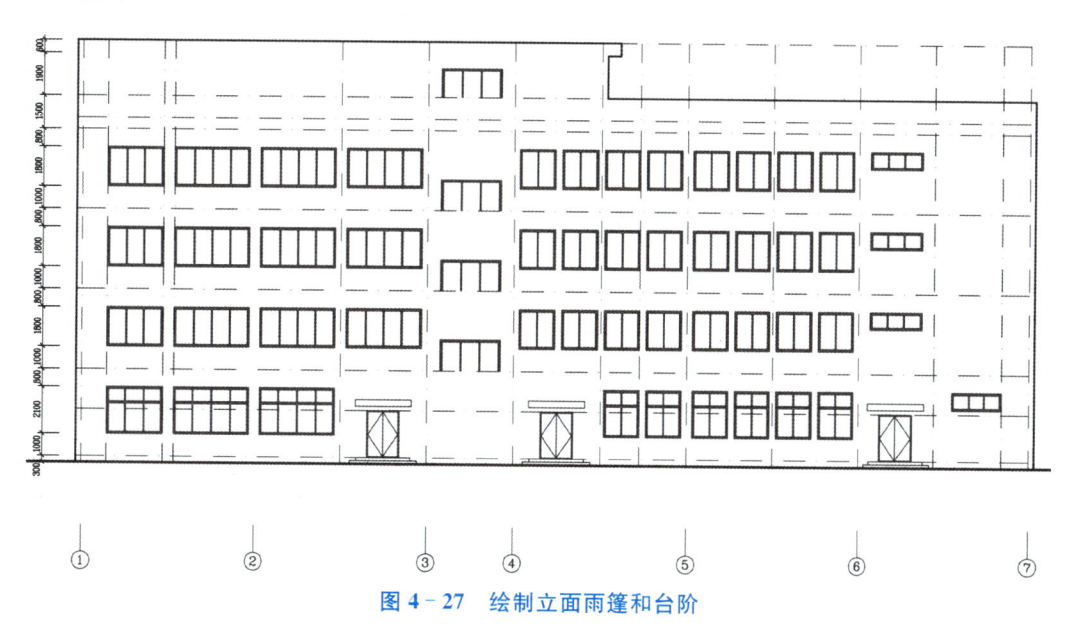

图 4-27　绘制立面雨篷和台阶

任务4.4　绘制立面细部构造

4.4.1　绘制立面窗台

根据图纸，在窗扇下方有阳台构造。将【图层】调整至【其他】，使用【绘图】→【矩形】命令完成窗扇下方的阳台绘制。结果如图4-28所示。

图 4-28 绘制立面窗台

4.4.2 绘制外墙线脚

根据图纸建施-2-10外墙线脚详图及南立面图,利用【绘图】→【直线】命令完成外墙线脚的绘制。结果如图 4-29 所示。

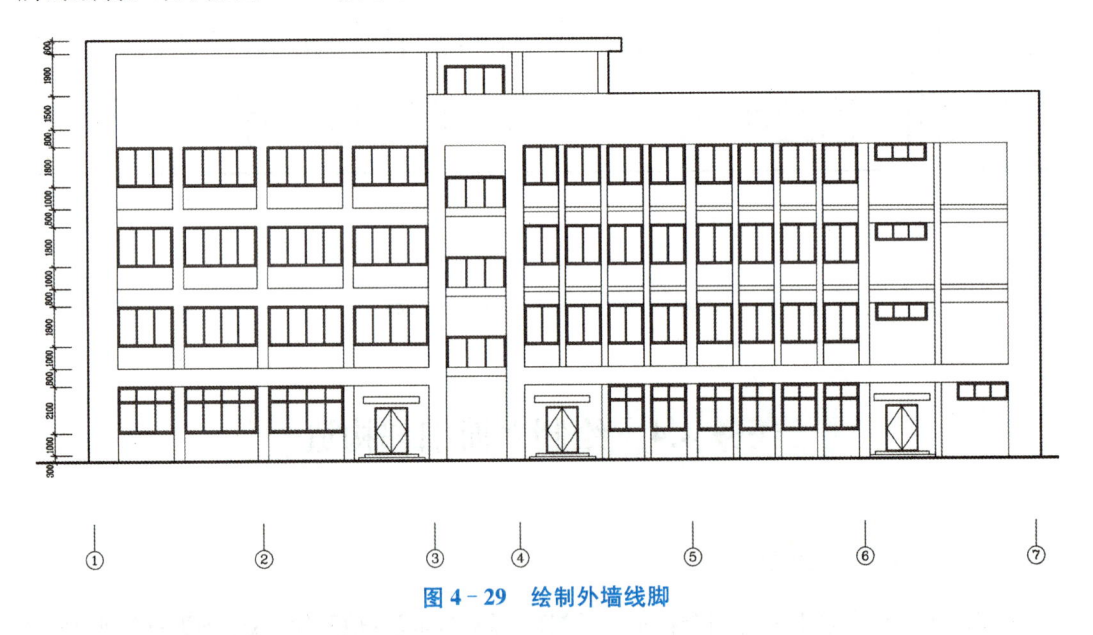

图 4-29 绘制外墙线脚

4.4.3 绘制外墙栏杆

1. 绘制屋顶层 1~3 号轴线之间的栏杆扶手

(1) 通过图纸建施-2-10 中的 6 号详图找到 1~3 号轴线之间的栏杆扶手的尺寸,栏杆高度 1 000,其他做法同楼梯栏杆:不锈钢立管间距≤1 200、直径 65 mm;不锈钢管立杆间距≤110、不锈钢管直径 40 mm;不锈钢扶手直径 65 mm。

(2) 综合利用【直线】、【偏移】、【修剪】等命令,根据上述尺寸进行栏杆扶手图形绘制。

结果如图 4-30 所示。

图 4-30　屋顶层 1～3 号轴线之间的栏杆扶手

2. 绘制 2—4 层 6～7 号轴线之间的栏杆扶手

（1）通过图纸建施-2-10 中的 4 号详图找到 1～3 号轴线之间的栏杆扶手的尺寸，栏杆高度 1 100，其他做法同楼梯栏杆：不锈钢立管间距≤1 200、直径 65 mm；不锈钢管立杆间距≤110、不锈钢管直径 40 mm；不锈钢扶手直径 65 mm。

（2）综合利用【直线】、【偏移】、【修剪】等命令，根据上述尺寸进行栏杆扶手图形绘制。结果如图 4-31 所示。

图 4-31　2—4 层 6～7 号轴线之间的栏杆扶手

▶ 4.4.4　绘制外墙折断线

根据屋顶平面图可知，屋顶有装饰构筑物，1～3 号轴线柱子之间为四个洞口，用折断线表示，使用【绘图】→【直线】命令绘制。结果如图 4-32 所示。

图4-32 绘制外墙折断线

任务 4.5　修整立面图

4.5.1　去掉多余定位轴线

由于立面图上无需显示定位轴线的具体位置,因此通过关闭【图层】中的【轴线】层控制多余定位轴线的显示与隐藏。

4.5.2　标注立面图上的尺寸

1. 通过三道尺寸线分别标注宿舍楼项目南立面图的室外地坪高度、室内首层主要使用地坪高度、窗台高度、窗扇高度、窗上墙高度、女儿墙高度、各层层高和建筑物的总高度。结果如图4-33所示。

图4-33 标注南立面图竖向高度

2. 通过两道尺寸线标注宿舍楼项目南立面个轴线之间的间距和建筑总长度。结果如图 4-34 所示。

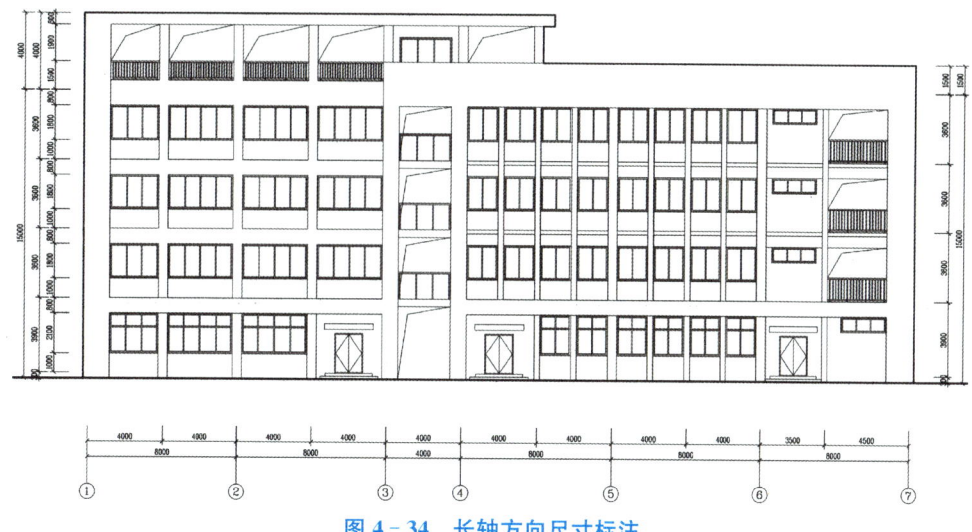

图 4-34 长轴方向尺寸标注

4.5.3 标注立面图上的文字

通过引线标注分别标注宿舍楼项目南立面具体材质使用情况。如图 4-35 所示。

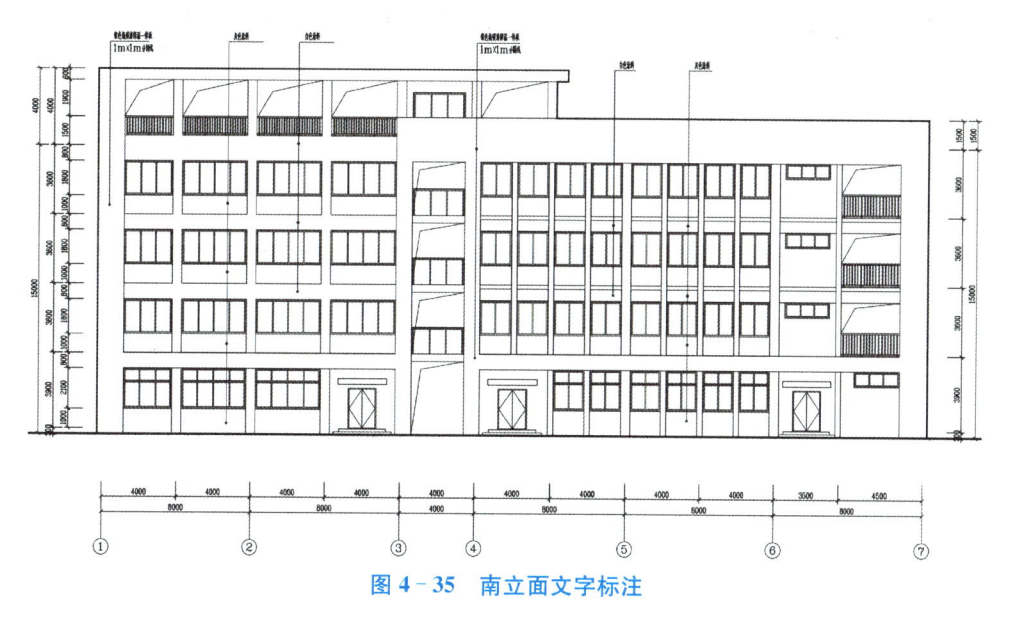

图 4-35 南立面文字标注

4.5.4 标注立面图上的符号

通过标高符号分别标注宿舍楼项目南立面细部构造的具体高度。如图 4-36 所示。

图 4-36 立面标高

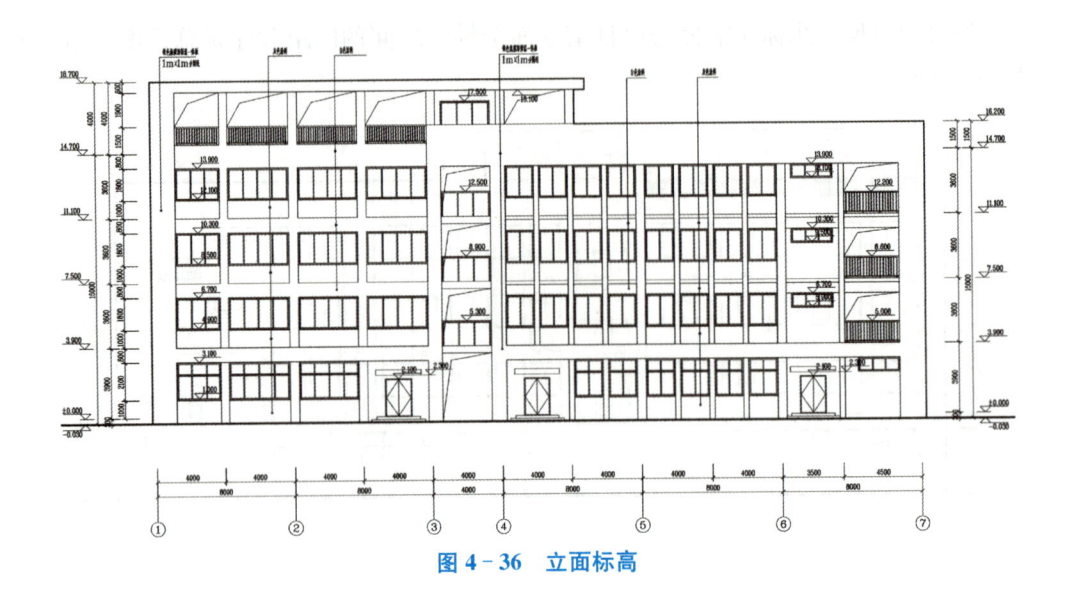

4.5.5 标注立面图上的图名

使用【单行文字】文字命令,输入图纸名称,中文字符"南立面"文字样式选择"中文"、比例"1∶100"文字样式选择"standard"。根据《房屋建筑制图统一标准》(GB/T 50001—2023),比例宜注写在图名的右侧,字的基准线应取平;比例的字高宜比图名的字高小一号或二号。使用【绘图】→【多段线】命令绘制标题的基准线,线条需进行加粗。结果如图 4-37 所示。

图 4-37 标注图名

▶课后实践◀

按照绘图步骤以及建筑图的绘制要求绘制附件七中的立面图。

模块五 剖面图的绘制

思政融入

通过剖面图绘制的过程，引导学生理解现象与本质的关系，以实际操作掌握事物的本质；培养学生严谨的工作态度和责任心，在绘制剖面图的过程中，始终保持高度的责任心和严谨的工作态度，认真对待每一个细节，确保图纸的准确性和可靠性。

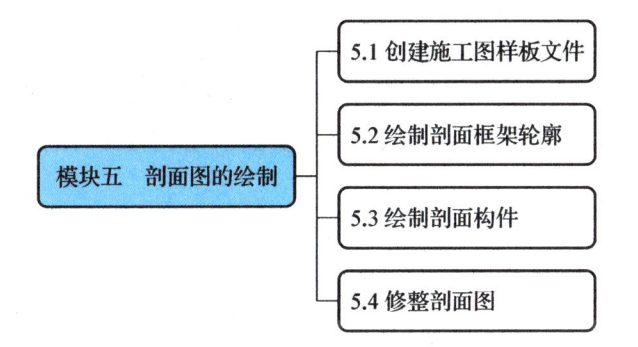

思维导图

模块五 剖面图的绘制
- 5.1 创建施工图样板文件
- 5.2 绘制剖面框架轮廓
- 5.3 绘制剖面构件
- 5.4 修整剖面图

学习目标

◇ 理解建筑剖面图的基本概念：了解剖面图如何反映建筑物的内部构造、空间布局和垂直方向上的关系；

◇ 熟悉建筑剖面图的绘制步骤：从分析图纸、定位、画轮廓到完善图纸、图纸自审，掌握整个绘制流程；

◇ 掌握相关CAD命令和工具的使用：学习并熟练使用前述章节中介绍的CAD软件中的各种绘图和修改命令。

任务 5.1　创建施工图样板文件

模块四中主要介绍了宿舍楼项目立面图的绘制方法和步骤,本模块将根据宿舍楼项目的平面图(附录二)以及所给的尺寸,通过绘制宿舍楼 3-3 剖面图来介绍图形样板文件的建立方法和与建筑剖面图的绘制方法。

5.1.1　样板文件的概念

回顾立面图的绘图步骤,第一步首先要创建一个新的文件,再按照国家标准或有关规定对该文件的绘图环境,包括标注样式、文字样式、捕捉对象等进行设置,同时创建绘图所需的各个图层,修改图层的名称、颜色、线型等,如果每次画图都要重新设置这些内容,会给绘图人员带来大量重复性的工作。因此,绘图前可以根据用户的绘图习惯设置一个样板文件,每次画图时可以直接调用,能大大提升绘图的效率。

5.1.2　1∶1 样板文件的建立

1. 基本设置

新建一个图形文件,命名为"1∶1 样板"。对样板的基本内容进行设置,各种步骤的操作过程在前面的章节中已有介绍,故本章节不再赘述。

(1) 建立图层:参照 4.1.1 中的"设置绘图环境及图层"分别建立【轴线】、【墙体】、【门窗】、【标注】、【文字】、【梁柱】、【室外地坪】、【楼梯】、【栏杆扶手】、【其他】等图层,修改图层的线型和颜色。

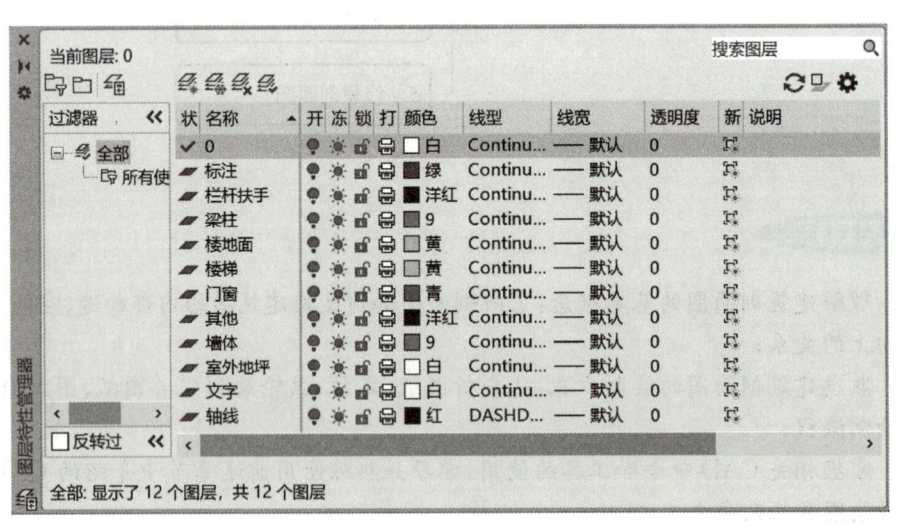

图 5-1　建立图层

(2) 设置线型比例:线型比例通常用来保证线型的清晰度和可读性,不同的绘图比例可能需要不同的线型比例设置,因此在调整线型比例时,需要考虑绘图的比例尺。由于创建的是 1∶1 的样本,所以,点击菜单栏【格式】→【线型】,在弹出的对话框中点击【隐藏细节】→

【全局比例因子】,将全局比例因子数值调整为1。

图 5-2 设置线型比例

(3) 设置文字样式:参照模块三的参数设置文字样式。
(4) 设置标注样式:参照模块三的参数设置标注样式。
(5) 设置多线样式:参照模块三的参数,分别设置240墙、120墙等常见厚度墙体的线型。
(6) 设置点样式:点击菜单栏【格式】→【点样式】在对话框中选择一个合适的点样式,以能表达清楚点的位置为准。

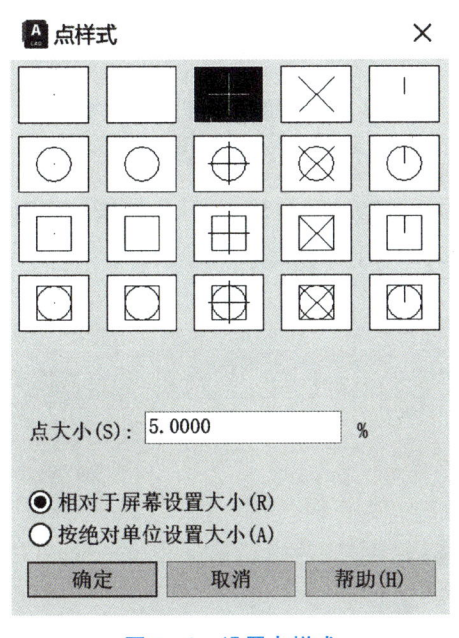

图 5-3 设置点样式

(7) 制作基本图块:
参照《房屋建筑制图统一标准》(GB/T 50001—2023)的规定参数制作轴线编号、标高、指北针、详图索引符号、详图符号、剖切符号以及 A1、A2、A3 图框等图块。

2. 保存文件

点击菜单栏【文件】→【另存为】,弹出对话框【图形另存为】(如图 5-4 所示),在对话框中【文件类型】下拉列表中选择【AutoCAD 图形样板(*.dwt)】选项,选择完成后文件的保存位置自动切换为 AutoCAD2023 安装目录下的 Template(样板)文件夹。修改文件名称为:1∶1样板。

图 5-4 【图形另存为】对话框

3. 输入样板说明

点击【保存】,弹出【样板选项】对话框(如图 5-5 所示),在【说明】文本框中可以输入图形模板的详细信息,例如输入"1∶1样板"。

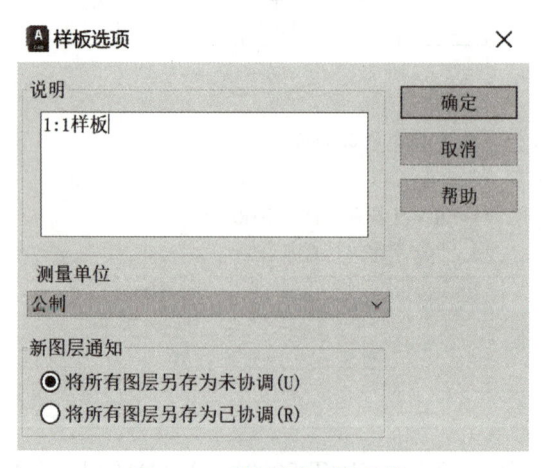

图 5-5 【样板选项】对话框

5.1.3 样板文件的扩大

在真实项目中有很多体量较大的建筑，使用 AutoCAD 绘图时一般墙体、门窗、梁柱等构件都是按照真实尺寸 1∶1 绘制的，在输出打印时为了适应图纸的大小则需要调整为合适的比例，因此诸如标高、详图符号、轴线编号等符号在 AutoCAD 内的尺寸是按照出图比例放大的。在 5.1.2 中我们已经创建好了 1∶1 的样本文件，此时模板内的标高、索引符号、轴线编号等符号的尺寸是按照制图标准内所规定的尺寸绘制的，因此需要按照不同项目的出图比例对"1∶1 模板"的部分参数进行重新设置。

宿舍楼项目 3-3 剖面图的出图比例为 1∶100，本节以该项目为例，介绍将"1∶1 模板"扩大 100 倍的修改过程，步骤如下：

1. 打开"1∶1 样板"

（1）点击菜单栏【文件】→【新建】命令，弹出【选择样板】对话框，如图 5-6 所示。

图 5-6 【选择样板】对话框

（2）选择"1∶1 样板"，打开 1∶1 模板。
（3）点击菜单栏【文件】→【保存】，将文件命名为"3-3 剖面图"。

2. 修改样板参数

（1）修改线型比例：点击菜单栏【格式】→【线型】，点击【隐藏细节】→【全局比例因子】，将线型比例因子的数值改为 100，如图 5-7 所示。

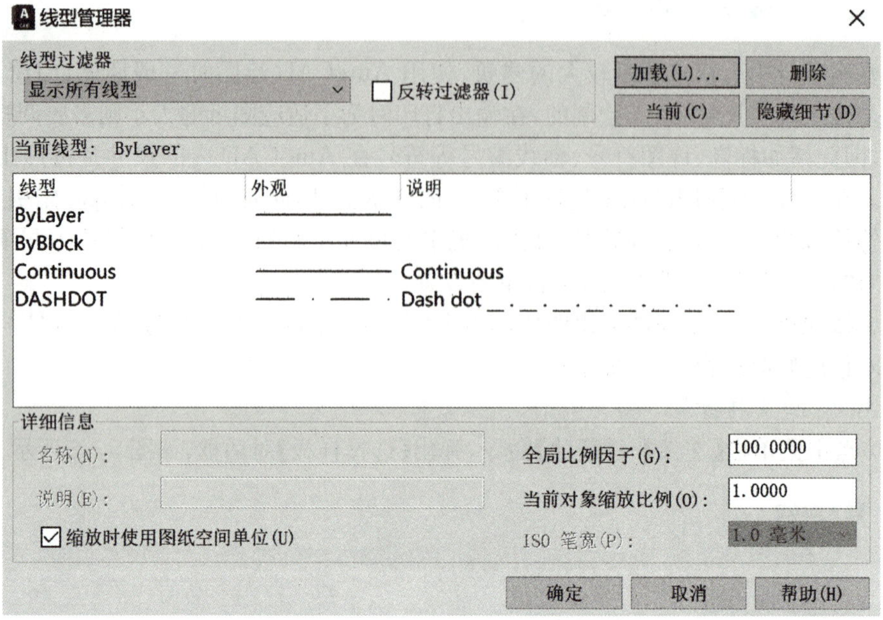

图 5-7 修改线型比例

（2）修改全局比例：点击【格式】→【标注样式】，打开【标注样式管理器】对话框，选中【标注】样式，点击修改，在弹出的【修改标注样式：标注】对话框中选择【调整】选项卡，将选项卡内的【标注特征比例】→【使用全局比例】数值调整为和出图比例一致，即"100"。

（3）调整基本图块："1∶1 样板"中绘制好的所有图块都是按照 1∶1 制作的，所以在 1∶100 的剖面图中使用这些图块时需要放大 100 倍。

任务 5.2　绘制剖面框架轮廓

接下来以宿舍楼项目 3-3 剖面图来介绍剖面图的绘制步骤及方法。

5.2.1　新建剖面图文件

打开 5.1.3 中保存好的"3-3 剖面图"文件，在 5.1.3 中已经将样板扩大了 100 倍，因此可以直接在该文件中绘制 3-3 剖面图。

5.2.2　绘制剖面框架

1. 绘制定位轴线

（1）将图层调整至【轴线】层。

（2）根据附图，找到 3-3 剖切符号在一层平面中的位置，确认剖面图的剖视方向，根据附图尺寸绘制 3-3 剖面图的定位轴线。

① 首先，绘制一条长 16 500（16 200＋300）mm 的垂直线，向右依次偏移 8 000 mm、6 500 mm，并分别标注 A、B、C 三个轴编号。

② 将【图层】调至【标注】层,将轴线之间的距离标注出来,结果如图 5-8 所示。

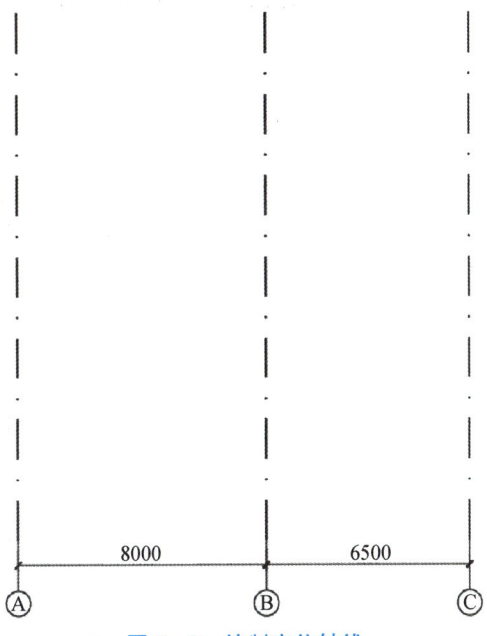

图 5-8　绘制定位轴线

③ 在绘制墙线之前还要根据附图,整理一下定位轴线,找到外墙的具体位置,将 A 轴线向左偏移 350 mm,C 轴线向右偏移 50 mm,结果如图 5-9 所示。

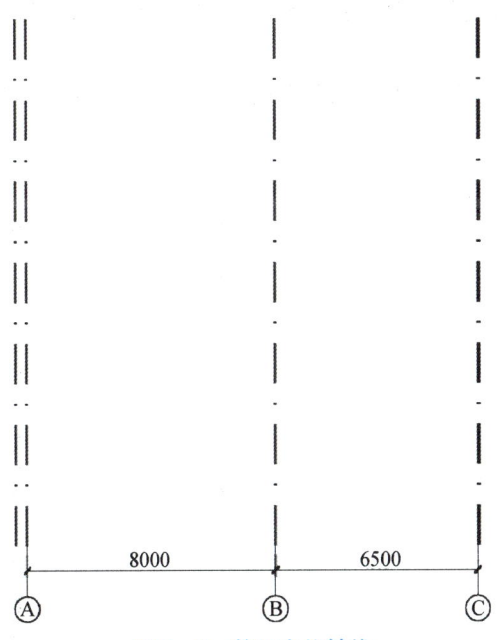

图 5-9　整理定位轴线

2. 绘制外墙

(1) 将【图层】调整至【墙线】层,根据附图可知,该项目外墙的厚度为 200 mm,因此需要将样板中设置好的墙体厚度稍作修改。使用【多线】→【比例】数值改为 200,【对正】参数改为上,参数修改完成后,分别点击最左侧和最右侧定位轴线的下端点和上端点完成外墙的绘制,结果如图 5-10 所示。

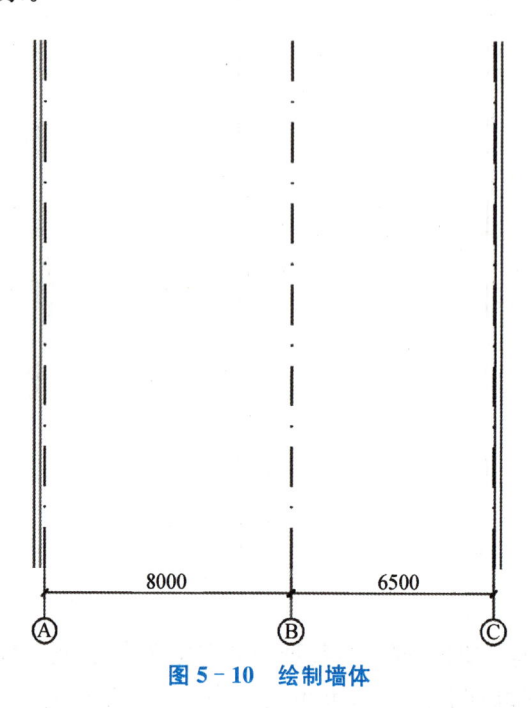

图 5-10　绘制墙体

(2) 点击菜单栏【修改】→【分解】命令,将绘制好的外墙分解。

3. 绘制楼地面

(1) 将【图层】调至【楼地面】,使用【直线】命令,分别连接 A 和 B 两点,结果如图 5-11 所示。

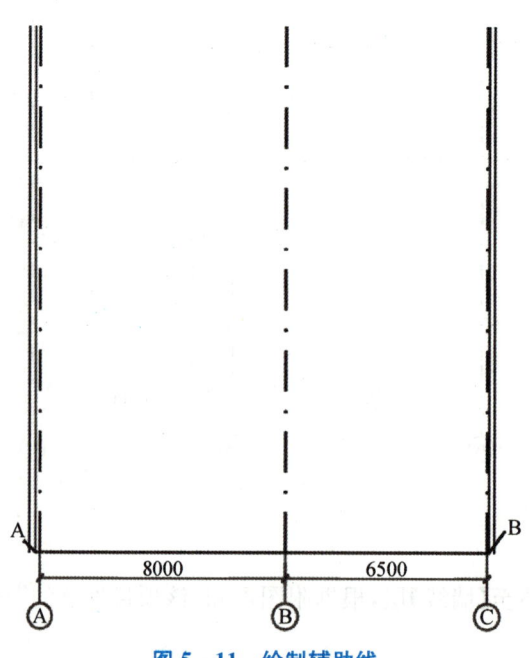

图 5-11　绘制辅助线

(3) 使用【偏移】命令将直线 AB 向上偏移 300 mm,得到室内一层地面的面层位置。删掉辅助直线 AB,保留室内一层地面的面层线,结果如图 5-12 所示。

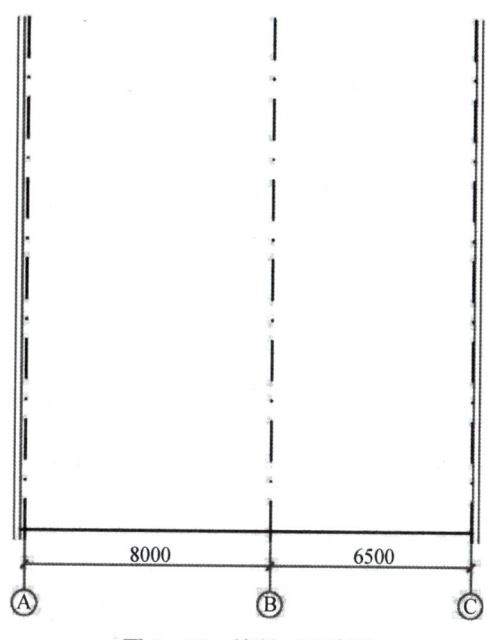

图 5-12 绘制一层地面

(4) 将一层地面的面层线即直线 A′B′ 向上分别偏移 3 900 mm、3 600 mm、3 600 mm、3 600 mm、1 500 mm,分别得到项目二、三、四、屋顶层的楼地面位置和女儿墙顶面位置,再将面层线分别向下【偏移】100 mm,其中女儿墙顶面线不需要偏移,画好后用【标注】命令标好竖直方向的层高,结果如图 5-13 所示。

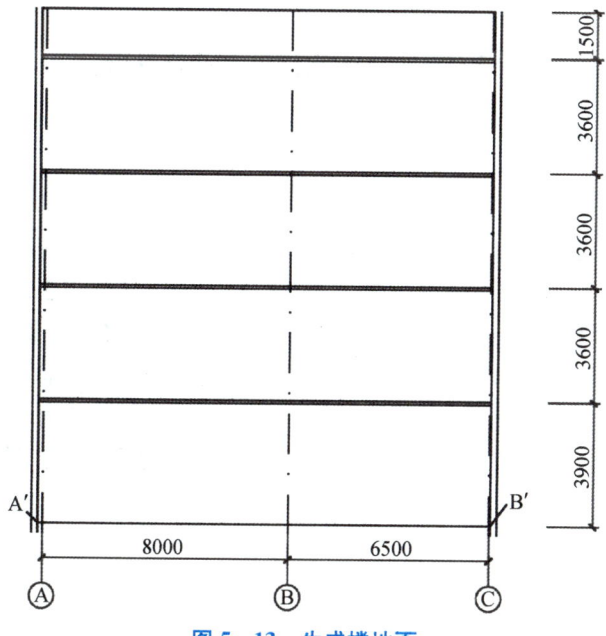

图 5-13 生成楼地面

4. 绘制隔墙

(1) 将【图层】调至【轴线】层,按照附图的尺寸用【偏移】命令将 A 轴向右偏移 3 500 mm,得到一层女厕所的隔墙位置,再将 A 轴向右偏移 2 000 mm,得到二至四层阳台的隔墙位置。

(2) 将【图层】调至【墙线】层,用【多段线】命令,将项目中卫生间、阳台、楼梯间的隔墙画好,【多段线】的【比例】仍为 200 mm,【多段线】的【对正】为无,结果如图 5-14 所示。

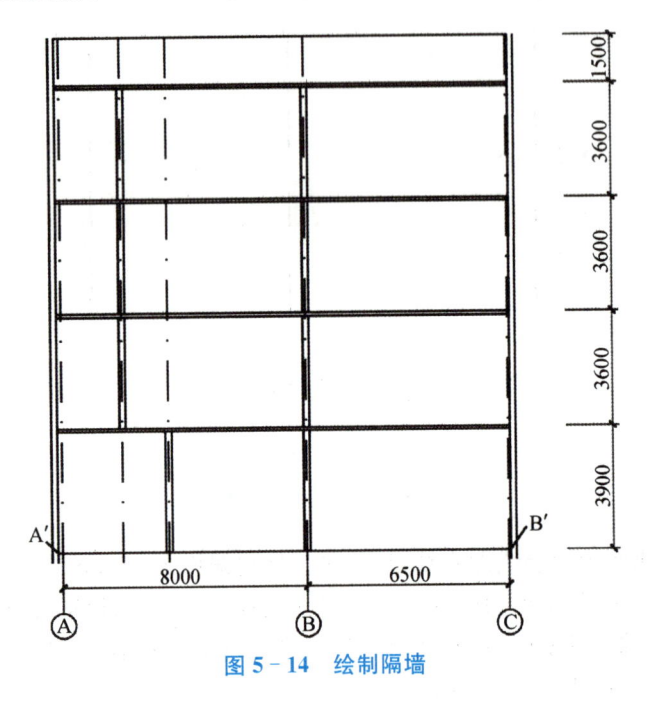

图 5-14 绘制隔墙

任务 5.3 绘制剖面构件

5.3.1 绘制梁构件

(1) 首先,绘制 A 轴位置的梁构件,根据建筑-2-10 的 2 详图可知,一层 A 轴梁的截面尺寸为 450×800 mm。将【图层】调整至【梁柱】层,使用【矩形】命令,绘制一个 450×800 mm 的矩形,并用【填充】命令填充梁构件,填充图案选择【填充】→【其他预定义】中的 SOLID 样式;根据建筑-2-10 的 2 详图可知,二、三层 A 轴梁的截面尺寸为 350×800 mm。根据图纸"建筑-2-10"中的 6 详图可知,四层 A 轴梁的截面尺寸为 350×800 mm,同样重复第一步梁构件的绘制和填充方法完成二至四层梁构件的绘制;利用【移动】命令将梁放置到对应的位置,结果如图 5-15 所示。

图 5‑15　A 轴位置的梁构件

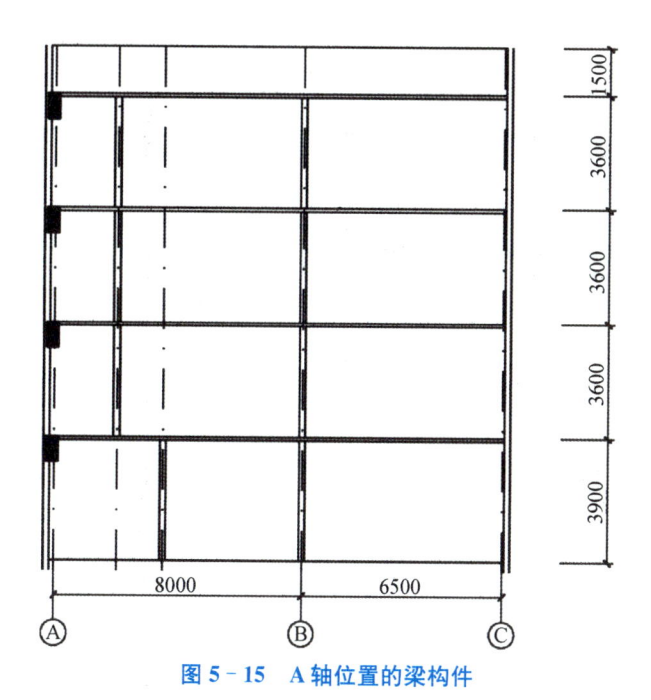

　　(2) 接着,绘制 B 轴位置的梁构件,一至三层的截面尺寸为 250×400 mm,四层的截面尺寸为 300×934 mm,C 轴二至四层位置的梁构件的尺寸为 250×800 mm,重复步骤 1 完成梁构件的绘制;由于屋顶层需要排水,因此需根据排水坡度将屋面板坡度进行修改,最终绘图结果如图 5‑16 所示。

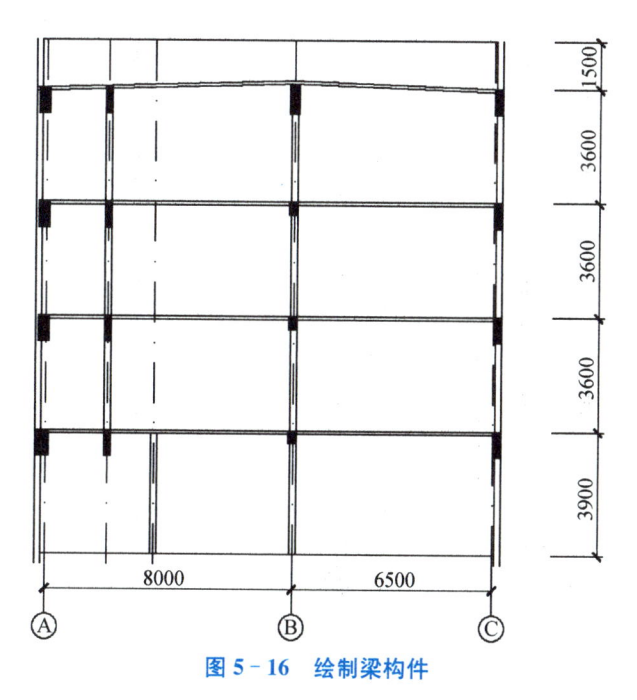

图 5‑16　绘制梁构件

　　(3) 修剪楼梯间的楼板:选中 C 轴向左使用【偏移】命令偏移 2 300 mm,修剪成图 5‑17

所示的状态。

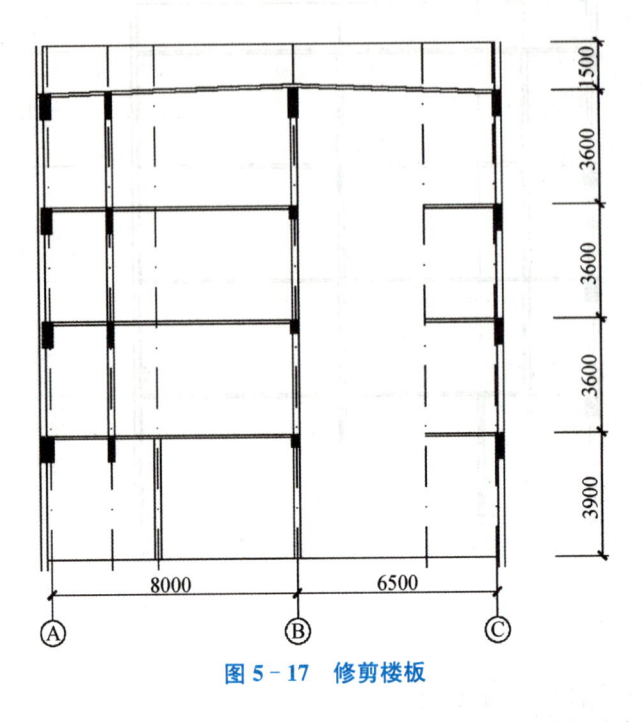

图 5-17　修剪楼板

(4) 绘制平台梁。根据附图所给尺寸 240×350 mm 绘制楼梯间右侧的平台梁,结果如图 5-18 所示。

图 5-18　绘制平台梁

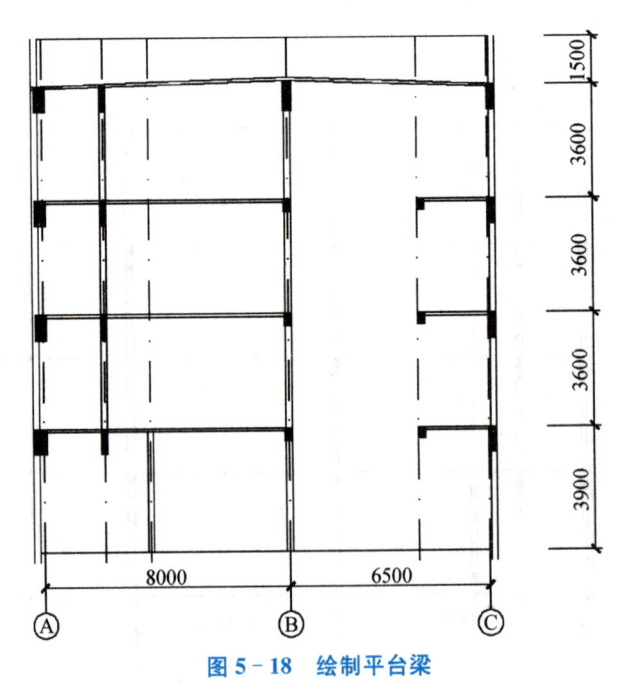

5.3.2 绘制楼梯构件

(1) 绘制楼梯定位线:将【图层】调至【楼梯】层,根据附图可知,第一级台阶的起始位置距离 C 轴 1 780 mm,梯段的水平投影长度为 3 120 mm,因此选中 C 轴使用【偏移】命令将轴线向左分别偏移 1 780 mm、4 900 mm,结果如图 5-19 所示。

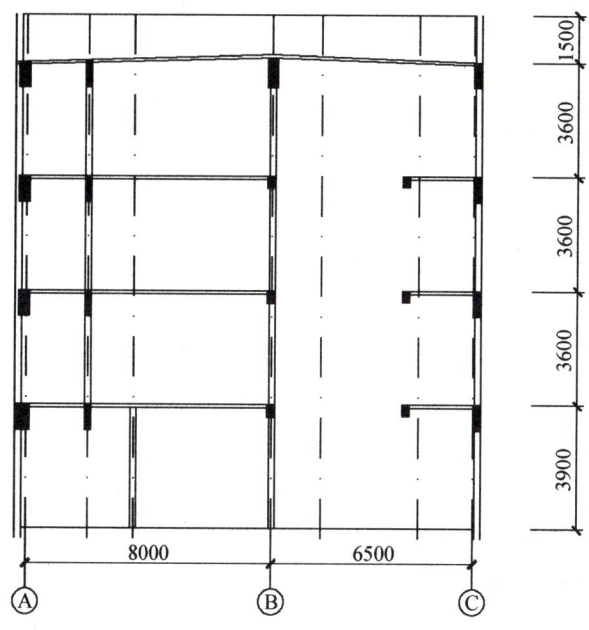

图 5-19 绘制楼梯定位线

(2) 绘制第一个梯段:根据附图可知,第一个梯段的台阶级数为 13 级,踏步高度为 162.5 mm,踏步宽度为 260 mm,在第一步中已经找到了第一个踏步的起始位置,因此使用【直线】命令,从起始位置绘制一级 260×162.5 mm 的踏步。选中绘制好的第一级踏步,点击【修改】→【复制】,指定 C 点为基点,【阵列】数目为 13,选择 D 为第二点,完成第一个梯段的绘制,结果如图 5-20 所示。

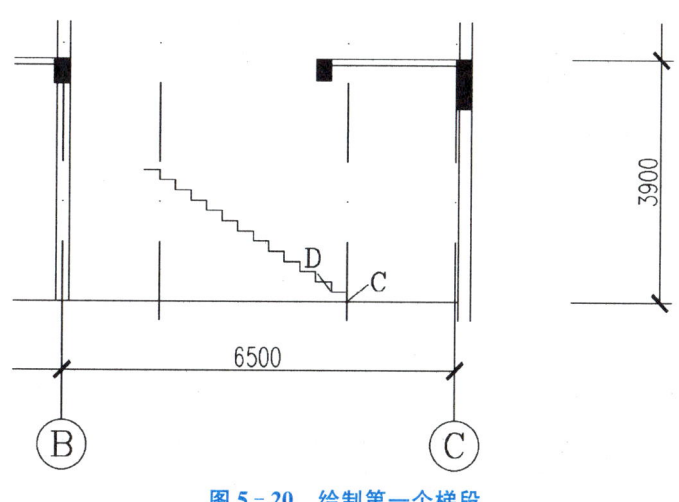

图 5-20 绘制第一个梯段

(3) 绘制第二个梯段：根据附图可知，第二个梯段的踏步的尺寸为 260×162.5 mm，踏步数量为 11 级。因此，以 E 点为起点，重复步骤 2 绘制第二个梯段，结果如图 5-21 所示。

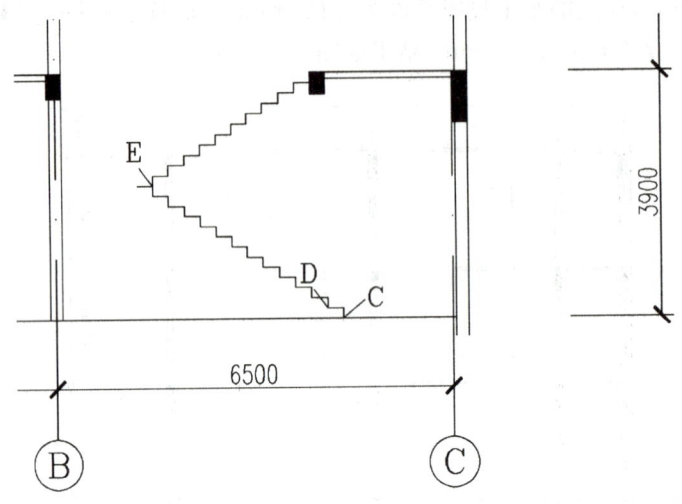

图 5-21　绘制第二个梯段

(4) 绘制中间休息平台、梯段梁和平台梁：选中第一个梯段的最后一级踏步的踏面向右延伸至 B 轴的墙体内边缘，使用【偏移】命令，将延伸得到的线段向下偏移 100 mm，完成中间休息平台的绘制，并根据附图的尺寸给梯段加上梯段梁和平台梁，结果如图 5-22 所示。

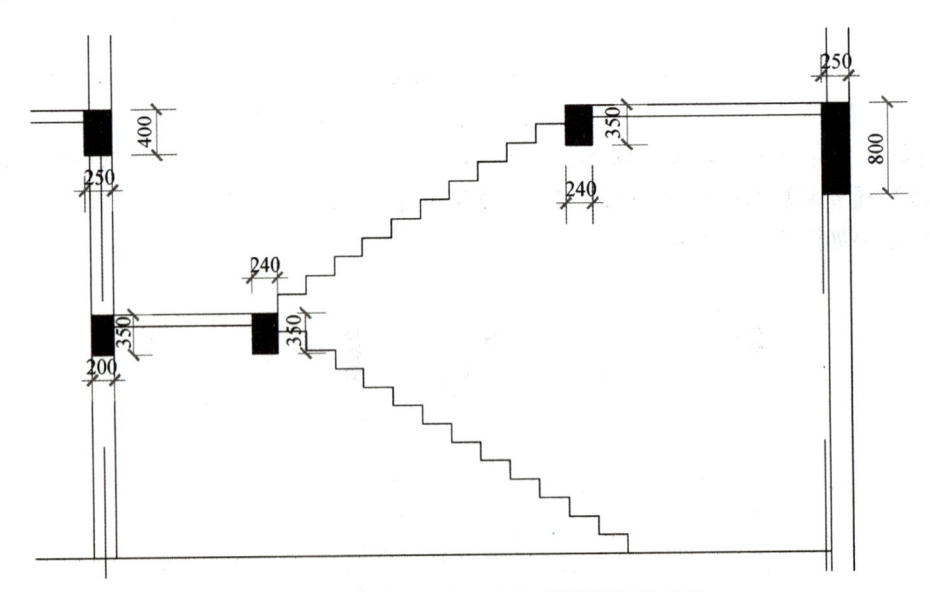

图 5-22　绘制中间休息平台、梯段梁和平台梁

(5) 绘制梯段板：楼梯踏步绘制完成后还需要给梯段板以厚度，根据附图可知，梯段板厚度为 100 mm，因此使用【直线】命令连接 CF 直线，将直线 CF 向下偏移 100 mm，得到第一个梯段的梯段板厚度，然后修整图形，重复以上步骤完成第二个梯段的梯段板厚度绘制。

结果如图 5-23(1)、(2)所示。

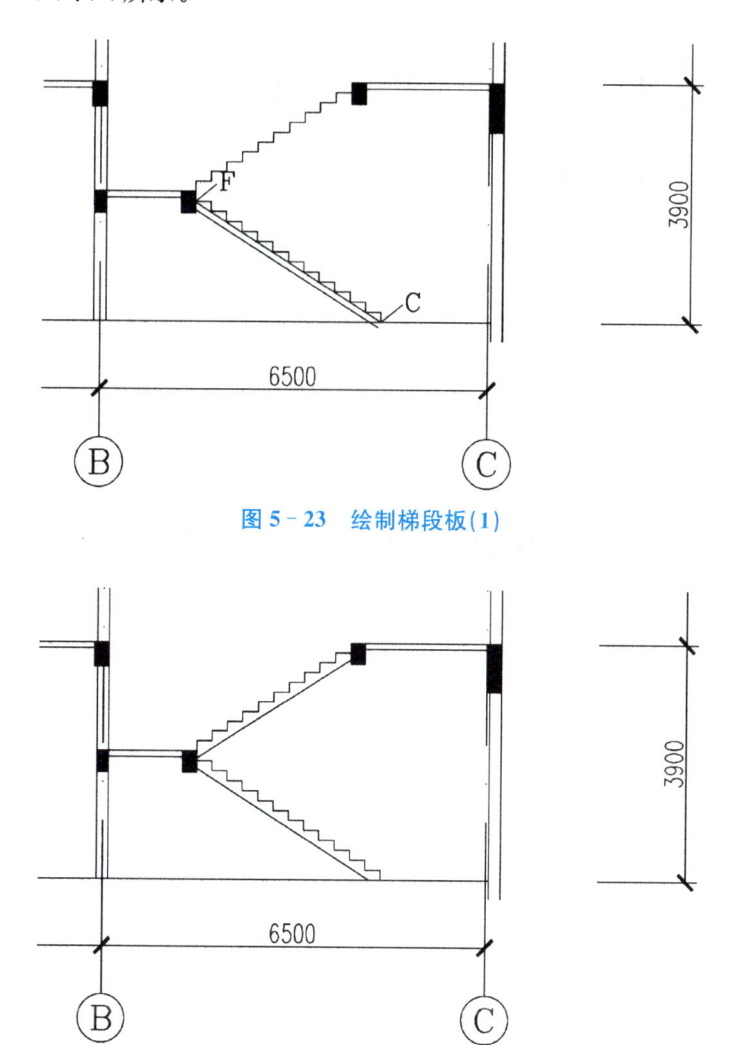

图 5-23　绘制梯段板(1)

图 5-23　绘制梯段板(2)

(6) 绘制栏杆扶手:将【栏杆扶手】图层设置为当前层,分别从 M、N、O、P 四个 1/2 踏面处向上绘制 1 000 mm 高的垂直线。然后使用【直线】命令,分别连接这些垂直线的上端,绘制扶手线,结果如图 5-24 所示。

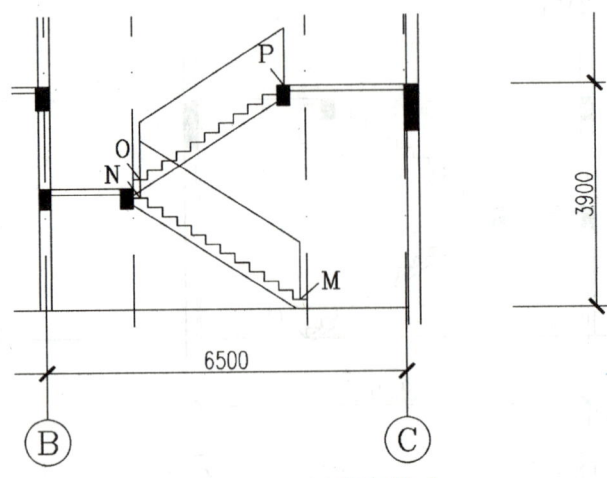

图 5-24　绘制栏杆扶手

(7) 绘制转弯处扶手,选中斜向的扶手线,按照图 5-25 绘制转弯处扶手。

图 5-25　绘制转弯处扶手

(8) 绘制栏杆,结果如图 5-26 所示。

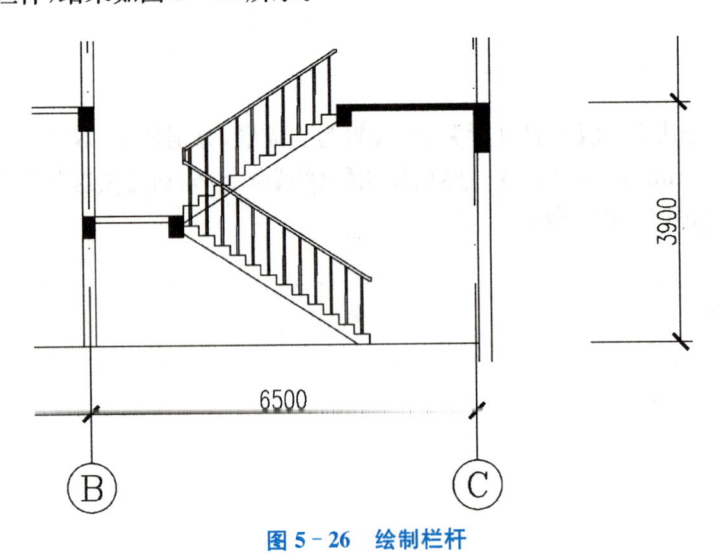

图 5-26　绘制栏杆

（9）填充梯段：将图层调整至【填充】层，填充1-1剖面图中被剖切到的梯段和中间休息平台，结果如图5-27所示。

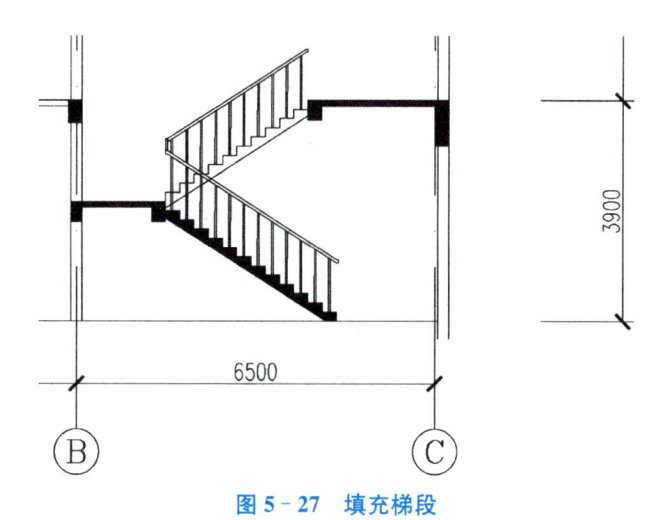

图5-27　填充梯段

（10）绘制二至三层的楼梯：根据附图的尺寸，参照（1）～（9）绘制二至三层的楼梯，结果如图5-28所示。

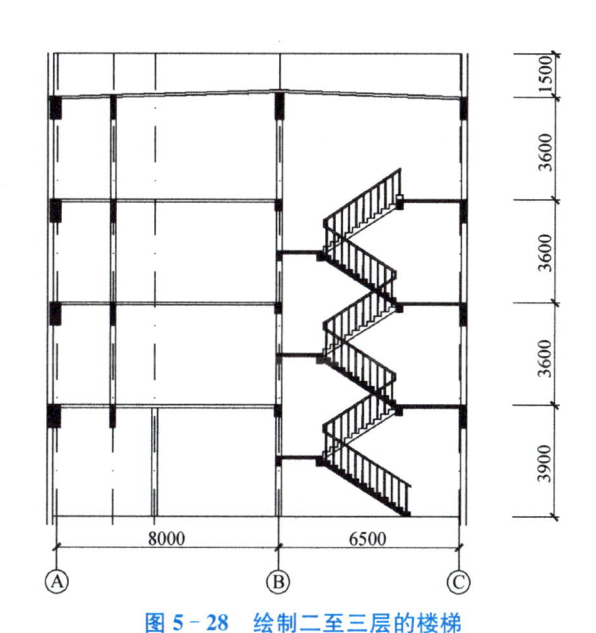

图5-28　绘制二至三层的楼梯

5.3.3　绘制梯基、加粗地面线

根据附图，梯基的尺寸为240×365 mm，利用【矩形】和【填充】命令绘制好梯基并【移动】到对应位置；将【图层】调整至【室外地坪】层，使用【多段线】命令，将地面线加粗为100 mm，并绘制出6～7轴之间的次入口室外台阶，平台长度为1 500 mm，踏步的尺寸为300×150 mm，结果如图5-29所示。

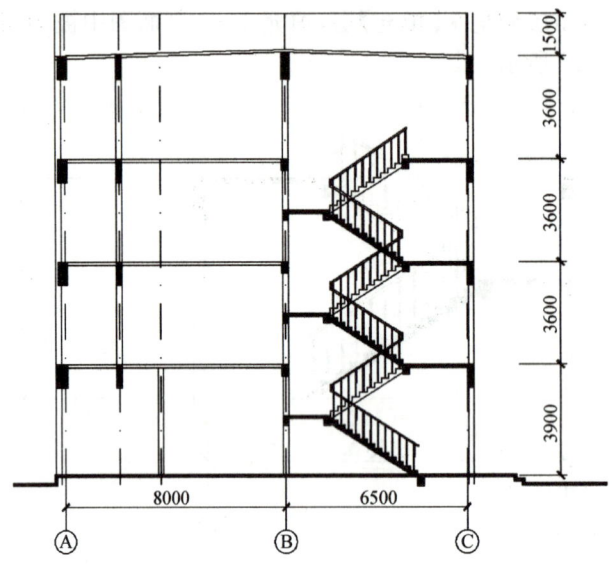

图 5 - 29　绘制梯基、加粗地面线

▶ 5.3.4　填充楼板

将【图层】调整至【填充】层,对各层楼板进行填充,结果如图 5 - 30 所示。

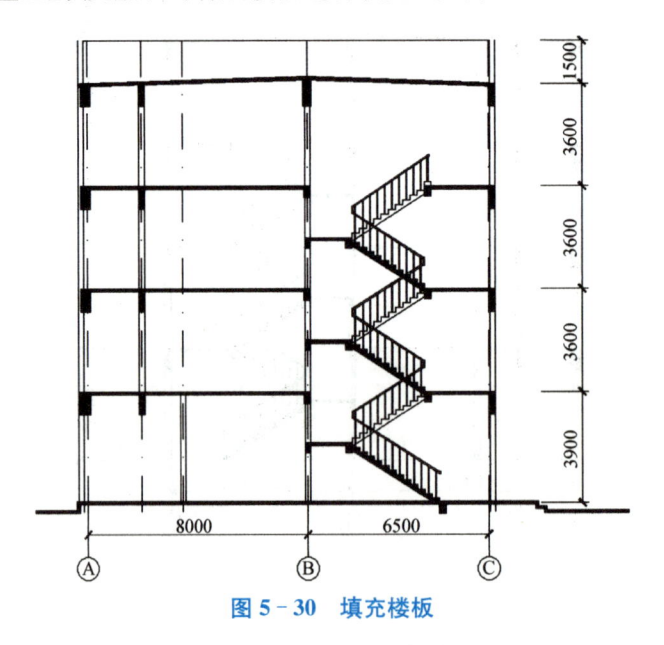

图 5 - 30　填充楼板

▶ 5.3.5　绘制外墙门窗

(1) 定位各层外墙的门窗洞口位置:将【图层】调整至【墙线】层,根据附图尺寸,以一层为例,使用【绘图】→【构造线】定位一层室内地坪,再将构造线向上【偏移】2 100 mm,得到门M1521 的洞口高度,使用【修改】→【修剪】命令将门洞口位置的墙线修剪掉。

(2) 绘制 M1521:将【图层】调整至【门窗】层,点击菜单栏【格式】→【多线样式】,弹出【多线样式】对话框,如图 5-31 所示;在【多线样式】对话框中单击【新建】,弹出【创建新的多线样式】对话框,本项目中所用的门窗构造会有门窗详图具体表示,剖面图上只需要表示位置,因此门窗的图例可以用四条互相平行的细实线表示,只要创建一个多线样式即可,将【新样式名】命名为【门窗】,在弹出的对话框中进行如下参数设置,如图 5-32 所示,单击【确定】键后,在【多线样式】对话框中也单击【确定】键,完成新样式的创建;将【图层】调整至【门窗】层,使用【多段线】命令,多段线的【样式】调整成【门窗】,在上一步确定的门洞口位置完成 M1521 的绘制,删除两条使用【构造线】命令绘制的定位线,结果如图 5-33 所示。

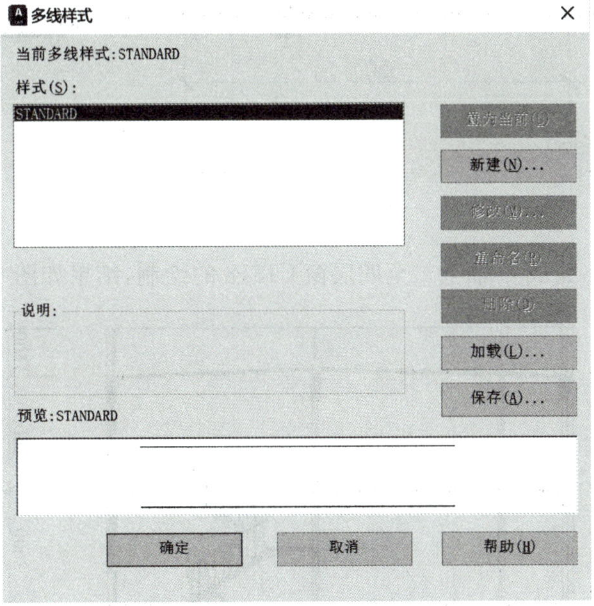

图 5-31 【多线样式】对话框

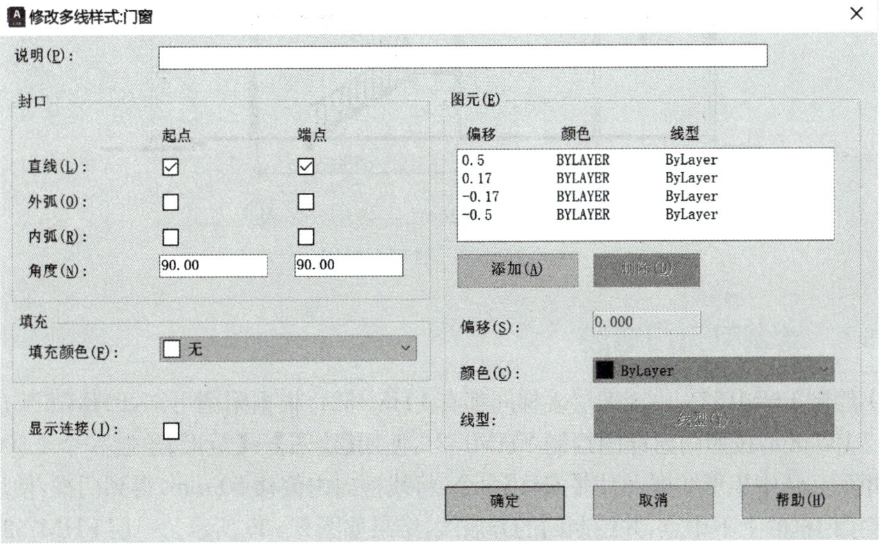

图 5-32 【修改多线样式】参数

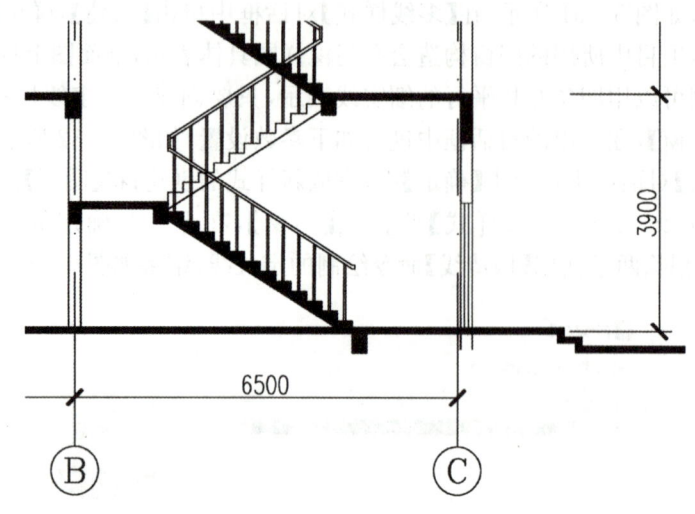

图 5-33　绘制 M1521

（3）重复步骤 1 完成 C 轴上二至四层窗 C1518 的绘制，结果如图 5-34 所示。

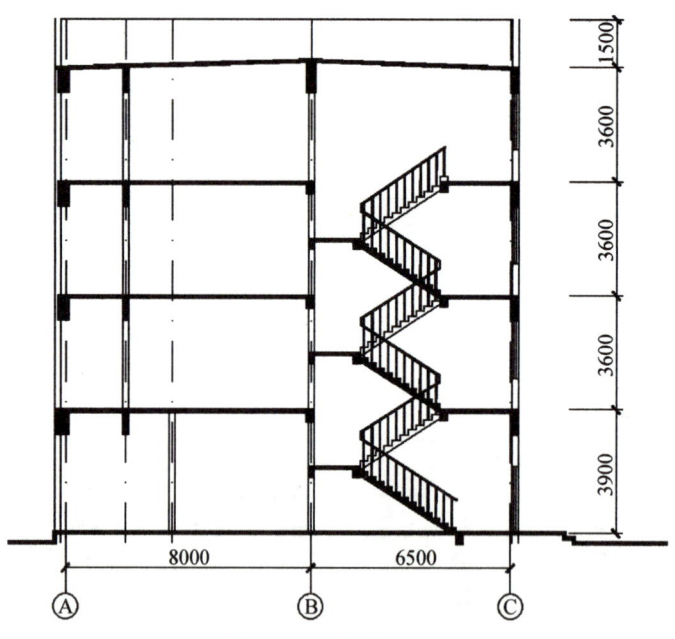

图 5-34　绘制 C1518

5.3.6　绘制可见门窗线

（1）绘制 FHM1521：一至四层楼梯间都有 FHM1521，根据附图可知，FHM1521 的尺寸为 1 500×2 100 mm，按照门窗详图绘制 FHM1521，使用【绘图】→【矩形】绘制一个 1 500×2 100 mm 的矩形。选中矩形线框，使用【偏移】命令，将线框向内偏移 50 mm，得到门框，使用【直线】命令，连接门框的上下中点，并绘制门的开启线，结果如图 5-35 所示。一层 FHM1521 的位置在距离 C 轴向左 50 mm 处，二层至四层的位置在距离 C 轴向左 100 mm 处，使用【修改】→【复制】命令,将画好的 FHM1521 放置到对应的位置,结果如图 5-36 所示。

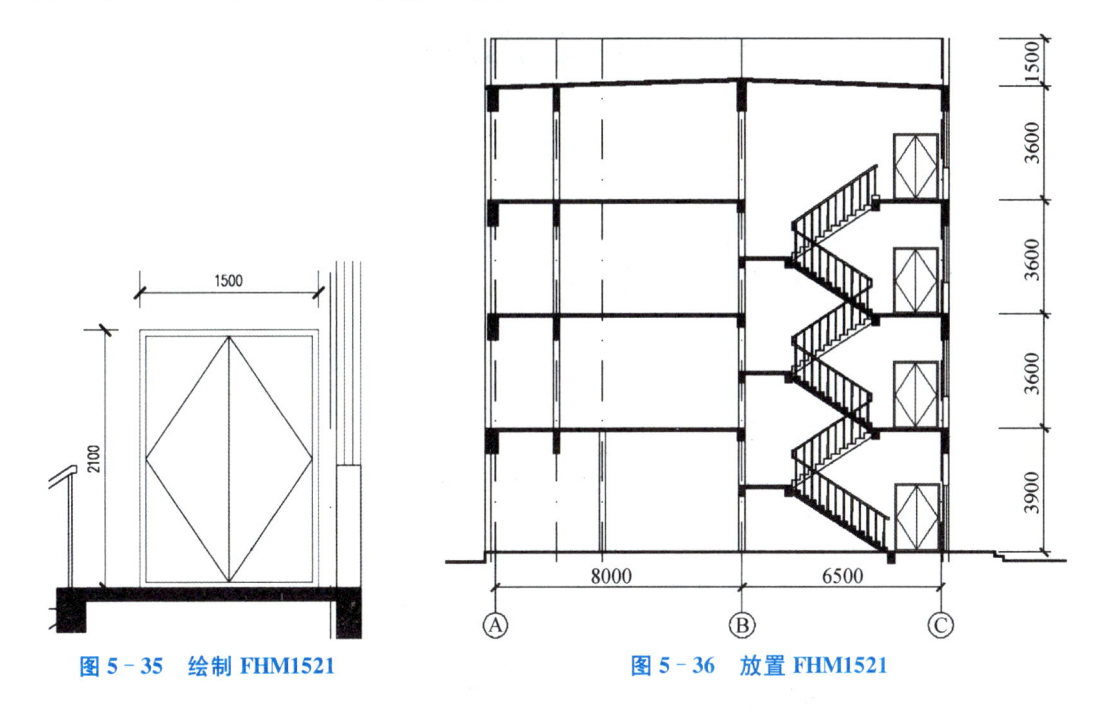

图 5-35　绘制 FHM1521

图 5-36　放置 FHM1521

(2) 绘制 M0921:二层至四层每层都有 M0921,根据附图可知,M0921 的尺寸为 900×2 100 mm,重复上一步,按照门窗详图绘制 M0921,并放置在对应位置,结果如图 5-37(1)、(2)所示。

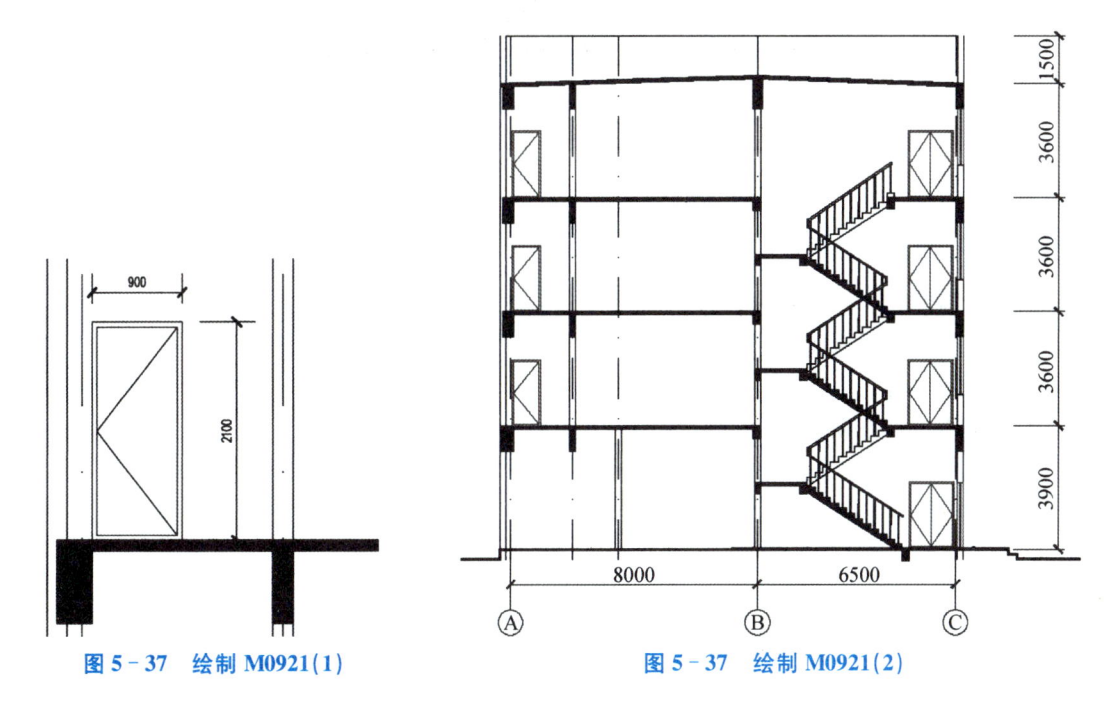

图 5-37　绘制 M0921(1)

图 5-37　绘制 M0921(2)

任务 5.4 修整剖面图

5.4.1 绘制屋顶可见线

由于剖面图还需要绘制其他可见线,通过附图可知,从 3-3 剖视方向观察,能看到楼梯 1 的出屋面看线,因此,将【图层】调整至【墙线】层,按照附图中东立面图的尺寸完成看线的绘制,结果如图 5-38 所示。

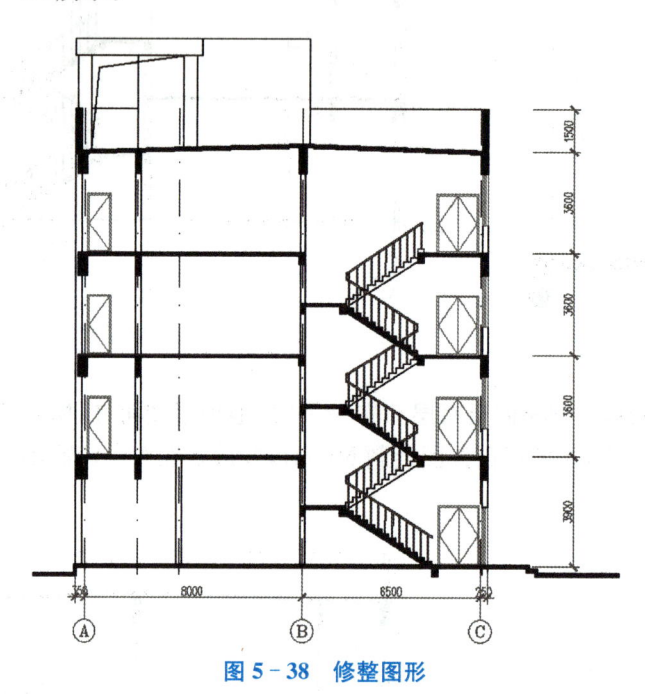

图 5-38 修整图形

5.4.2 尺寸标注

(1) 绘制外墙 3 道尺寸线。
(2) 绘制楼板和地面的标高
(3) 绘制图名
结果如图 5-39 所示。

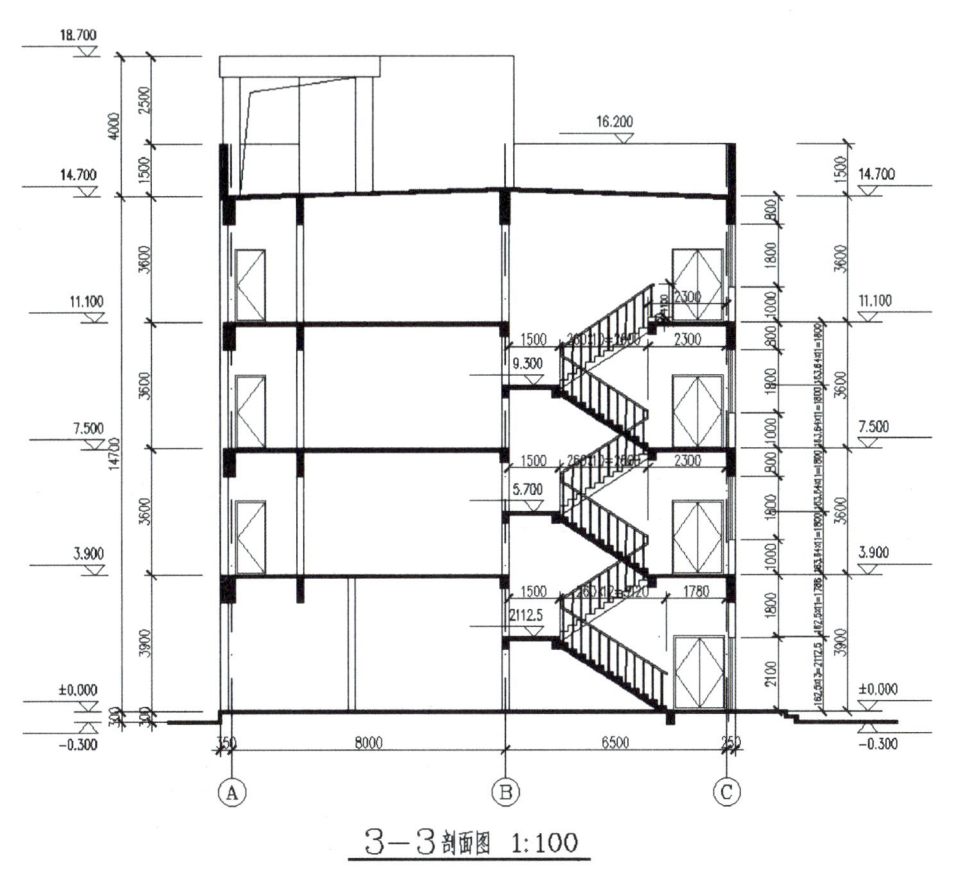

图 5-39 尺寸标注

> ▷课后实践◁
> 按照绘图步骤以及建筑图的绘制要求绘制附录二中的剖面图。

模块六　共享设计资源以及图形打印输出

思政融入

在讲解共享设计资源（如外部参照、块、设计中心等）时，强调团队协作的重要性，鼓励学生学会资源共享，培养合作精神和共享意识。

思维导图

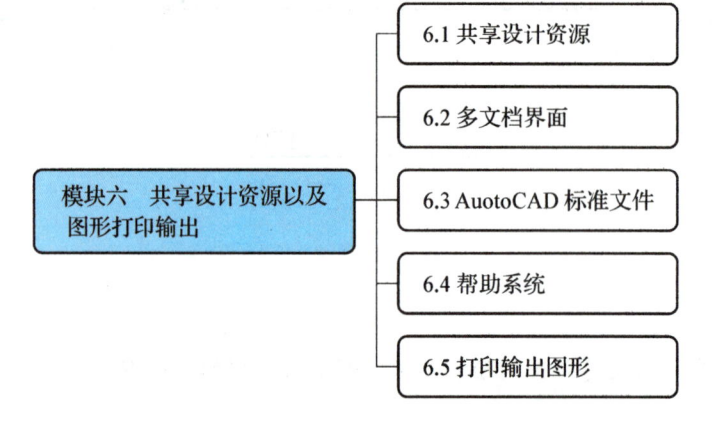

```
                              ┌─ 6.1 共享设计资源
                              │
                              ├─ 6.2 多文档界面
                              │
模块六 共享设计资源以及 ──────┼─ 6.3 AuotCAD 标准文件
图形打印输出                  │
                              ├─ 6.4 帮助系统
                              │
                              └─ 6.5 打印输出图形
```

学习目标

◇ 熟悉使用 AutoCAD 提供的共享资源设计辅助工具，提高绘图效率；
◇ 掌握图形输出的各项设置；
◇ 掌握从模型空间与图纸空间打印图形的方法。

▶ 任务 6.1　共享设计资源 ◀

AutoCAD 2023 提供了很多资源共享辅助工具，如设计中心、工具选项板、网络功能、查询工具、CAD 标准等，使用这些命令可以大大提高设计绘图的效率。

6.1.1　AutoCAD 设计中心简介

AutoCAD 设计中心(AutoCAD DesignCenter)提供了一个直观、高效的工具。它与 Windows 管理器类似,利用该设计中心,不仅可以浏览、查找、预览和管理 AutoCAD 图形、块、外部引用(参照)及光栅图像等不同的资源文件,还可以通过简单的拖放操作,将位于本地计算机、局域网或 Internet 上的块、图层和外部参照等内容插入到当前图形,实现已有资源的再利用和共享,提高图形管理和设计的效率。

6.1.2　AutoCAD 设计中心的功能

通过 AutoCAD 设计中心可以完成以下功能:
(1)浏览图形内容不同的数据资源。
(2)查看块、层等实体的定义,并可复制、粘贴到当前图形中。
(3)创建经常访问的图形、文件夹、插入位置及 Internet 网址的快捷方式。
(4)在本地计算机或网络中,查找图形目录,可以根据图形文件中包含的块、层的名称搜索,或根据文件的最后保存日期搜索。查找到文件后,可以在设计中心中打开,或拖拽到当前图形中。
(5)在设计中心的图形窗口中把文件拖拽到当前图形区域。

6.1.3　AutoCAD 设计中心可以访问的数据类型

通过 AutoCAD 设计中心可以访问以下数据类型:
(1)作为块或外部引用的图形实体。
(2)在图形中的块的引用。
(3)其他图形内容,如层、线型、布局、文本格式、尺寸标注等。
(4)用第三方应用程序开发的内容。

6.1.4　打开和关闭 AutoCAD 设计中心

1. 打开 AutoCAD 设计中心

(1)键盘输入:命令"Adcenter",回车。
(2)下拉菜单:【工具(T)】→选项板→设计中心(D)。
(3)工具条:在"标准"工具条中,单击"设计中心"图标 按钮。
(4)组合键:按下"CTRL+2"组合键。
此时,弹出"设计中心"窗口界面,如图 6-1 所示。

2. 关闭 AutoCAD 设计中心

(1)键盘输入:命令"Adcclose",回车。
(2)下拉菜单:【工具(T)】→选项板→【设计中心(D)】。
(3)工具条:在"标准"工具条中,单击"设计中心"图标 按钮。
(4)组合键:按下"CTRL+2"组合键。
(5)关闭按钮:直接单击"设计中心"标题栏上的"×"关闭按钮。

6.1.5 "设计中心"窗口界面

"设计中心"界面采用的也是 Windows 系统的标准界面,因此看上去与 Windows 系统的资源管理器非常相似。在结构和使用方面,这两者有非常相似的部分。

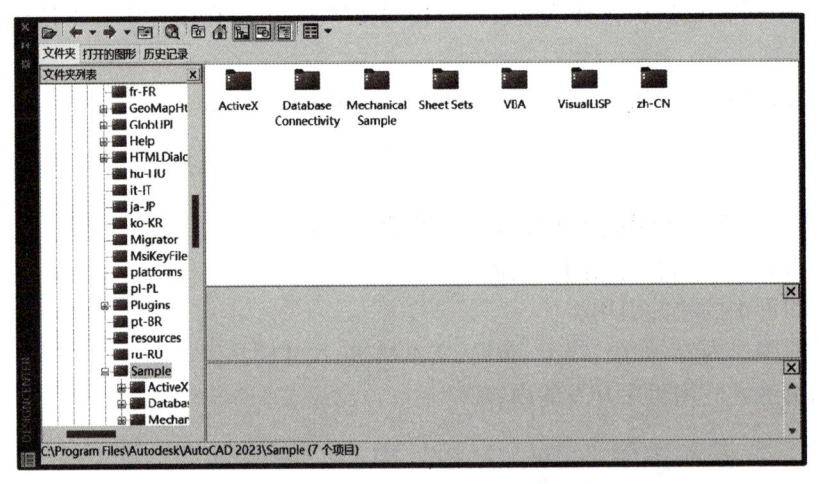

1. "设计中心"窗口界面选项卡

"设计中心"窗口界面中包括"文件夹""打开的图形"和"历史记录"选项卡,如图 6-1 所示。选择不同的选项卡,"设计中心"窗口界面显示的内容也不相同。

(1)"文件夹"选项卡 单击该选项卡,弹出"设计中心"窗口界面的"文件夹"选项卡形式,如图 6-1 所示。用于显示"设计中心"资源,可以将"设计中心"的内容设置为本地计算机桌面,或是本地计算机资源信息,也可以是网上邻居的信息。

(2)"打开的图形"选项卡 单击该选项卡,弹出"设计中心"窗口界面的"打开的图形"选项卡形式,如图 6-2 所示。用于显示在当前 AutoCAD 环境中打开的所有图形,其中包括最小化了的图形。此时单击某个文件图标,就可以看到该图形的有关设置,如图层、线型、文字样式、块及尺寸样式等。

图 6-1 "设计中心"窗口界面选项卡

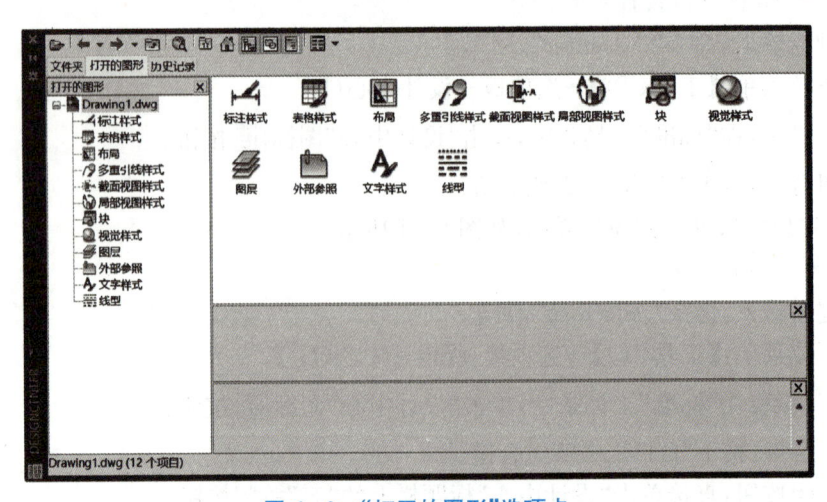

图 6-2 "打开的图形"选项卡

(3)"历史记录"选项卡　单击该选项卡,弹出"设计中心"窗口界面的"历史记录"选项卡形式,如图 6-3 所示。用于显示最近访问过的文件,包括这些文件的完整路径。

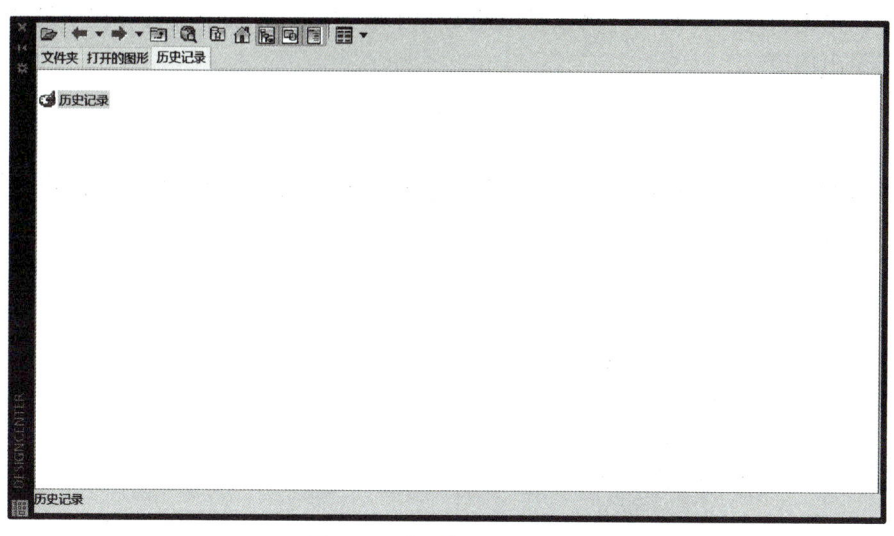

图 6-3　"历史记录"选项卡

2. "设计中心"窗口界面工具条

在"设计中心"窗口界面上有一个工具条,用于对设计中心进行各种操作,如图 6-4 所示。

图 6-4　"设计中心"窗口界面工具条

"设计中心"窗口界面工具条说明:

(1)"加载"按钮　打开"加载"对话框,加载图形。

(2)"上一页"按钮　将在"设计中心"的操作页向上翻一页。单击该按钮右侧的下拉箭头,将弹出一翻页列表框,以显示翻页的内容。

(3)"下一页"按钮　将在"设计中心"的操作页向下翻一页。单击该按钮右侧的下拉箭头,将弹出一翻页列表框,以显示翻页的内容。

(4)"上一级"按钮　将在"设计中心"的操作页向上翻一级。

(5)"搜索"按钮　打开"搜索"对话框,用于快速查找对象。

(6)"收藏夹"按钮　可以在"文件夹列表中"显示收藏夹中的内容。可以通过收藏夹来标记存放在本地硬盘、网络驱动器或 Internet 网页上常用的文件。

(7)"主页"按钮　可以快速找到"设计中心"文件夹。

(8)"树状图切换"切换按钮　可以显示或隐藏树状视图。

(9)"预览"切换按钮　可以打开或关闭预览窗口。

(10)"说明"按钮　可以打开或关闭说明窗口。

(11)"视图显示格式"按钮　在弹出的下拉菜单中,选择项目列表控制面板所显示内容的显示格式。该下拉菜单包括"大图标""小图标""列表""详细信息"等选项。

3. "设计中心"树状图显示窗口

树状显示窗口按层次列出了本地和网络驱动器上打开的图形、自定义内容、文件和文件夹等内容。单击符号"＋"或"－"可以扩展或折叠子层次。选择某个项目可在项目列表控制面板中显示出内容。

▶ 6.1.6 AutoCAD"设计中心"窗口界面操作快捷菜单

在项目列表控制面板区域内的空白处单击鼠标右键,弹出一个"设计中心"窗口操作的快捷菜单,如图 6-5 所示。

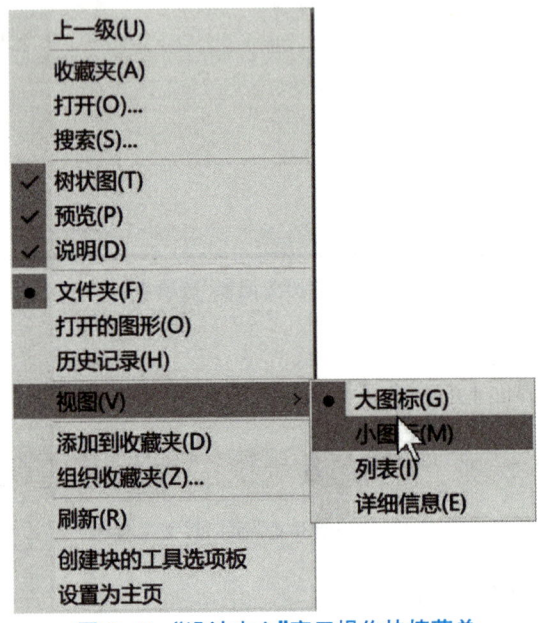

图 6-5 "设计中心"窗口操作快捷菜单

1. 快捷菜单说明

(1)"添加到收藏夹(D)"

将内容添加到 AutoCAD 的 Autodesk 收藏夹中。单击该选项后,在 AutoCAD 收藏夹中添加选定的内容。

(2)"刷新(R)"

将图形文件添加到文件夹后,刷新树状显示窗口才能反映出文件中的新变化。

(3)"打开(O)…"

它与"设计中心"工具条中的"加载"按钮功能相同。

其他各选项及功能与"设计中心"工具条中相应选项及功能相同。

2. 在"设计中心"中查找内容

在"设计中心"中通过"搜索"对话框可以快速搜索图层、图形、块、标注样式等图形内容及设置。另外,在搜索时还可以设置查找条件来缩小搜索范围。

在"搜索"对话框的"搜索"下拉列表框中设置的搜索对象不同,"搜索"对话框的形式也不相同。以在"查找"下拉列表框中选择了"图形"选项为例,此时,在"搜索"对话框中包含有

"图形""修改日期"和"高级"三个选项卡,用于搜索图形文件。

(1)"图形"选项卡

在"搜索"对话框中,单击"图形"选项卡,对话框形式如图 6-6 所示。在该对话框中,可根据指定"搜索路径"、"搜索文字"和"位于字段"等条件查找图形文件。

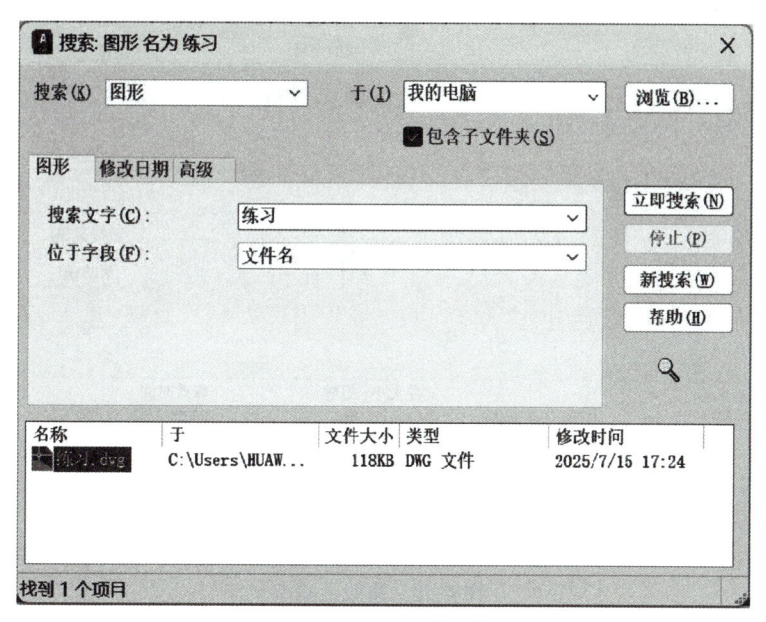

图 6-6 图形选项卡

(2)"修改日期"选项

在"搜索"对话框中,单击"修改日期"选项卡,对话框形式如图 6-7 所示。在该对话框中,可根据指定图形文件的创建或上一次修改日期,或指定日期范围等条件查找图形文件。

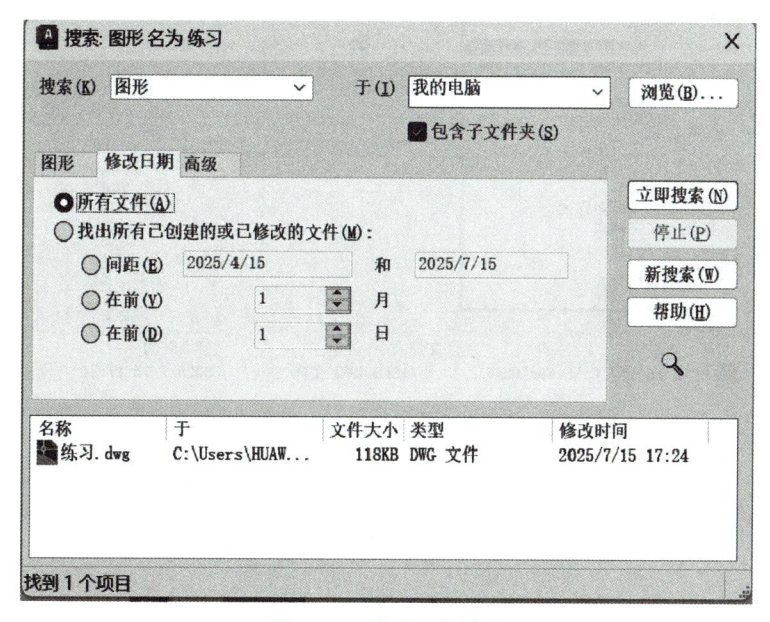

图 6-7 修改日期选项

(3)"高级"选项卡

在"搜索"对话框中,单击"高级"选项卡,对话框形式如图6-8所示。在该对话框中,可根据指定其他参数等条件,如输入文字说明或文件的大小范围等条件进行搜索图形文件。

图6-8 高级选项卡

在"搜索"下拉列表框中选择不同的对象时,如图6-9所示"查找"对话框将显示不同对象内容选项卡的形式,如:

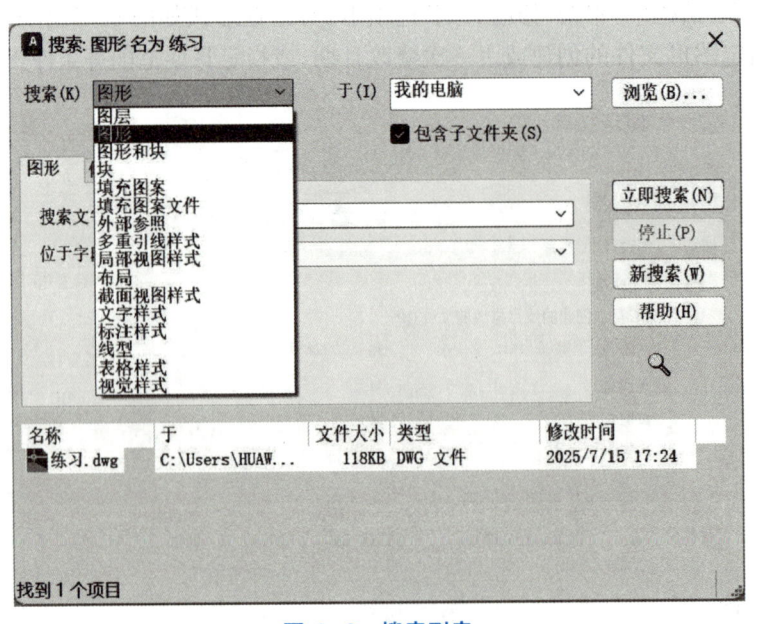

图6-9 搜索列表

6.1.7 通过"设计中心"打开图形文件

在"设计中心"窗口的项目列表中选中某一图形文件,单击鼠标右键,弹出一快捷菜单,选择"在应用程序窗口中打开(O)"选项,打开图形文件,如图 6-10 所示。

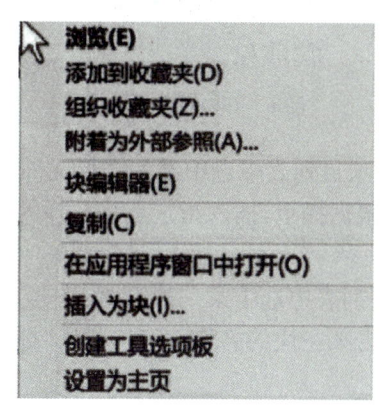

图 6-10 在应用程序窗口中打开选项

6.1.8 使用 AutoCAD 设计中心插入块和外部参照

1. 将图形文件插入为块

(1) 在"设计中心"窗口的项目列表中选中某一图形文件,单击鼠标右键,弹出"设计中心"窗口快捷菜单,如图 6-11 所示。在该菜单中,选择"插入为块(I)…"选项,此时,弹出"插入"对话框。通过对该对话框操作,在当前图形文件中,将选择的图形插入为块。

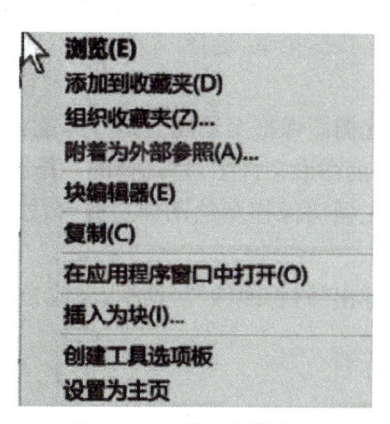

图 6-11 插入为块选项

(2) 在"设计中心"窗口的项目列表中选中某一图形文件,按下鼠标右键,将该图形文件拖动到绘图窗口并释放右键,此时,弹出一快捷菜单,选择"插入到此处(I)"选项,将选择的图形文件插入到此处,如图 6-12 所示。

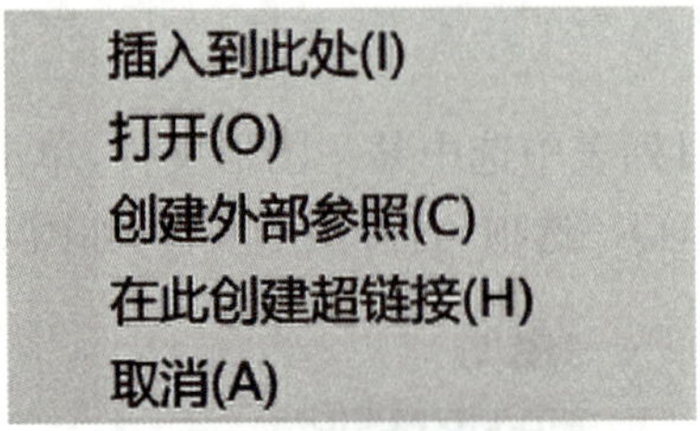

```
插入到此处(I)
打开(O)
创建外部参照(C)
在此创建超链接(H)
取消(A)
```

图 6-12 插入到此处

(4) 在"设计中心"窗口的项目列表中选中某一图形文件,按下鼠标左键,将该图形文件拖动到绘图窗口并释放左键,根据提示,插入指定点将选择的图形文件插入为块。

2. 将块插入到当前图形文件中

在"设计中心"窗口的项目列表中选中某一块后,与图形文件插入为块的操作方法和过程基本相同。另外,也可以双击某一块的名称,此时,弹出"插入"对话框,完成块的插入。

3. 外部参照插入

在"设计中心"窗口快捷菜单,选择"附着为外部参照(A)…"选项,或在释放右键快捷菜单,选择"附着为外部参照(A)…"选项,将选择的图形文件插入为外部参照。

4. 光栅图像的插入

AutoCAD 设计中心还可以引入光栅图像。引入的图像可以用于制作描绘的底图,也可用作图标等。在 AutoCAD 中,图像文件类似于一种具有特定大小、旋转角度的特定外部参照。

从 AutoCAD 设计中心引入外部图像文件的方法如下:

在"设计中心"窗口的"项目列表"中选择光栅图像的图标后,可采用:

(1) 单击鼠标右键,弹出一快捷菜单,选择"附着图像(A)…"选项,在当前图形文件中,将选择的光栅图像插入。

(2) 按下鼠标右键,将该光栅图像拖至绘图窗口并释放右键,此时,弹出一快捷菜单,选择"插入到此处(I)"选项,在当前图形文件中,将选择的光栅图像插入。

(3) 按下鼠标左键,将该光栅图像拖至绘图窗口并释放左键,此时,将选择的光栅图像插入。

(4) 双击光栅图像图标,弹出"附着图像"对话框,完成光栅图像的插入。

6.1.9 插入自定义式样

AutoCAD 设计中心可以非常方便地调用某个图形的式样,并将其插入到当前编辑的图形文件中。图形的自定义式样包括图层、图块、线型、标注式样、文字式样、布局式样等。在 AutoCAD 设计中心里,要将这些式样插入到当前图形中,只需在其中选择需要插入的内容,并将其拖放到绘图区域即可,也可以用右键菜单等操作来完成。

6.1.10 收藏夹的内容添加和组织

AutoCAD 设计中心提供了一种快速访问有关内容的方法:Favorites/Autodesk 收藏夹。使用时,可以将经常访问的内容放入该收藏夹。

1. 向 Autodesk 收藏夹添入访问路径

在"设计中心"窗口界面的"树状"显示窗口或"项目列表"窗口中,用鼠标右键单击选择要添加快捷路径的内容,在弹出的快捷菜单中选择"添加到收藏夹"选项,就可以在收藏夹中建立相应内容的快捷访问方式,但原始内容并没有移动。

2. 组织"收藏夹"中的内容

可以将保存到 Favorites/Autodesk 收藏夹内的快捷访问路径进行移动、复制或删除等操作:可以在 AutoCAD 设计中心背景处右击,从弹出的快捷菜单中选择"组织收藏夹"选项,此时弹出 Autodesk 窗口。该窗口用来显示 Favorites/Autodesk 收藏夹中的内容,可以利用该对话框进行相应的组织操作。同样,在 Windows 资源管理器和 IE 浏览器中,也可以进行添加、删除和组织收藏夹中的内容的操作。

任务 6.2 多文档界面

AutoCAD 系统提供了多文档设计环境,即可以同时打开多个绘图文件。每个绘图文档相互独立又相互联系,通过 AutoCAD 提供的各种操作,非常方便地在各个绘图文档中交换信息,节约大量的操作时间,提高绘图效率。

6.2.1 当前活动文档设置及多文档关闭

所谓活动绘图文档是指当前被选中的文档。所有绘图操作都在当前文档中进行。

1."窗口(W)"下拉菜单

单击下拉菜单→【窗口(W)】选项,如图 6-13 所示。该下拉菜单分为两个区,菜单的上半部分为文档窗口在屏幕上的排列方式,下半部分为已打开的绘图文档列表,在该列表中单击某一图形文件即可设置为当前活动文档。

2. 新打开的文档

当新建文件时,系统自动设置为当前活动文档。

3. 设置为当前文档

可通过三种方法把打开的某一文档设置为当前文档:

(1)在某个文档窗口的空白区域内或在图形文件的标题栏处单击鼠标左键。

(2)在"窗口(W)"下拉菜单的下半部分选择某一图形文件,打开该图形文件。

(3)使用快捷键 Ctrl+F6、Ctrl+Tab 进行多文档之间的转换,设置当前活动文档。

图 6-13 窗口下拉菜单

6.2.2 关闭当前绘图文档(CLOSE)

在多文档操作工作环境中,关闭当前正在绘制的图形文件。操作方法:

(1) 键盘输入　命令:"CLOSE",回车。
(2) 下拉菜单　文件(F)→关闭(C)。

6.2.3　关闭全部多文档(CLOSEALL)

在多文档操作工作环境中,关闭全部打开的图形文件的操作方法如下:
(1) 键盘输入　命令:"CLOSEALL",回车。
(2) 下拉菜单　窗口(W)→全部关闭(L)。

6.2.4　多文档命令并行执行

AutoCAD 支持在不结束某正在执行的绘图文档命令的情况下,切换到另一个文档进行操作,然后又回到该绘图文档继续执行该命令。

6.2.5　绘图文档间相互交换信息

AutoCAD 支持不同图形文件之间的复制、粘贴及"特性匹配"等图形信息交换操作。

任务 6.3　AutoCAD 标准文件

在绘制复杂图形时,绘制图形的所有人员都要遵循一个共同的标准,使大家在绘制图形中的协调工作变得简单。AutoCAD 标准文件对图层、文本式样、线型、尺寸式样及属性等命名对象定义了标准设置,以保证同一单位、部门、行业及合作伙伴在所绘制的图形中对命名对象设置的一致性。

当用 AutoCAD 标准文件来检查图形文件是否符合标准时,图形文件中的所有命名对象都会被检查到。如果确定了一个对象使用了非标准文件,那么这个非标准对象将会被清除出当前图形。任何一个非标准对象都会被转换成标准对象。

6.3.1　创建 AutoCAD 标准文件

AutoCAD 标准文件是一个后缀为"DWS"的文件。创建 AutoCAD 标准文件的步骤:
(1) 新建一个图形文件,根据约定的标准创建图层、标注式样、线型、文本式样及属性等。
(2) 保存文件,弹出"图形另存为"对话框,在"文件类型(T)"下拉列表框中选择"AutoCAD 图形标准(＊.dws)";在"文件名(N)"文本中,输入文件名;单击"保存(S)"按钮,即可创建一个与当前图形文件同名的 AutoCAD 标准文件。

6.3.2　配置标准文件

1. 功能

为当前图形配置标准文件,即把标准文件与当前图形建立关联关系。配置标准文件后,当前图形就会采用标准文件对命名对象(图层、线型、尺寸式样、文本式样及属性)进行各种设置。

2. 格式

(1) 键盘输入　命令:"STANDARDS",回车。
(2) 下拉菜单　工具(T)→CAD 标准(S)→配置(C)。
(3) 工具条　在"CAD 标准"工具条中,单击"配置标准"图标按钮,如图 6-14 所示。

图 6-14　配置标准

此时,弹出"配置标准"对话框。在该对话框中有两个选项卡:"标准"和"插入模块"。

3. "标准"选项卡

在"配置标准"对话框中,单击"标准"选项卡,对话框形式如图 6-15 所示。把已有的标准文件与当前图形建立关联关系。

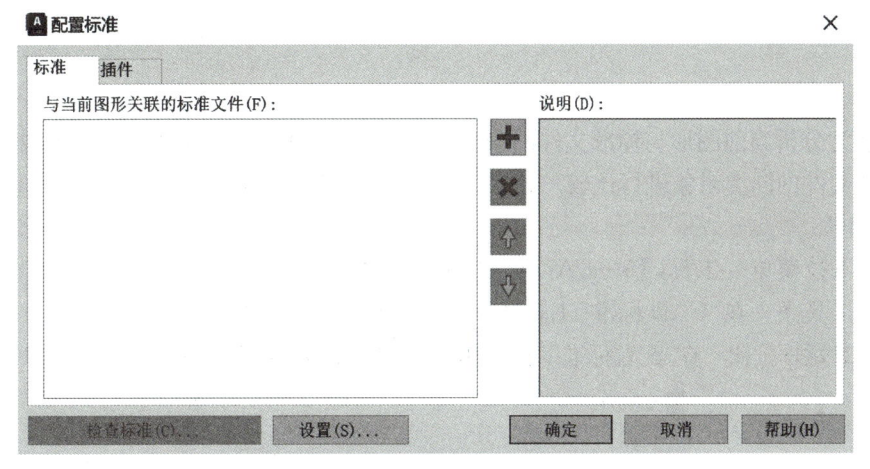

图 6-15　配置标准对话框

(1) "与当前图形关联的标准文件(F)"显示列表框　列出了与当前图形建立关联关系的全部标准文件。可以根据需要给当前图形添加新标准文件,或从当前图形中消除某个标准文件。

(2) "添加标准文件(F3)按钮"　给当前图形添加新标准文件。单击该按钮,弹出"选标准文件"对话框,用来选择添加的标准文件。

(3) "删除标准文件(Del)"按钮　将"与当前图形关联的标准文件(F)"显示列表框中选中的某一标准文件删除,即取消关联关系。

(4) "上移(F4)"和"下移(F5)"按钮　将"与当前图形关联的标准文件(F)"显示列表框中选择的标准文件上移或下移一个。

(5) 快捷菜单　在"与当前图形关联的标准文件(F)"显示列表框,单击鼠标右键,弹出一个快捷菜单。通过该菜单完成有关操作。

(6) "说明(D)"栏　对选中标准文件的简要说明。

4. "插件"选项卡

在"配置标准"对话框中,单击"插件"选项卡,对话框形式如图 6-16 所示。显示当前标准文件中的所有命名对象。

图 6-16 插件选项卡

6.3.3 标准兼容性检查

1. 功能

功能为分析当前图形与标准文件的兼容性，即 AutoCAD 将当前图形的每一命名对象与相关联标准文件的同类对象进行比较。如果发现有冲突，给出相应提示，以决定是否进行修改。

2. 格式

（1）下拉菜单　工具(T)→CAD 标准(S)→检查(K)……

（2）工具条　在"CAD 标准"工具条中，单击"检查标准"图标按钮。

（3）对话框按钮　在"配置标准"对话框中，单击"检查标准(C)…"按钮，如图 6-17 所示。

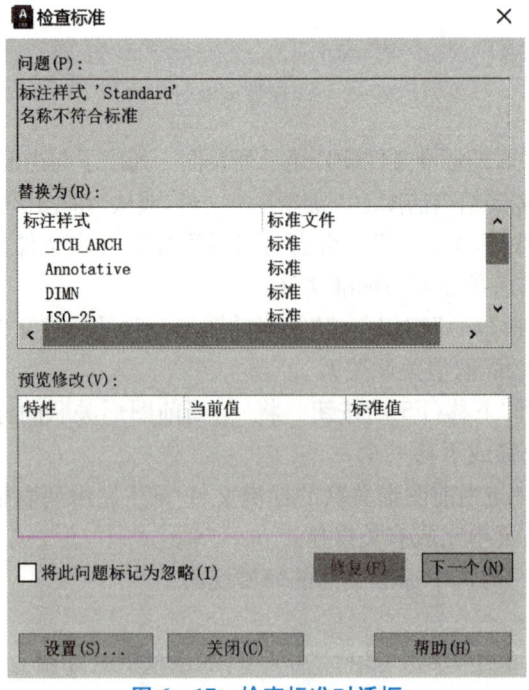

图 6-17 检查标准对话框

模块六 共享设计资源以及图形打印输出

单击"设置(S)…"按钮(包括"配置标准"对话框中的"设置(S)…"按钮),弹出"CAD标准设置"对话框,如图 6-18 所示。利用该对话框对"CAD标准"的使用进行配置。"自动修复非标准特性(U)"复选按钮,用于确定系统是否自动修改非标准特性,选中该复选按钮后自动修改,否则根据要求确定;"显示忽略的问题(I)"复选按钮,用于确定是否显示已忽略的非标准对象;"建议用于替换的标准文件(P)"下拉列表框,用于显示和设置用于检查的CAD标准文件。

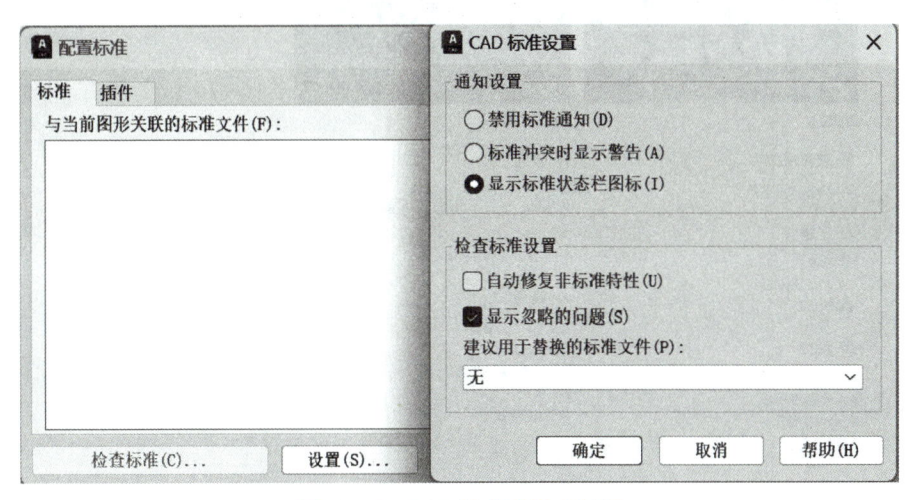

图 6-18 CAD 标准设置对话框

▶ 任务 6.4 帮助系统 ◀

AutoCAD 系统提供了完善和便捷的帮助系统。

6.4.1 使用帮助信息

可以使用软件提供的帮助信息,获得对系统功能的掌握与使用,调用方法为:
(1) 下拉菜单 【帮助】→"帮助"。
(2) 键盘输入 命令:"Help"或"?",回车。
(3) 快捷键 F1。
(4) 工具条 在"标准"工具条中,单击"帮助"图标按钮。

此时,弹出"AutoCAD 2023 帮助"窗口,如图 6-19 所示,通过对该对话框的操作可获得系统的各种帮助信息。

图 6-19　AutoCAD 2023 帮助窗口

6.4.2　求面积

1. 功能

求出指定图形的面积和周长。可以从当前已测量出的面积中加上或减去其后面测量的面积。

2. 格式

(1) 键盘输入　命令:"Area",回车。

(2) 下拉菜单　工具(T)→查询(I)→光标菜单→面积(A)。

提示:指定第一个角点或【对象(O)/增加面积(A)/减少面积(S)/退出(X)】:(输入选择项),回车。

3. 选择项说明

(1) 指定第一个角点　为默认选项,要求确定第一角点。

(2) 对象(O)　输入该选项后,用于求指定实体对象所围成区域的面积和周长。

(3) 增加面积(A)　加入模式。

(4) 减少面积(S)　扣除模式。

(5) 退出(X)　退出模式。

在加入模式提示下键入"S"或在扣除模式提示下键入"A"可实现两种模式的转换。

6.4.3 求距离命令

1. 功能

测量指定两点间的距离、坐标增量和过两点所连直线与 X 轴的夹角。

2. 格式

(1) 键盘输入　命令:"Dist",回车。

(2) 下拉菜单　工具(T)→查询(Q)→距离(D)。

(3) 工具条　在"查询"工具条中,单击"距离"图标按钮。

提示:指定第一点:(选择第一点)

指定第二点:(选择第二点)

此时,显示如下信息:

距离=(两点间的距离),XY 平面中的倾角=(两点连线在 XY 平面内的投影与 X 轴正方向的夹角),与 XY 平面的夹角 =(两点连线与 XY 平面的夹角)、X 增量 =(两点的 X 坐标差)、Y 增量 =(两点的 Y 坐标差)、Z 增量 =(两点的 Z 坐标差)。

6.4.4 指定实体列表命令

1. 功能

查询指定实体在图形数据库中所存贮的数据信息。

2. 格式

(1) 键盘输入　命令:"List",回车。

(2) 下拉菜单　工具(T)→查询(Q)→列表(L)。

(3) 工具条　在"查询"工具条中,单击"列表"图标按钮。

选择对象:(选择实体)

选择对象:回车

系统自动切换到文本窗口,显示所选实体的数据信息。这些数据信息包括实体类别、所属图层、所属空间、句柄(Handle)、实体在当前坐标系中的位置、实体的几何参数等。对于不同种类的实体,其显示的内容有所不同。

6.4.5 显示点坐标命令

1. 功能

查询指定点的坐标。

2. 格式

(1) 键盘输入　命令:"ID",回车。

(2) 下拉菜单　工具(T)→查询(Q)→点坐标(I)。

(3) 工具条　在"查询"工具条中,单击"定位点"图标按钮。

提示:指定点:(拾取一点)

显示信息:X=(指定点的 X 坐标值) Y=(指定点的 Y 坐标值) Z=(指定点的 Z 坐标值)

6.4.6 状态显示命令

1. 功能

查询当前图形文件的状态信息,包括实体数量、文件的保存位置、绘图界限、实际绘图范围、当前屏幕显示范围、各种绘图环境的设置情况、当前图层的设置情况及磁盘空间的利用情况等。

2. 格式

(1) 键盘输入　命令:"STATUS",回车。
(2) 下拉菜单　工具(T)→查询(Q)→状态(S)。

此时,系统切换到文本窗口,显示当前图形文件的状态信息,按 F2 键可返回绘图窗口。

6.4.7 时间显示命令

1. 功能

显示图形的日期和时间统计信息。

2. 格式

(1) 键盘输入　命令:"TIME",回车。
(2) 下拉菜单　工具(T)→查询(Q)→时间(T)。

6.4.8 面域和实体造型物理特性显示

1. 功能

用于查询面域和实体造型的物理特性信息,包括质量、体积、边界、惯性转矩、重心、转矩半径、旋转轴等特性信息。

2. 格式

(1) 键盘输入　命令:"Massprop",回车。
(2) 下拉菜单　工具(T)→查询(Q)→面域/质量特性(M)。
(3) 工具条　在"查询"工具条中,单击"面域/质量特性(M)"图标按钮。

提示:选择对象:(拾取面域或实体)

(继续拾取实体)

选择对象:回车(结束)

此时,系统切换到文本窗口,显示所选实心体的物质特性信息。

任务 6.5　打印输出图形

6.5.1 模型空间与布局空间

当在 AutoCAD 2023 软件中创建一个新文件,界面的左下方会出现【模型】选项卡和两个【布局】选项卡。

模块六 共享设计资源以及图形打印输出

| 模型 | 布局1 | 布局2 | + |

图 6-20 模型与布局空间

1. 模型空间与布局空间的定义

（1）模型空间：是 AutoCAD 2023 图形处理的主要环境，能创建、编辑二维和三维的图形。在模型空间中，绘制的二维图形也是处于空间位置的，模型空间可以想象为无限大。CAD 中屏幕单位由用户自己确定，通常在绘制建筑图纸时，除了总平面图，其他施工图一般用1屏幕单位代表1 mm；

（2）布局空间：是 AutoCAD 2023 图形处理的辅助环境，能创建、编辑二维的图形。该空间也可称为"图纸空间"，是对在模型空间中绘制完成的图形进行打印输出而开发的一套图纸输出体系，因此一般不在布局空间进行绘图或设计工作，但可以进行图形的标注或文字编辑等工作。

2. 模型空间与布局空间的比较

模型空间打印因为操作原理简单，故应用较为广泛，用户可以自行选择两种空间的任一种进行打印。

6.5.2 页面设置

页面设置是关于打印设备、图纸大小、打印比例等输出格式设置的集合。无论是在模型空间还是在布局空间打印，在打印输出之前，首先应该进行页面设置。需要注意的是：针对模型空间的打印设置不能运用到布局空间，反之同理。

1. 打开"页面设置"

点击下拉菜单栏【文件】→"页面设置管理器(G)"→"修改(M)"，如图 6-21 所示。

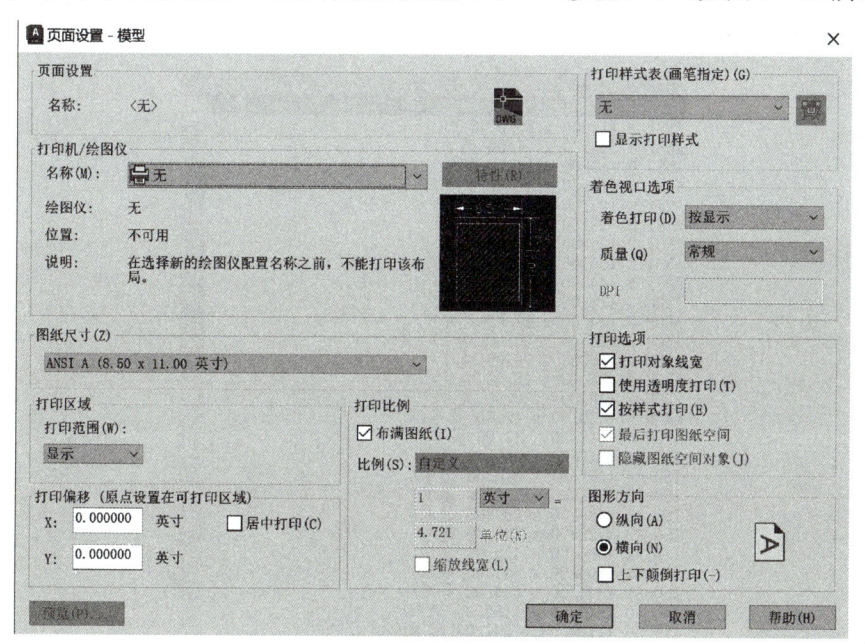

图 6-21 页面设置

2. 打印机/绘图仪

点击"名称"右侧的下拉菜单,即显示本机可供使用的打印设备,用户可根据实际情况选择相应的打印设备;如电脑没有安装真实打印机,也可以选择其他打印设备,输出不同格式的文件,供第三方软件打开,如图 6-22 所示。

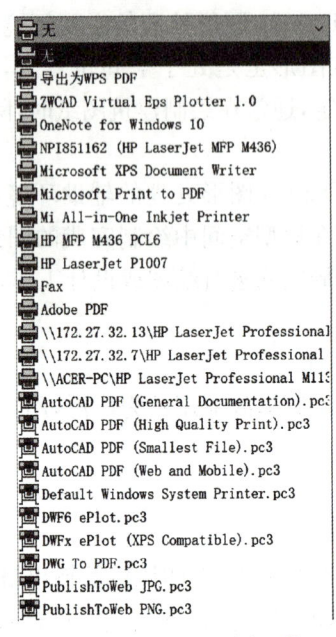

图 6-22 打印机/绘图仪

3. 图纸尺寸

"页面设置"面板上的"图纸尺寸(Z)"选项,可以满足不同打印设备和不同尺寸大小的标准图纸,如图 6-23 所示。

图 6-23 图纸尺寸

4. 打印区域

"打印区域"用来指定要打印的图形。在"打印范围"下，可以通过不同的方式来确定要打印的图形区域，有"窗口""图形界限""显示"三种方式可选，如图6-24所示。

图6-24　打印区域

(1) 窗口

单击"窗口"，"页面设置"面板自动关闭，显示绘图空间。通过指定矩形选框的两个对角点，可以拖动矩形选框，将需要打印的图形包括在选框内，当框选完成后，自动回到"页面设置"面板，即可完成打印区域的选择。

(2) 图形界限

使用"图形界限"选项将打印栅格界限定义的整个图形区域。

(3) 显示

使用"显示"选项将打印"模型"选项卡当前窗口中的视图、"布局"选项卡中的当前图纸空间视图。

5. 打印偏移

"打印偏移"可用于指定打印区域相对于可打印区域左下角或图纸边界的偏移。

通过输入"X偏移"、"Y偏移"数值可以偏移图纸上的几何图形，如图6-25所示。

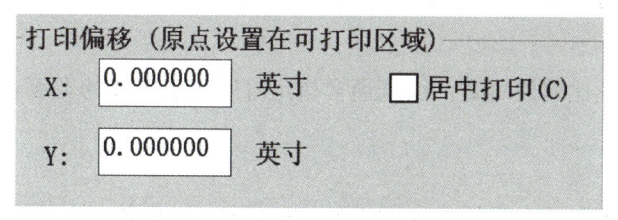

图6-25　打印偏移

(1) 居中打印：自动计算"X偏移"值和"Y偏移"值，在图纸上居中显示。
(2) X：相对于"打印偏移定义"选项中的设置指定X方向上的打印原点。
(3) Y：相对于"打印偏移定义"选项中的设置指定Y方向上的打印原点。

图纸的可打印区域由所选定输出设备决定，在图纸尺寸预览中以虚线表示。

6. 打印比例

用户可以通过设置"打印比例"控制图形与打印单位之间的相对尺寸，如图6-26所示。

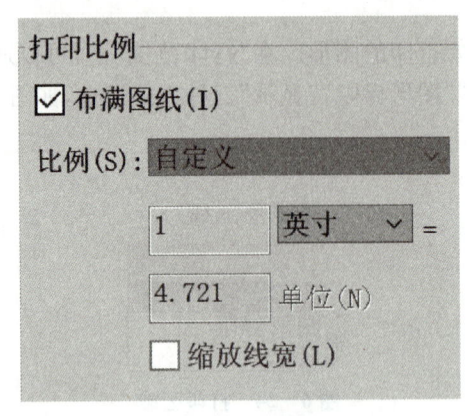

图 6-26 打印比例

从"模型"选项卡打印时,默认设置为"布满图纸";在"布局"选项卡打印时,默认缩放比例设置为 1∶1。

(1) 布满图纸

勾选"布满图纸"后,打印时自动缩放图形以布满所选图纸尺寸,并在"比例"、"毫米"和"单位"框中显示自定义的缩放比例因子。

(2) 比例

"比例(S)"选项用来定义打印的精确比例。使用"自定义"用户可以通过输入与图形单位数等价的英寸(或毫米)数来创建自定义比例。

同时,要指定显示的单位是英寸还是毫米。默认设置为根据图纸尺寸,并会在每次选择新的图纸尺寸时更改。

(3) 单位

设置与指定的英寸数、毫米数等价的图形单位数。

(4) 缩放线宽

与打印比例成正比缩放线宽。线宽通常指定打印对象的线的宽度,并按线宽尺寸打印,而不考虑打印比例。

7. 打印样式表

"打印样式表"可以用来设置打印图纸的打印特性,如线型、线宽和颜色等。用户可以通过下拉菜单选择系统自带的与颜色相关的打印样式,也可以自主新建样式,如图 6-27 所示。

与颜色相关的打印样式包括:

(1) Acad.ctb:按对象的颜色进行打印。

(2) DWF Virtual Pens.ctb:CAD 自带的彩色打印。

(3) Fill Patterns.ctb:设置前 9 种颜色使用前 9 个填充图案,所有其他颜色使用对象的填充图案。

(4) Grayscale.ctb:打印时将所有颜色转换为灰度。

(5) Monochrome.ctb:将所有颜色打印为黑色。

(6) Screening 100%.ctb:对所有颜色使用 100% 墨水。

(7) Screening 75%.ctb：对所有颜色使用 75% 墨水。

(8) Screening 50%.ctb：对所有颜色使用 50% 墨水。

(9) Screening 25%.ctb：对所有颜色使用 25% 墨水。

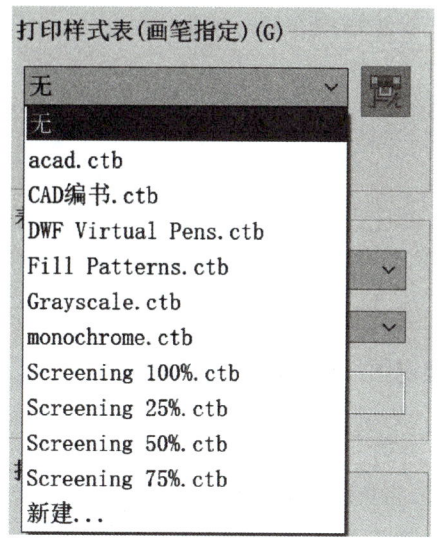

图 6-27　打印样式表

选中打印样式表后，点击右侧的"编辑…"在弹出的"打印样式编辑器"中通过调整与对象颜色对应的打印样式控制所有具有同种颜色的对象的打印方式，如图 6-28 所示。

图 6-28　打印样式表编辑器

8. 着色视口选项

用户可使用"着色视口选项"指定着色和渲染窗口的打印方式,并确定它们的分辨率大小和每英寸(或毫米)点数(DPI),如图 6-29 所示。

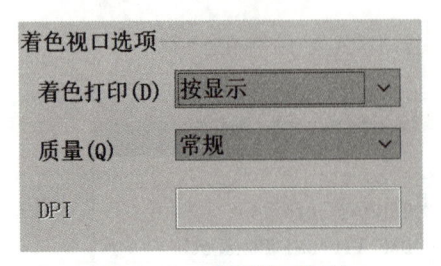

图 6-29 着色视口选项

(1) 着色打印

"着色打印"可以用来确定图纸的打印方式,有以下方式可以选择:

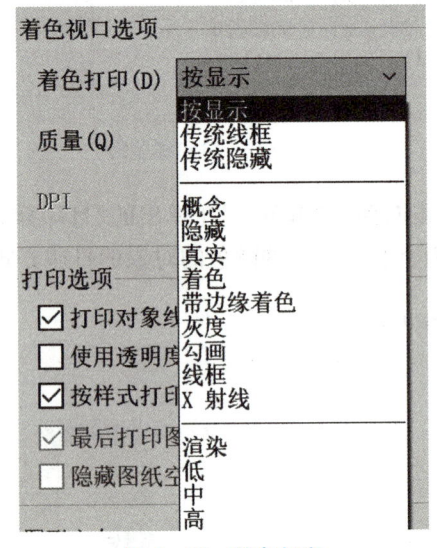

图 6-30 着色打印

(2) 质量

"质量"可以用来确定着色和渲染窗口的打印分辨率,有以下几种可以选择,数值依次递增,用户可根据自己的需要选择,或使用自定义,将打印分辨率设置为"DPI"框中指定的分辨率,最大可为当前设备的分辨率,如图 6-31 所示。

图 6-31 质量

9. 打印选项

"打印选项"可以用来确定线宽、打印样式、着色打印和对象的打印次序等选项,如图 6-32 所示。

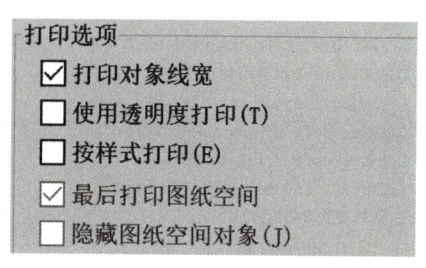

图 6-32 打印选项

10. 图形方向

用户可以通过选择不同的"图形方向"用来确定图形在图纸上的打印方向,有以下几种方向可供选择,如图 6-33 所示。

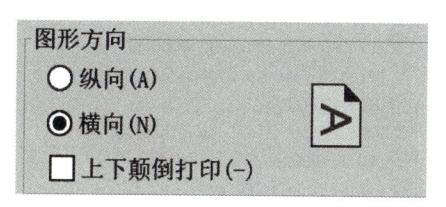

图 6-33 图形方向

11. 预览

用户可以通过点击"页面设置"对话框中的"预览"预览打印输出图形的结果,按键盘上的"ESC"键可以退出打印预览并返回"页面设置"对话框。

6.5.3 在模型空间中打印

1. 出图准备

(1) 在模型空间中绘图比例按照 1:1 绘制(不包括文字和标注);

(2) 标注文字内容时,文字高度按照输出图形时的比例放大相应倍数,例如要按照 1:100 出图,则文字应放大 100 倍,即出图时真实高度为 3、5、7 号字的文字,在绘图时的文字高度应该分别设置为 300、500、700。当用户在模型空间按照 1:100 的比例打印出图时,所有对象都被缩小 100 倍,这时就可以保证打印出来的文字实际高度为 3 mm、5 mm、7 mm。

(3) 绘制图框时,应按照出图时的比例对图框进行放大,例如要按照 1:100 出图,在绘图区域应将图框放大 100 倍。

2. 打印图纸

(1) 点击下拉菜单→【文件】→"页面设置管理器";

(2) 在"页面设置管理器"对话框上点击【修改】;

(3) 在"页面设置-模型"对话框上选择"打印机/绘图仪",选中其中一种打印方式,如选

择"导出为 Adobe PDF",代表将输出为 PDF 格式的文件,如图 6-34 所示;

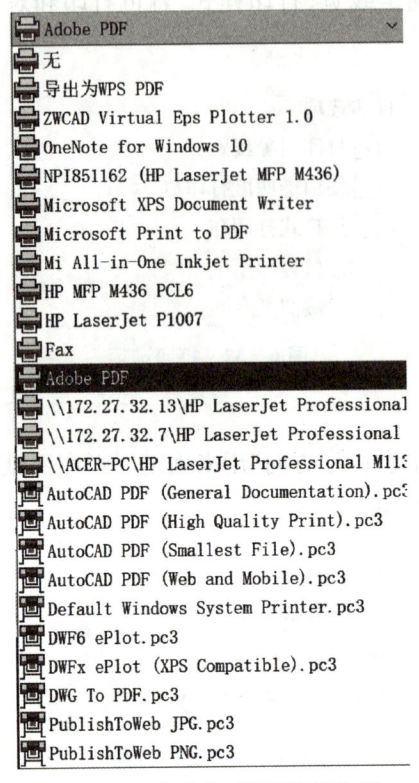

图 6-34　打印机/绘图仪的选择

(4)选择"图纸尺寸",选择一种图纸尺寸,如 6-35 所示,案例中选择的图纸尺寸为:A2(420 mm×594 mm)。

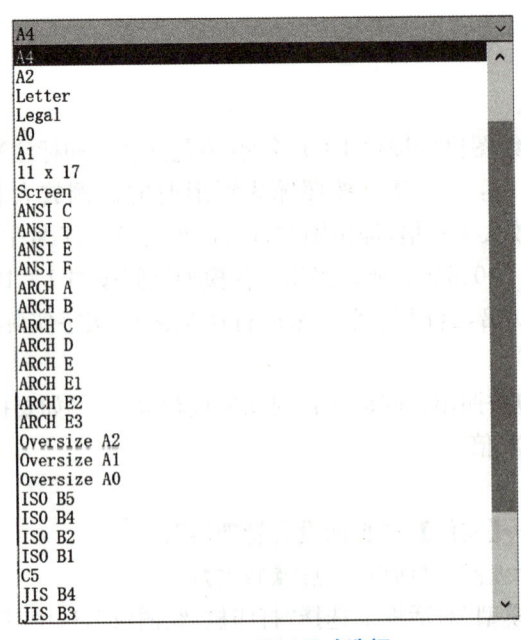

图 6-35　图纸尺寸选择

（5）在"打印范围"选项卡中选择"窗口"，对话框会自动关闭，这时可以通过矩形框选择用户实际打印的对象，如图 6-36 所示。

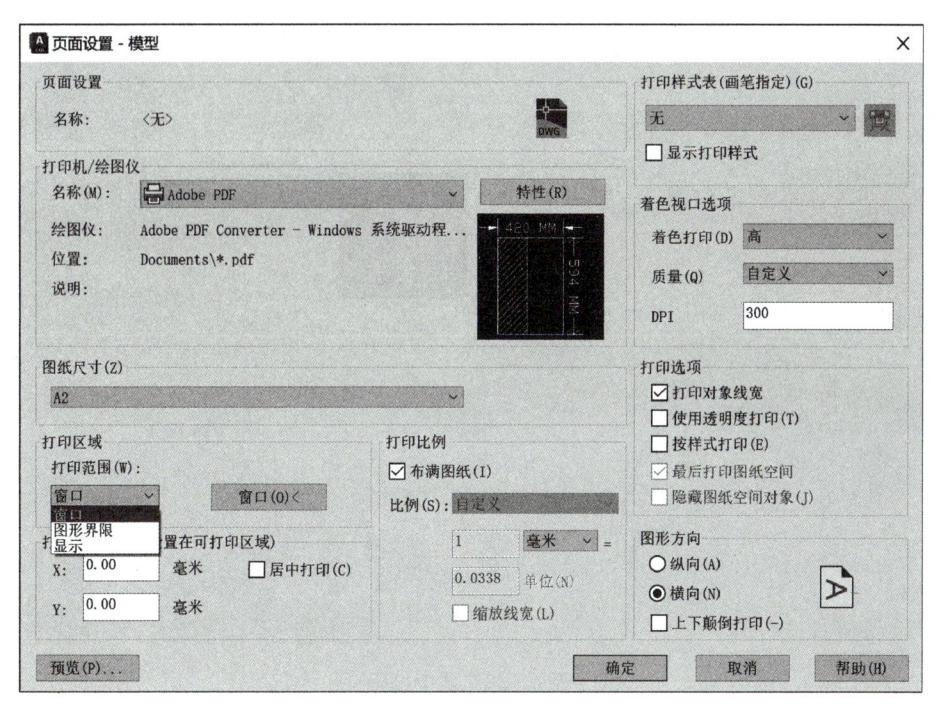

图 6-36　打印范围选择

（6）设置"打印比例"，例如示例中将打印比例设置为 1∶100，如图 6-37 所示。

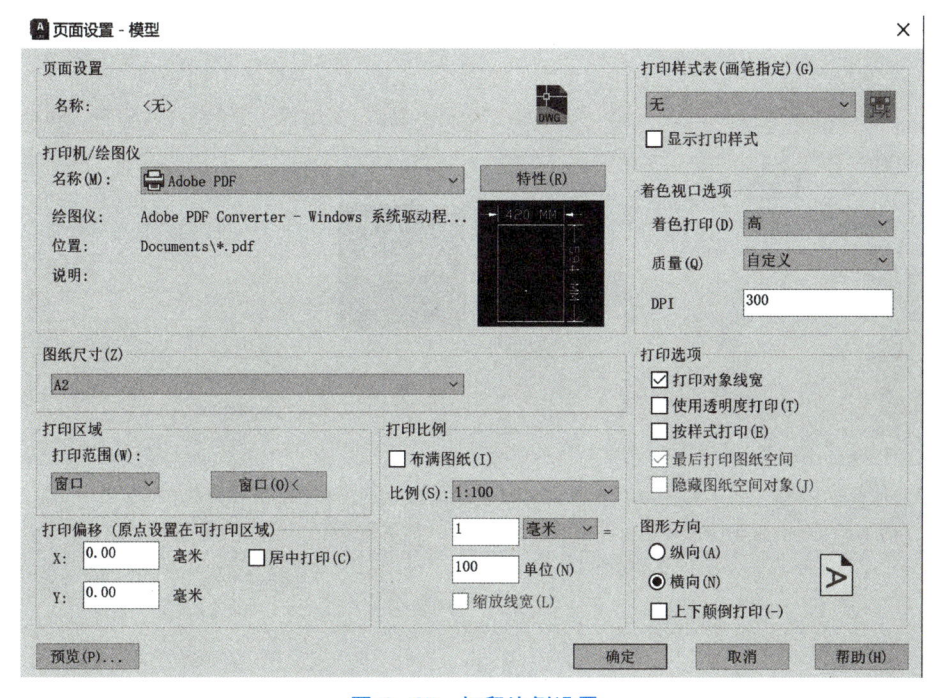

图 6-37　打印比例设置

(7)"打印偏移"中勾选"居中打印",如图 6-38 所示。

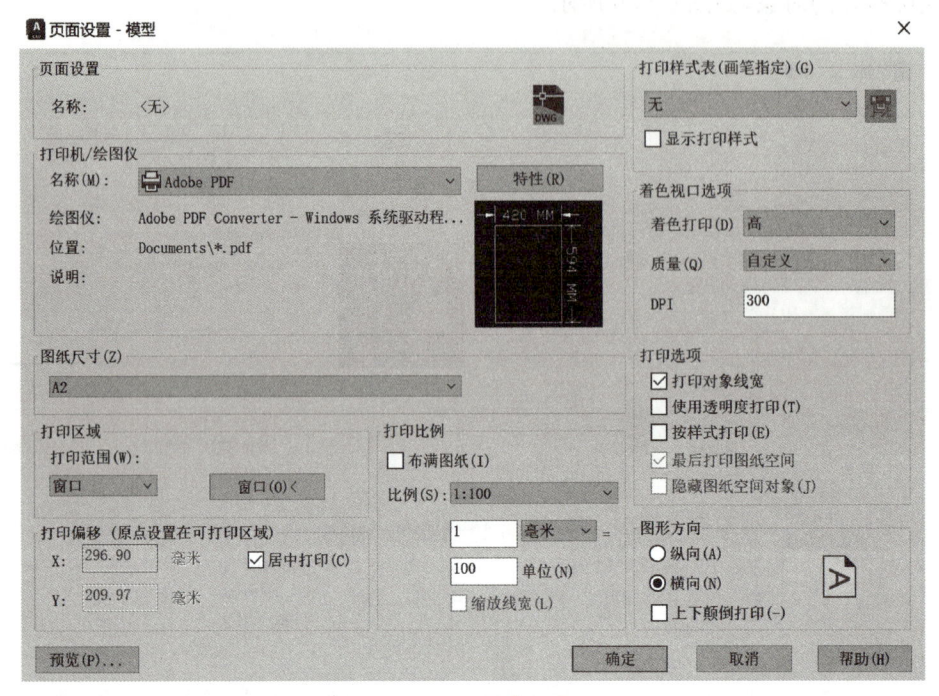

图 6-38 居中打印

(8)选择"打印样式表",如图 6-39 案例所示,选择"Monochrome.ctb"打印样式,代表将用黑白色打印图形。

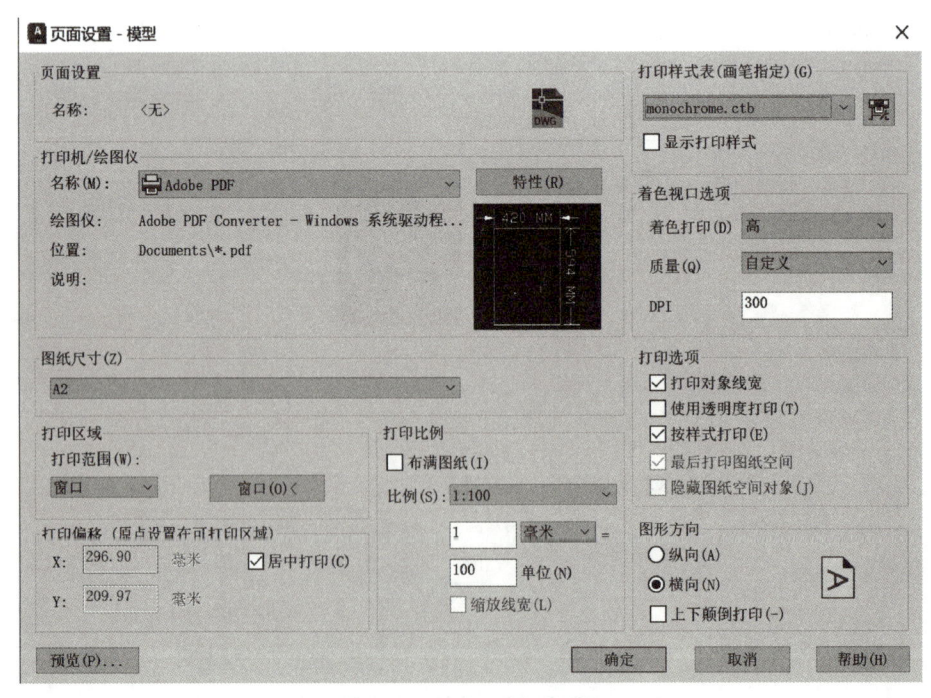

图 6-39 打印样式表选择

(9)点击"确定",弹出"另存 PDF 文件为"对话框,对输出图形进行命名和设置保存位置,例如命名为:立面图,保存在桌面,如图 6-40 所示。

图 6-40 输出图形

6.5.4 在布局空间中打印

1. 出图准备

(1)在模型空间中绘图比例按照 1∶1 绘制(不包括文字和标注);
(2)标注文字和尺寸可以在模型空间中完成,也可以在布局空间中完成。
若用户选择在模型空间完成,按照本模块第 6.5.3 节设置。若选择在布局空间中完成,应按照 1∶1 的比例进行标注。
(3)图框同样可以在模型空间或布局空间中完成。若用户选择在模型空间完成,按照本模块第 6.5.3 节设置。若选择在布局空间中完成,应按照 1∶1 的比例进行标注。

2. 新建布局

AutoCAD 2023 新建文件中默认有两个布局,用户也可以根据需求新增布局。
(1)在布局上点击鼠标右键弹出快捷菜单,选择"新建布局(N)":使用该方法新建布局,需按照前文步骤在"页面设置管理器"中进行页面设置;
(2)在布局上点击"十"号,自动新建"布局 3":使用该方法新建布局,需按照前文步骤在"页面设置管理器"中进行页面设置;
(3)点击下拉菜单→【工具】→"向导(Z)"→"创建布局(C)"。
① 根据用户需求,输入布局名称,如图 6-41 所示。

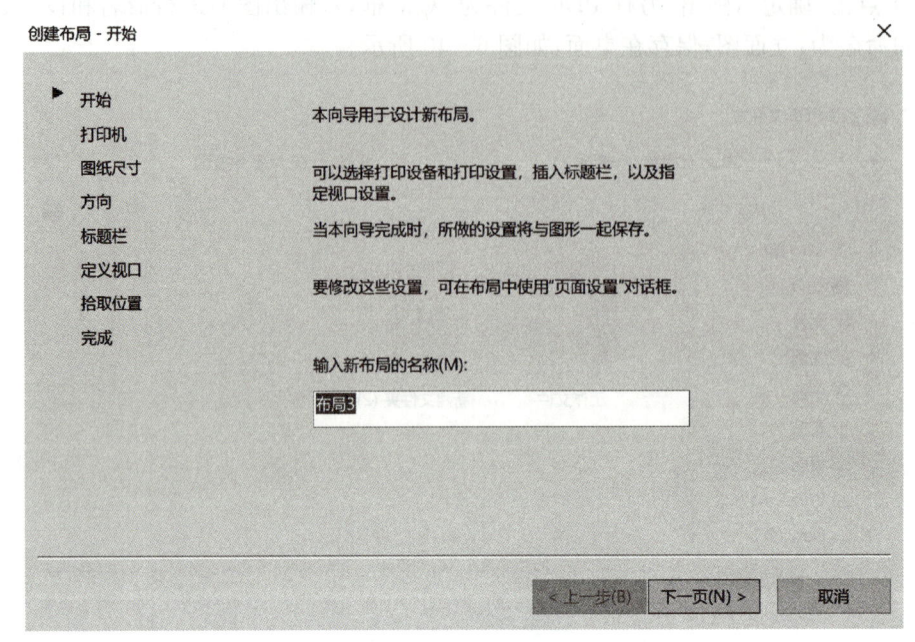

图 6-41　输入布局名称

② 选择打印机，如图 6-42 所示。

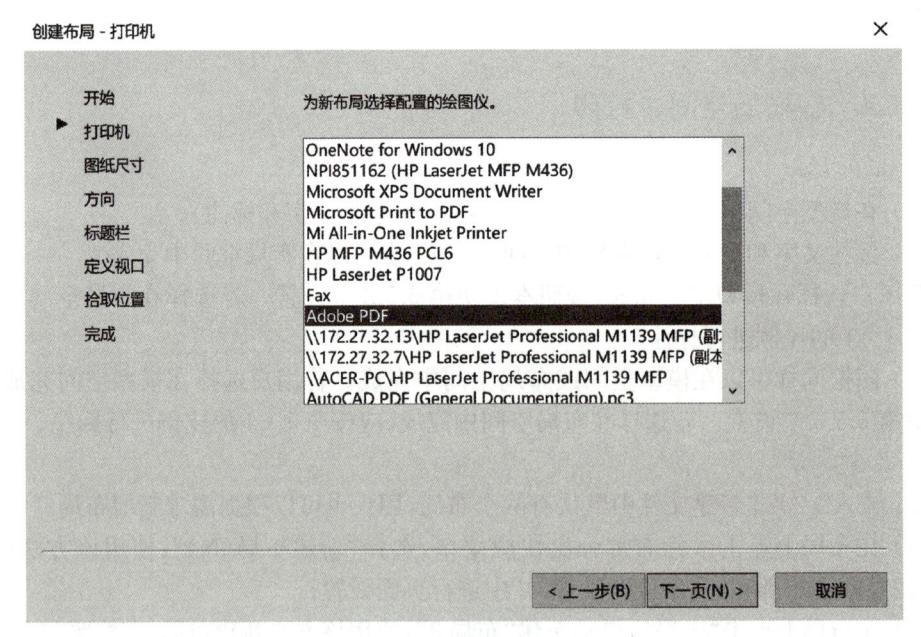

图 6-42　选择打印机

③ 选择图纸尺寸和图形单位，如图 6-43 所示。

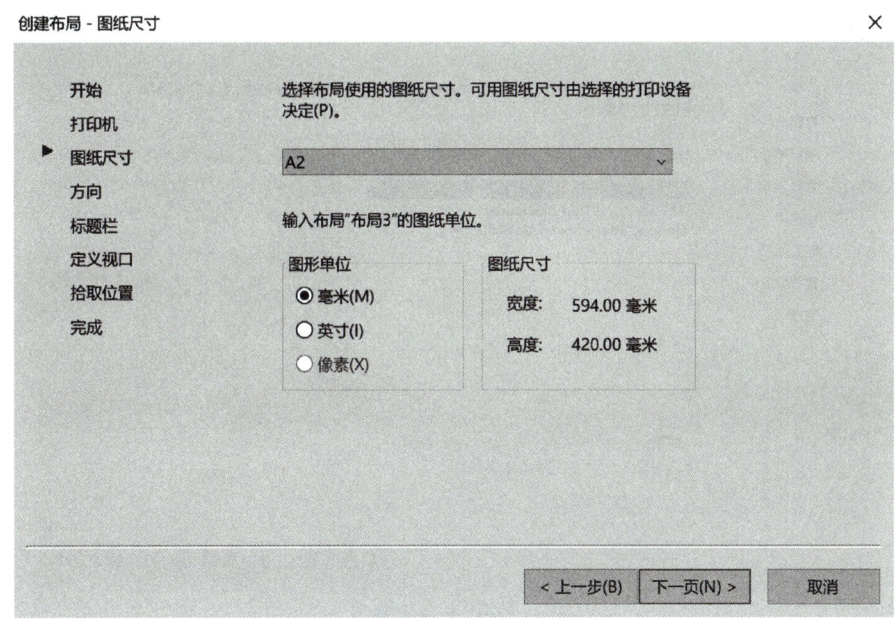

图 6-43 设置图纸尺寸

④ 设置图形在图纸上的放置方向，如图 6-44 所示。

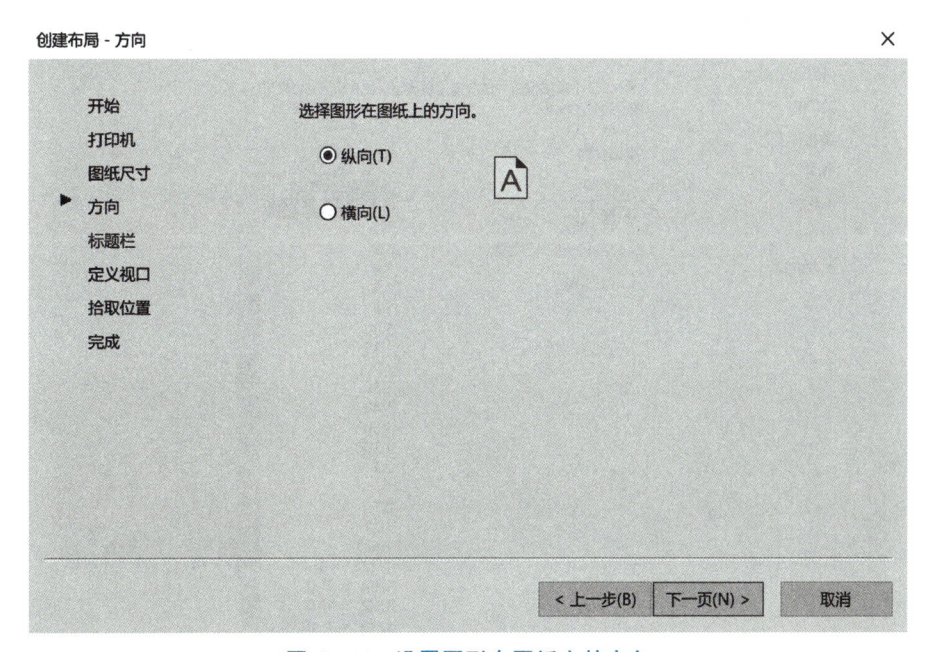

图 6-44 设置图形在图纸上的方向

⑤ 根据用户需求,选择布局的标题栏,如图6-45,也可以不选择标题栏。

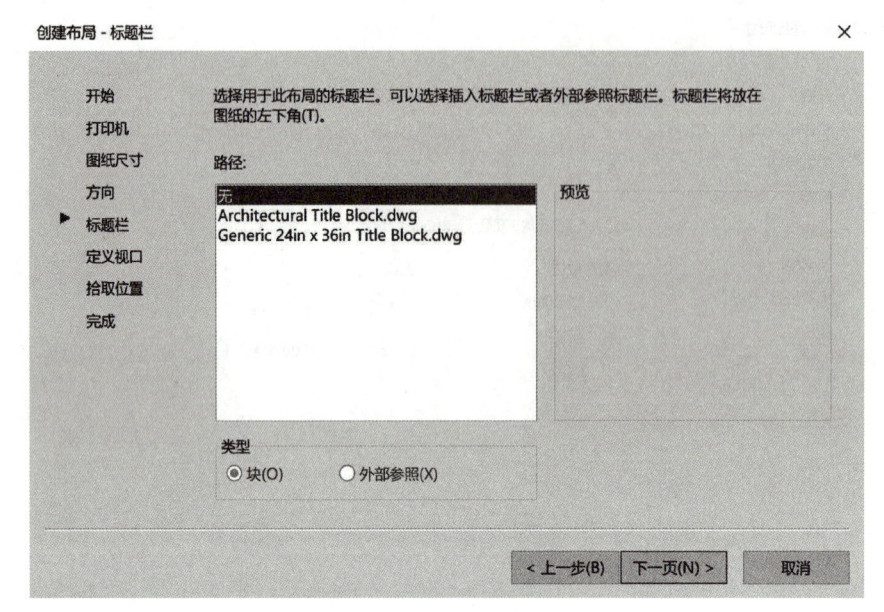

图6-45 选择标题栏

⑥ 定义布局上的视口设置以及视口比例,如图6-46所示。

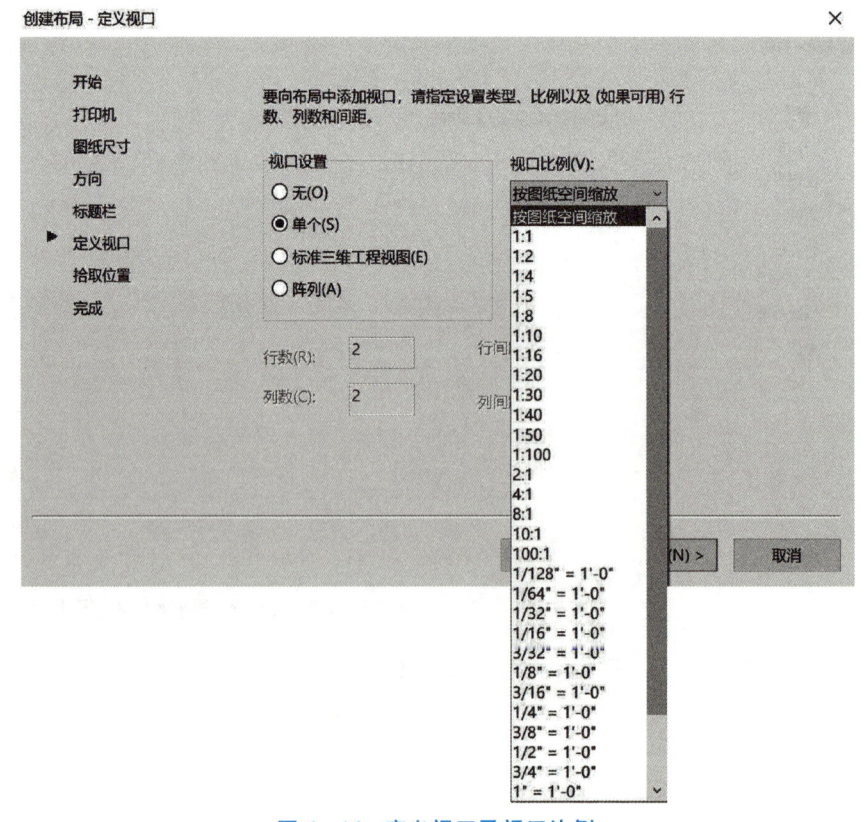

图6-46 定义视口及视口比例

⑦ 设置拾取位置,确定视口在布局上的位置,如图6-47所示。

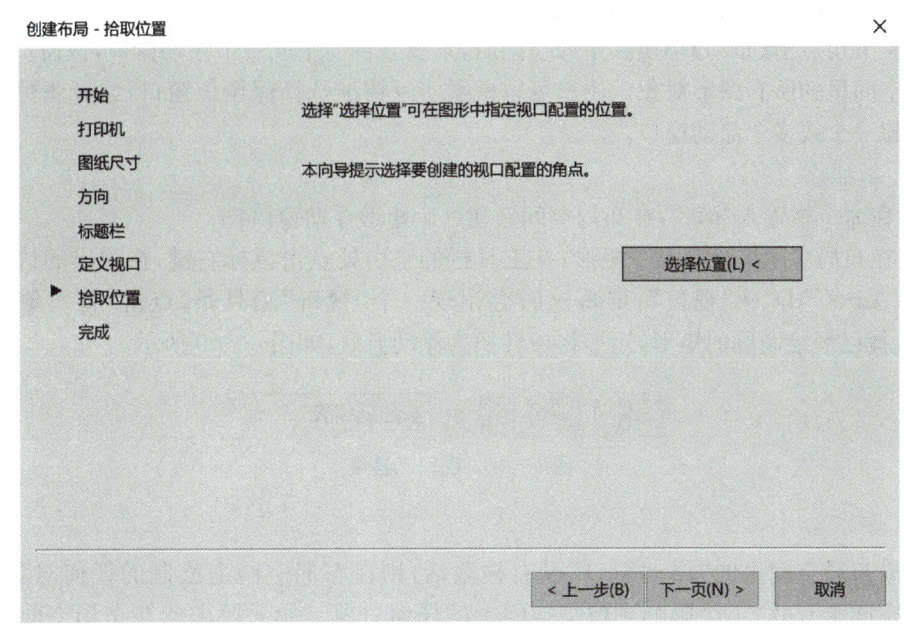

图6-47 指定视口配置的位置

⑧ 点击"完成",结束布局设置,如图6-48所示。

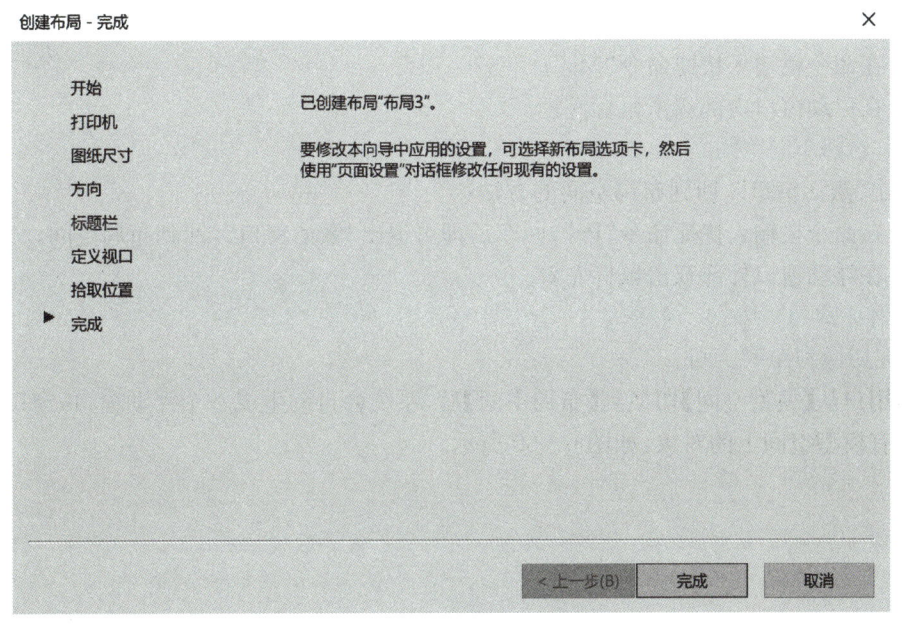

图6-48 完成创建布局

3. 浮动窗口

模型空间的窗口是固定不动的，而布局空间里窗口可以移动，所以也称为"浮动窗口"。在页面左下角点击【布局】切换到布局空间后，系统会自动生成一个浮动窗口，该窗口默认显示模型空间里的所有图形对象。用户可以根据实际情况选择保留该窗口，或者删掉窗口后自己新建一个或多个浮动窗口。

(1) 新建浮动窗口

① 在命令栏输入"Mv"，在布局空间新建一个矩形浮动窗口；

② 在布局空间里绘制一个矩形，在工具栏的空白处点击鼠标右键，在弹出的快捷菜单中选择"AutoCAD"→"视口"，屏幕这时会出现一个"视口"工具条，点击"将对象转为视口"→选择已经绘制好的矩形，矩形将被转换为浮动窗口，如图6-49所示。

图6-49 视口工具条

(2) 激活窗口

如果布局空间里的"浮动窗口"没有被激活，则在布局空间上绘制的任何对象，都只在布局空间上有效，不会影响到模型空间上的任何对象。如果要求能在布局空间上修改模型空间里的对象，可以通过"激活窗口"，然后直接对窗口里的对象进行编辑。在激活窗口状态下，对窗口里的对象进行修改，既能影响到布局空间，在切换到模型空间后也依然保留。

激活窗口的方法：

① 在命令栏输入快捷命令"Ms"；

② 在浮动窗口内部双击鼠标左键。

(3) 返回布局空间

退出"激活窗口"，回到布局空间的方法：

① 在命令栏输入快捷命令"Ps"，回车后即可退出"激活窗口"，回到布局空间；

② 在浮动窗口外部双击鼠标左键。

4. 打印出图

(1) 切换到布局空间

当用户从【模型空间】切换到【布局空间】后，系统会自动生成一个浮动窗口，窗口默认显示出所有模型空间上的对象，如图6-50所示。

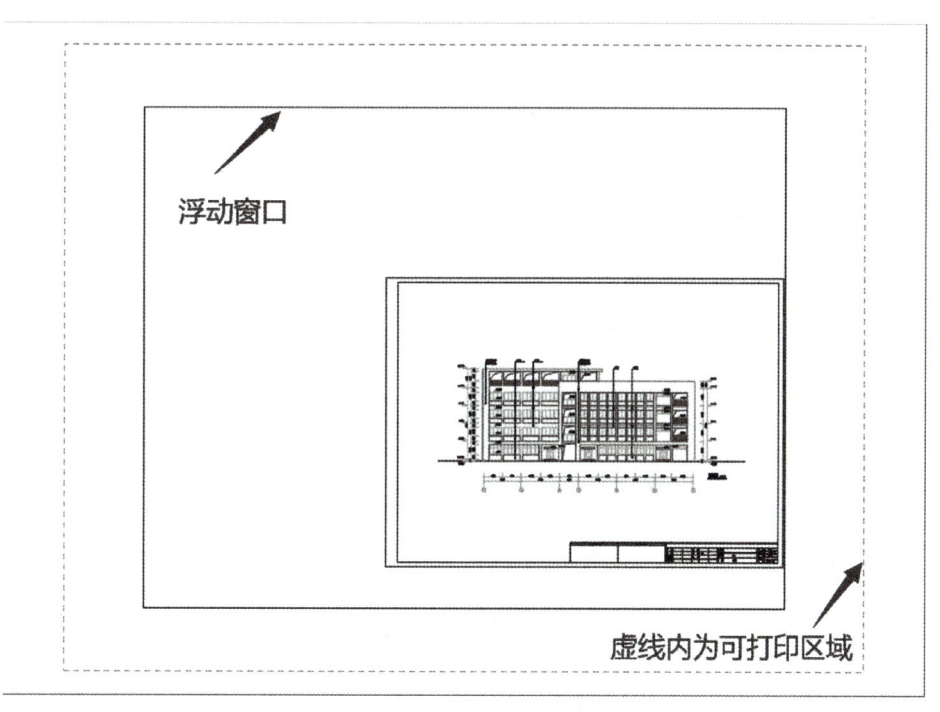

图 6‑50　案例:布局空间

(2) 页面设置

① 点击菜单栏"页面设置管理器"→"修改(M)"对"布局 1"进行页面设置,如图 6‑51 所示;

图 6‑51　修改布局 1 页面设置

② 用户根据实际情况设置"页面设置管理器"中的各个参数,案例参数设置情况如图 6-52 所示;

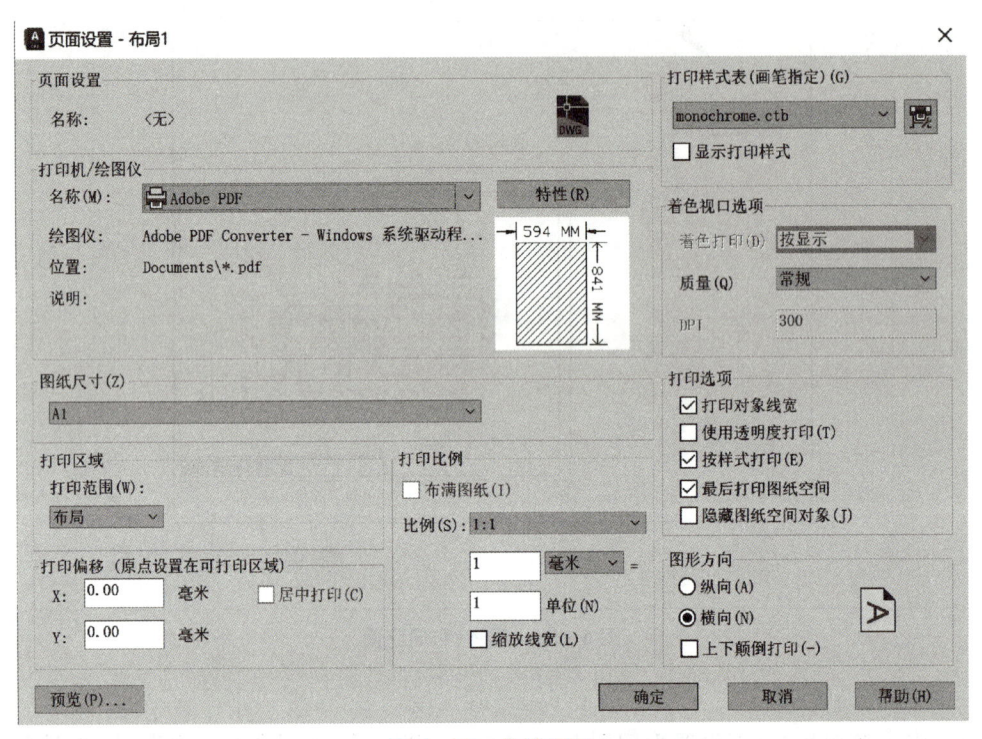

图 6-52 参数设置

(3) 修改浮动窗口

设置完"页面设置管理器"后,可能会发现布局空间里原来的浮动窗口大小不符合出图要求,用户可以删掉该窗口,重新建立一个浮动窗口。首先,在布局空间里新建一个图层,将图层设置为当前图层,并将该图层设置为不可打印,如图 6-53 所示;接着,在命令栏输入快捷键"MV",新建一个矩形浮动窗口,如图 6-54 所示。

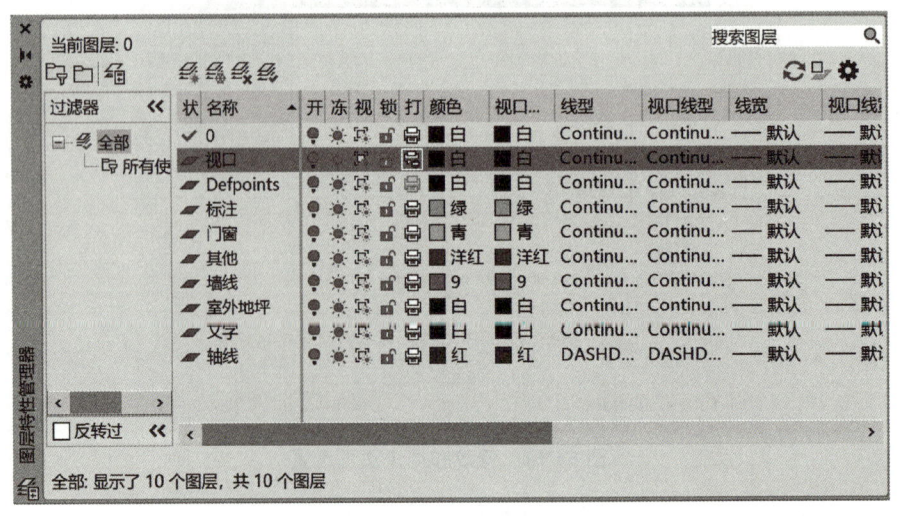

图 6-53 在布局空间设置视口图层

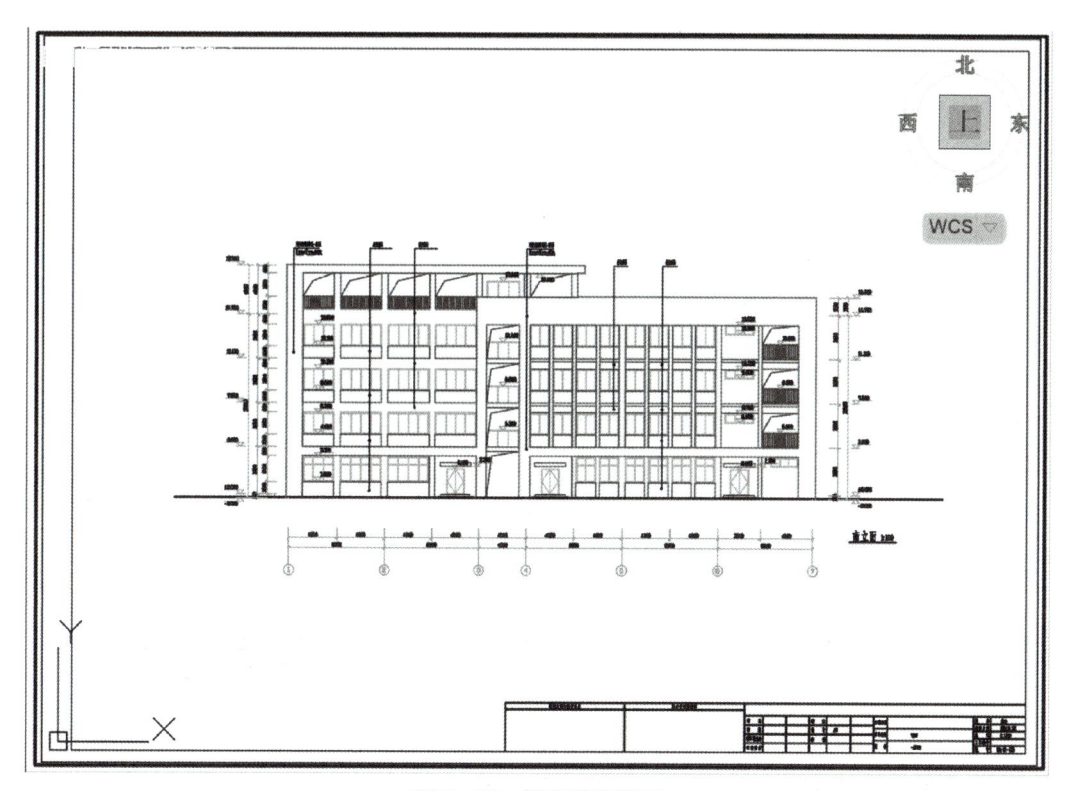

图 6-54　修改浮动窗口

(4) 激活窗口,设置对象显示状态

激活窗口,放大或缩小窗口里的对象,使对象在窗口里的显示状态和输出比例一致。在布局空间里打印,打印比例为1∶1,输出比例1∶N是通过把窗口里的对象显示状态缩小N倍来确定的。操作方法如下:

① 在浮动窗口内部双击鼠标左键或在命令栏输入快捷命令"MS";

② 在"激活窗口"的状态下,在命令栏输入窗口对象显示缩放快捷键"Z",选择比例"S",设置输出比例(输入时要在比例的后面加上 XP,说明是打印比例,例如出图比例为1∶100,输入的比例应该为 0.01XP),在命令栏输入平移快捷键命令"P",调整好输出图形到浮动窗口里合适的位置,如图 6-55 所示。

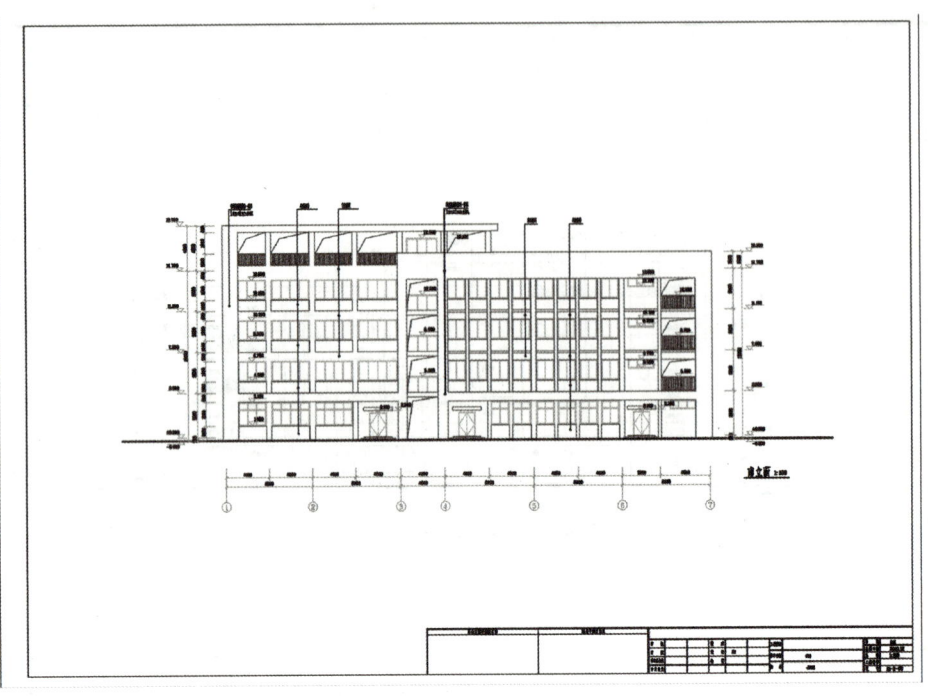

图 6－55　调整窗口对象显示状态

调整好窗口对象显示状态后，要避免显示比例等参数被修改，可以用窗口"显示锁定"来固定窗口内部对象的显示比例。鼠标左键双击窗口外部空白处，退出激活窗口状态，鼠标左键单击窗口，再单击鼠标右键，在快捷菜单上选择"显示锁定(L)"，如图 6－56 所示。

（5）调整布局

在浮动窗口外部双击鼠标左键或在命令栏输入快捷键"Ps"，即可退出激活浮动窗口，此时可以根据实际情况调整浮动窗口在布局里的位置。

（6）打印输出

① 点击菜单栏【文件】→"打印(P)"；
② 选择【标准】工具栏上的"打印"图标；
③ 在命令栏输入"Plot"→Enter"。

在弹出的对话框中对文件进行命名，并修改保存位置，在指定位置会生成一个新的 PDF 文件，双击打开文件，如图 6－57 所示。

图 6－56　显示锁定

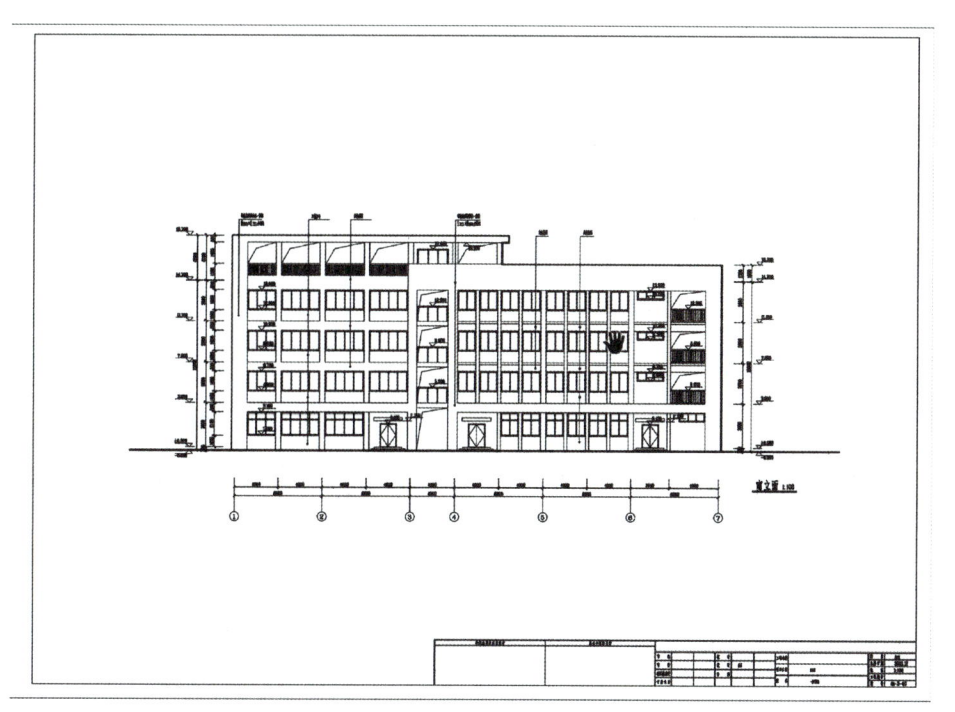

模块六　共享设计资源以及图形打印输出

图 6-57　打开输出的 PDF 文件

▷课后实践◁

将附录二绘制好的建筑平面图、立面图、剖面图打印输出。

模块七　三维实体模型的绘制

思政融入

三维建模是工程设计的基础，需要大量的实践操作。通过课程，培养学生的实践能力，引导他们将理论与实践相结合，做到知行合一。

思维导图

```
模块七　三维实体模型的绘制 ┬── 7.1 简单图形的绘制
                          └── 7.2 三维实体模型的绘制
```

学习目标

◇ 熟悉 AutoCAD 的基本三维绘图功能；
◇ 掌握 AutoCAD 三维绘图的方法和技巧；
◇ 合理运用 AutoCAD 三维实体绘制命令进行三维实体模型的绘制。

三维实体绘图命令包括：三维点、三维线、三维曲线、三维面等。对于三维点、三维线（直线、构造线）、三维样条曲线等实体的绘制，即线框模型的绘制，与二维平面绘图命令基本相同，只是坐标点是三维坐标。三维线框模型是指空间中的线条，其只存在线的轮廓，没有内部的表面及实体特征，因此无法对其进行消隐、着色和渲染。

对于三维面的绘制，即表面模型的绘制，包括：面线架（基本形体表面）、创建曲面、三维面、三维多边形网格、任意拓扑多边形网格等。三维表面是指具有"面"特征但没有内部"实体"特征的三维图形，理论上是由一些没有厚度的空间面组成的图形，可以进行消隐、着色和渲染。

三维实体造型是客观物体的三维图形，它是一个真实的实体。三维实体不仅具有表面的信息和特征，还具有一定内部实体质地；不仅可以进行消隐、着色和渲染，而且还具有体积、重心、转动惯量等信息。AutoCAD 系统可以生成基本的三维实体，也可以通过对二维实体的拉伸、旋转生成三维实体,还可以对三维实体进行"交""并""差"等布尔运算,而构成复合实体,可以从三维实体模型中提取二维图形,即构成物体的视图。

▶ 任务 7.1　简单图形的绘制 ◀

▶ 7.1.1　实用案例———绘制长方体

绘制案例

绘制一个长宽高为 200×80×80 的长方体。

分析案例

长方体的绘制以及一般三维立体的绘制可以直接使用相关命令进行操作,只要输入相关的空间尺寸的数据就可以了。

操作案例

1. 在命令行输入"BOX"命令后按"Enter"键,执行绘制长方体的操作。
2. 在屏幕中拾取一点作为第一个角点,并在命令行中输入"L"后按"Enter"键。
3. 依次指定长方体的长、宽和高,直接输入长、宽和高的值为 200、80、80,每次输入后按"Enter"键确认。

图形绘制结束,轴测图如图 7-1 所示。

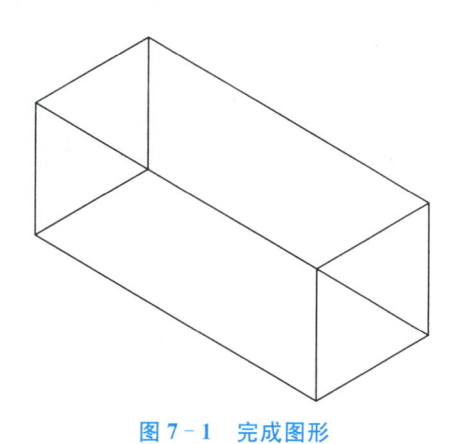

长方体

图 7-1　完成图形

案例总结

1. 启动命令
(1) 点击主菜单→【绘图】→【建模】菜单项,选择【长方体】命令;
(2) 单击"建模工具条"上的【长方体】按钮;

(3) 在命令行输入"BOX"回车。

2. 输入选项,选择角点法或中心点法作长方体。角点法是通过长方体两对角点,或底面两对角点与高来确定长方体的方法;中心点法是通过中心点和角点确定长方体的方法。

(1) 角点法:输入长方体一角点的坐标值或从屏幕中拾取一点。

命令行接着提示为:指定其他角点或【立方体(C)/长度(L)】。三种途径绘制完成长方体,输入选项选择。

① 拾取长方体的另一对角点或输入另一对角点的坐标值(如@200,80,80)完成长方体的绘制。

② 输入"C"回车,绘制正方体,指定正方体边长,输入正方体边长值(如25)或从屏幕拾取两点,两点间的距离为正方体的边长,绘制完成的正方体。

③ 输入"L"回车,分别指定长方体的长、宽和高,直接输入长、宽和高的值,每次输入数值后按"Enter"确认(如200、80、80),或从屏幕中拾取点,两点间距离为相应的长或宽或高的值。

(2) 中心点法:启动长方体命令后,输入"C"回车,用以确定长方体中心点,命令行接着提示为:指定角点或【立方体(C)/ 长度(L)】,通过三种途径绘制完成长方体,输入选项选择,操作与先指定角点的方法相同。

7.1.2 实用案例二——绘制三维玻璃桌

绘制案例

绘制如图7-2所示的三维玻璃桌。

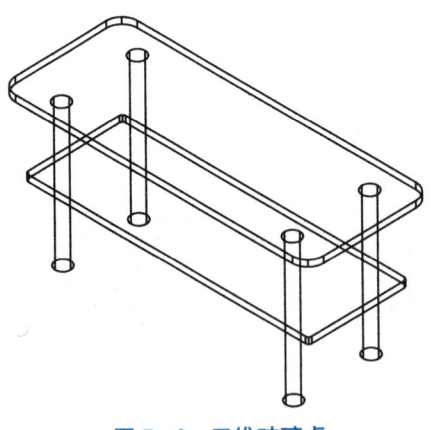

图7-2 三维玻璃桌

分析案例

本案例需要绘制矩形桌面以及圆柱体桌体,另外,需要对四个桌角进行圆角修改。

操作案例

一、三维桌面的绘制

1. 在命令行输入"BOX"命令后按"Enter"键,执行绘制长方体的操作。
2. 指定长方体一角点的坐标值"0,0,0",并在命令行中输入"L"后按"Enter"键。
3. 点击快捷键"F8",打开正交模式,并依次指定长方体的长、宽和高,直接输入长、宽和高的值为100、40、2,每次输入后按"Enter"键确认。
4. 在命令行再次输入"BOX"命令后按"Enter"键,执行绘制长方体的操作。
5. 指定长方体一角点的坐标值"4,4,-24",并在命令行中输入"L"后按"Enter"键。
6. 点击快捷键"F8",打开正交模式,并依次指定长方体的长、宽和高,直接输入长、宽和高的值为92、32、2,每次输入后按"Enter"键确认。

绘制结果如图7-3所示。

三维玻璃桌

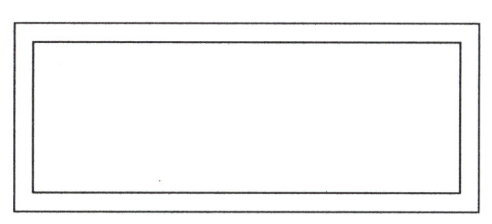

图7-3 三维桌面俯视图

二、三维桌腿的绘制

1. 在命令行输入"Cylinder"命令后按"Enter"键,执行绘制圆柱体的操作。
2. 指定圆柱体底面的中心点坐标值"12.5,7.5,-45"。
3. 指定该圆柱体底面半径为"2.5"。
4. 指定该圆柱体高度为"45",绘制出第一个圆柱体桌腿。
5. 以相同方式绘制另外三个圆柱体桌腿,圆柱体底面的中心点坐标值分别为"12.5,32.5,-45"、"87.5,7.5,-45"、"87.5,32.5,-45",其余数值不变。

绘制结果如图7-4所示。

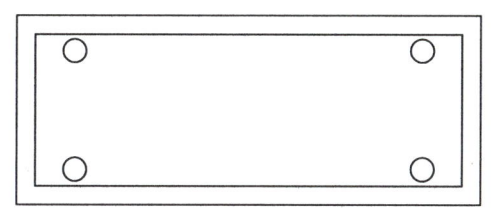

图7-4 三维桌面、桌腿俯视图

东南等轴测图如图7-5所示。

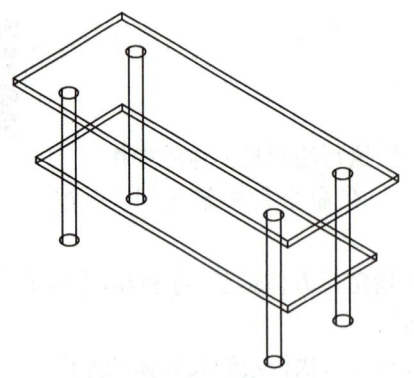

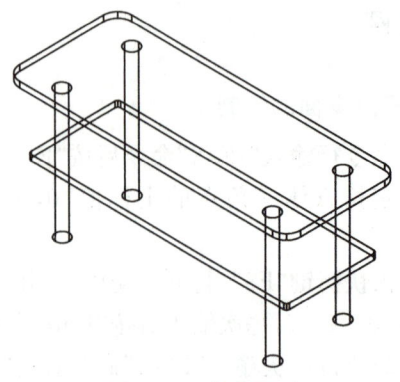

图 7-5　三维桌面东南轴测图　　　　　图 7-6　完成图形

6. 在命令行输入"F"命令后按"Enter"键,执行圆角"Fillet"命令;修改圆角半径为 5;选择上方长方体桌面的四个桌角进行圆角操作。

7. 在命令行输入"F"命令后按"Enter"键,执行圆角"Fillet"命令;修改圆角半径为 1;选择下方长方体桌面的四个桌角进行圆角操作。

图形绘制结束,如图 7-6 所示。

案例总结

一、圆柱体的绘制

1. 启动命令

(1) 选择主菜单→【绘图】→【建模】菜单项,选择【圆柱体】命令;

(2) 单击"建模工具条"上的"圆柱体"按钮;

(3) 输入"Cylinder",回车。

2. 根据选项绘制圆柱体或椭圆柱体

(1) 绘制圆柱体的操作:指定圆柱体底面中心点→指定圆柱体的底面圆半径或直径→指定圆柱体高度或另一个圆心点→确定底面圆。

底面圆除了可以运用确定底面圆心和半径(或直径)的方法外,还可以通过三点法(3P)、两点法(2P)或相切/相切/半径法(T)绘制。

(2) 绘制椭圆柱体的操作:启动圆柱体命令→输入"E"回车→确定底面椭圆→确定椭圆柱高度。

确定底面椭圆的方法跟绘制椭圆方法相同。

二、三位实体模型的视口以及三维视图

三位实体模型的视口可以根据实际需求设定,点击【视图】→【视口】,如图 7-7 所示。

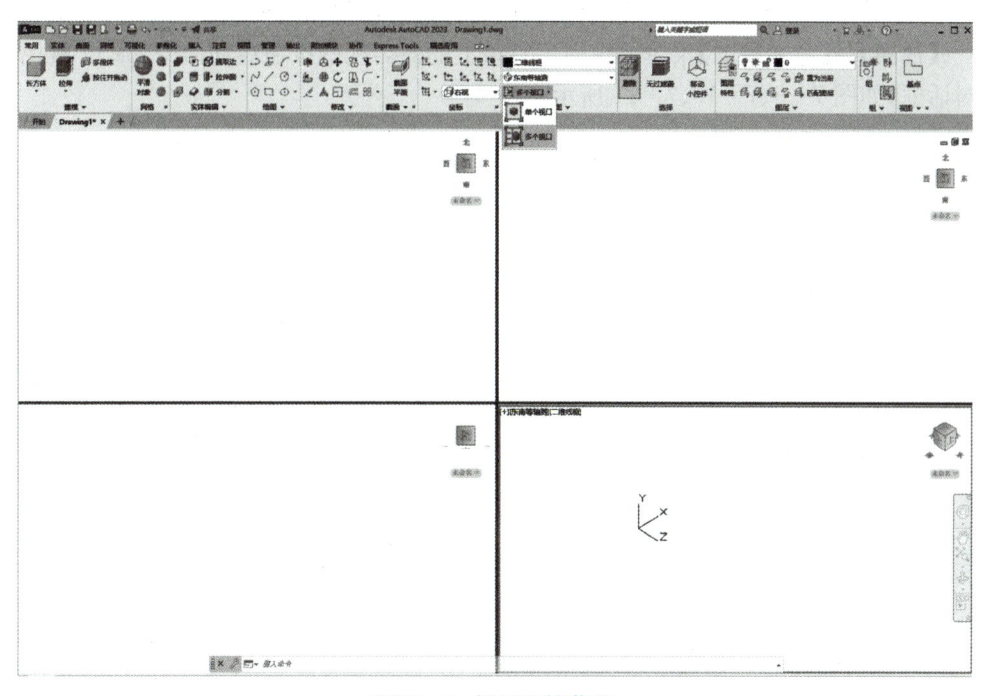

图7-7　视口下拉菜单

AutoCAD预设了俯视、仰视、左视、右视、主视和后视六种平面视图以及西南、东南、西北和东北四种轴测视图。用户可以根据如图7-8所示的"视图/三维视图"级联菜单可视图工具条上的按钮设置视图方向。

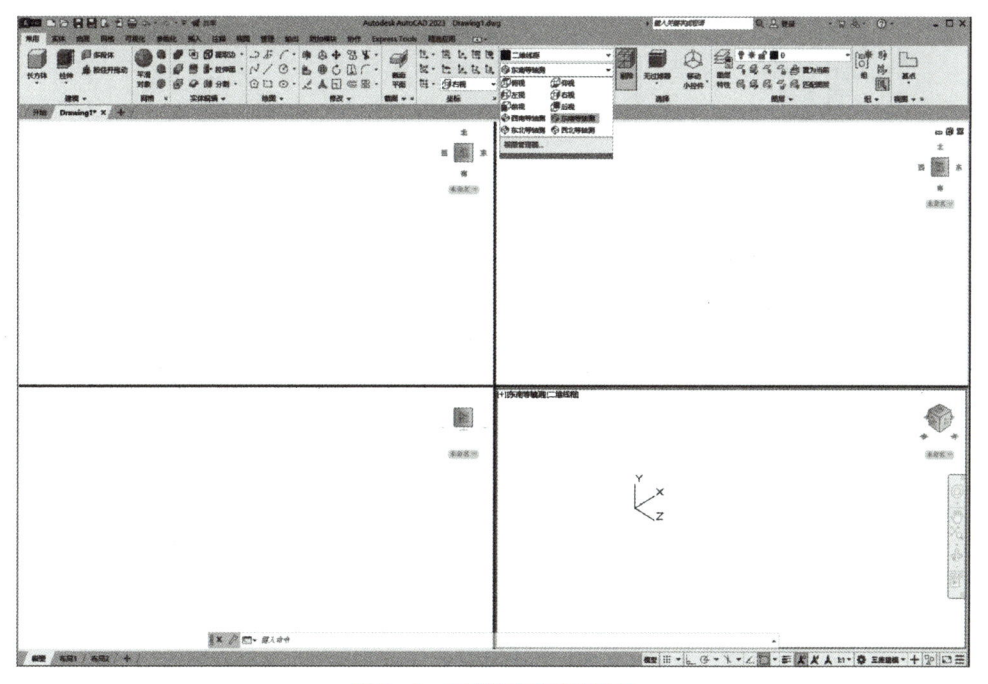

图7-8　三维视图下拉菜单

除了工具条提供的几种视角方向样式外，用户还可以根据需要创建视图样式，通过下拉菜单→【视图】→【命名视图】菜单或视图工具条上的命名视图按钮启动命令，弹出"视图管理器"对话框，如图 7-9、7-10、7-11 所示。

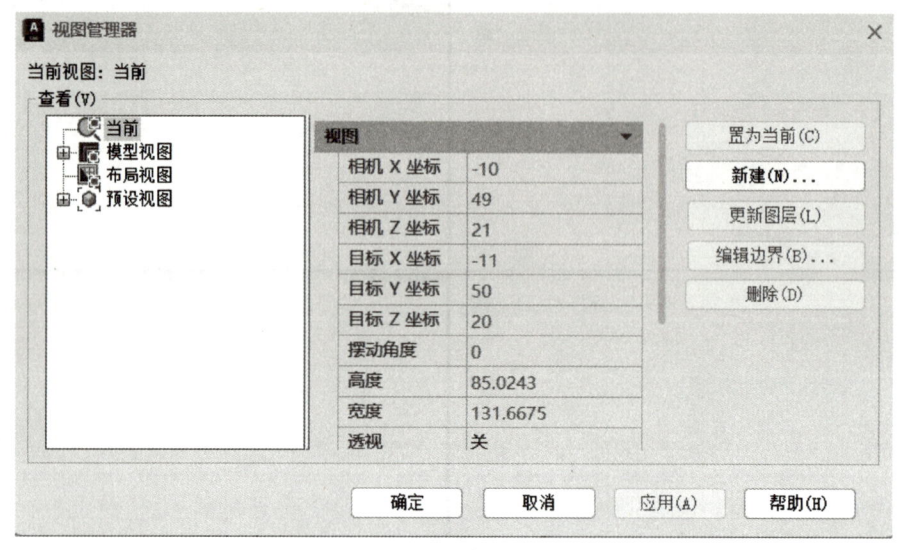

图 7-9　命名视图对话框

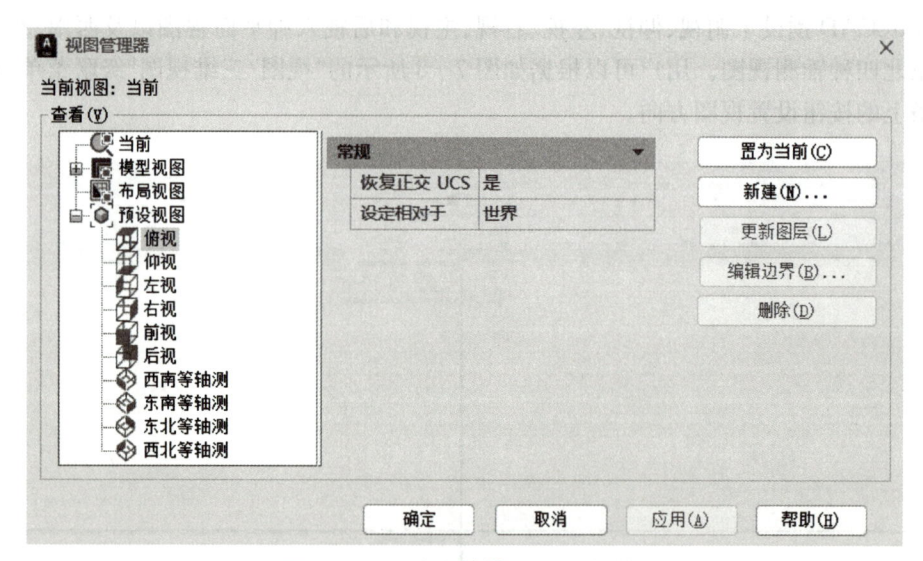

图 7-10　正交和等轴测视图对话框

图 7-11 新建视图对话框

三、三维动态观察

三维图形可以运用动态观察，以观看三维图形的不同方位。通过如图 7-12 所示的动态观察工具条或【视图】→【动态观察】的级联菜单启动动态观察命令。

图 7-12 动态观察下拉菜单

启动命令后，轻轻移动鼠标就可以进行动态观察。
（1）受约束的动态观察　将动态观察约束到 XY 平面或 Z 方向。
（2）自由动态观察　允许沿任意方向进行动态观察。
（3）连续动态观察　光标变为两条实线环绕的球状，轻轻移动鼠标后松开，图形自动连续转动。图形连续转动的速度与移动鼠标的速度相同。

7.1.3 实用案例三——绘制三维台阶

绘制案例

绘制如图 7-13 所示的三维台阶。

图 7-13 三维台阶

分析案例

本案例的三维图形需要对绘制好的三维立体图形进行修改。

三维台阶

操作案例

一、护墙的绘制

1. 在命令行输入"BOX"命令后按"Enter"键，执行绘制长方体的操作。
2. 指定长方体一角点的坐标值"0,0,0"，并在命令行中输入"L"后按"Enter"键。
3. 点击快捷键"F8"，打开正交模式，并依次指定长方体的长、宽和高，直接输入长、宽和高的值为 200、1 500、1 000，每次输入后按"Enter"键确认。

绘制结果的俯视图如图 7-14 所示。

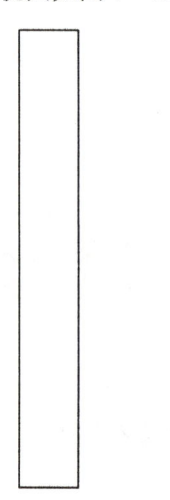

图 7-14 台阶侧俯视图 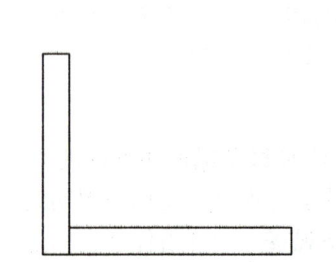   图 7-15 台阶侧以及踏步俯视图

二、踏步的绘制

1. 在命令行输入"BOX"命令后按"Enter"键,执行绘制长方体的操作。
2. 指定长方体一角点的坐标值"200,0,0",并在命令行中输入"L"后按"Enter"键。
3. 点击快捷键"F8",打开正交模式,并依次指定长方体的长、宽和高,直接输入长、宽和高的值为1 700、200、200,每次输入后按"Enter"键确认。

绘制结果的俯视图如图 7-15 所示。

4. 在命令行输入"CO"命令后按"Enter"键,对护墙和踏步执行多次复制操作。

绘制结果如图 7-16 所示。

轴测图如图 7-17 所示。

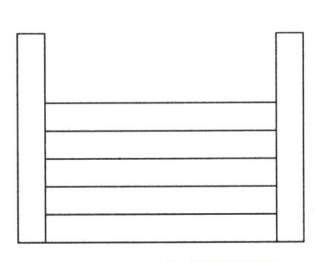

图 7-16 台阶俯视图

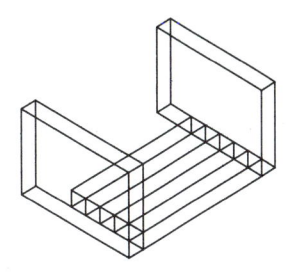

图 7-17 台阶轴测图

5. 在命令行输入"M"命令后按"Enter"键,对踏步执行多次移动操作。

图形绘制结束,如图 7-18 所示。

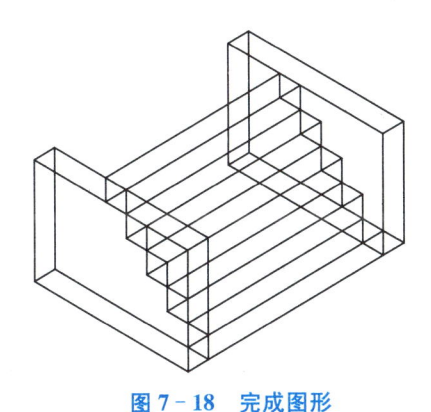

图 7-18 完成图形

任务 7.2 三维实体模型的绘制

三维实体模型绘制

绘制案例

某建筑平面图实体模型的绘制。

建筑平面图的前期修改如下:

（1）删除尺寸和文字标注。
（2）删除外墙体以内的门窗线条以及墙线。
结果如图 7-19 所示。

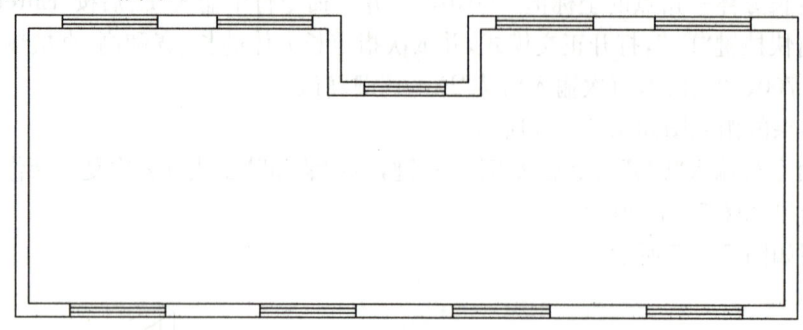

图 7-19　前期修改图形

保留外墙图形如图 7-20 所示。

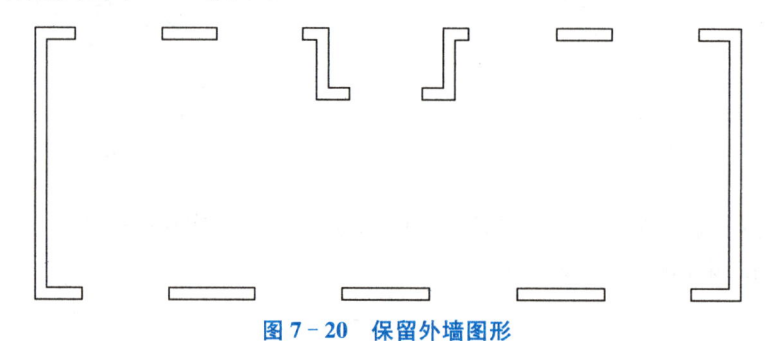

图 7-20　保留外墙图形

修补后图形如图 7-21 所示。

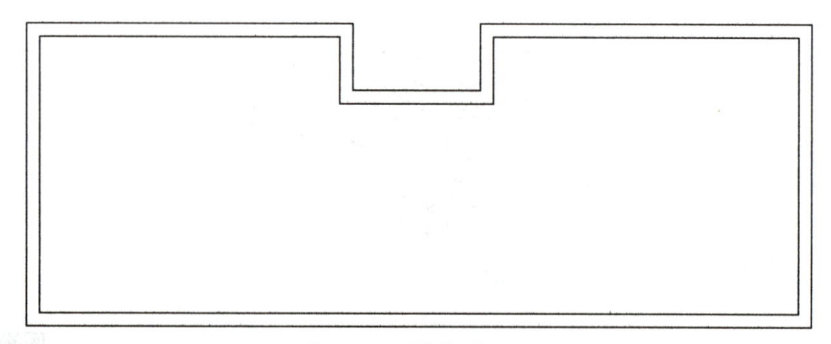

图 7-21　修补后图形

操作案例

1. 在命令行输入"REG"命令后按"Enter"键，将封闭区域的图形转换为面域对象。绘制结果如图 7-22 所示。

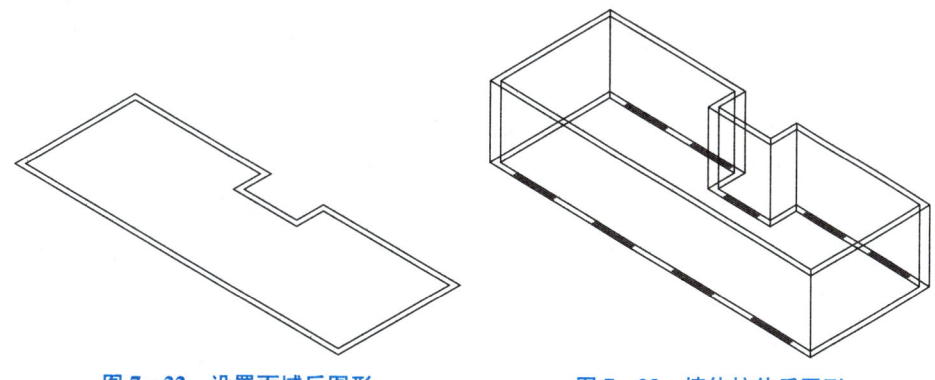

图 7-22 设置面域后图形　　　　　图 7-23 墙体拉伸后图形

2. 在命令行输入"EXTRUDE"命令后按"Enter"键,将设置面域后的对象拉伸,拉伸高度为 3 100。

绘制结果如图 7-23 所示。

3. 在命令行输入"BOX"命令后按"Enter"键,执行绘制长方体的操作。

4. 沿着窗线条绘制高度为 1 200 的长方体。并通过复制命令进行复制。

绘制结果如图 7-24 所示。

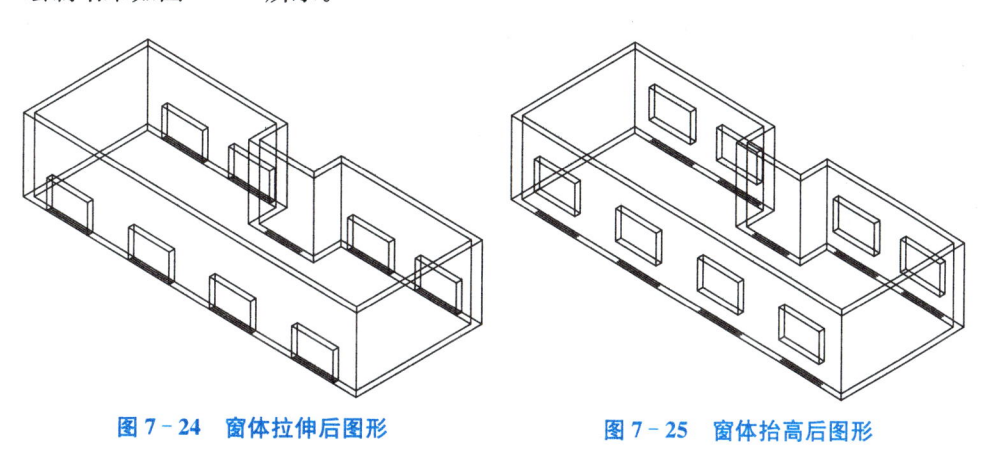

图 7-24 窗体拉伸后图形　　　　　图 7-25 窗体抬高后图形

5. 在命令行输入"M"命令后按"Enter"键,将 8 个长方体往上方移动 800。

图形绘制结束,如图 7-25 所示。

案例总结

一、三维剖切命令

剖切命令是将现有的实体用给定的平面对象切割得到新实体的方法。

1. **启动命令**

(1) 选择下拉菜单→【修改】→【三维操作】→【剖切】;

(2) 输入"SL"回车。

操作：启动命令→选择剖切对象→确定剖切方式，定义剖切面→选择剖切后保留侧。

选择剖切后保留侧：在要保留的一侧单击左键，如果需要保留两侧，则输入"B"回车。

2. 定义剖切面的方法：

（1）三点法　三点法是 AutoCAD 定义剖切面缺省的方法，实体沿给定的三点所确定的平面被剖切。直接在屏幕上拾取三点或输入三点的坐标值。

（2）对象法　对象法是通过选定圆、圆弧、椭圆、椭圆弧、二维多段线或二维样条线等二维对象，用这些二维对象所确定的平面作为剖切面剖切实体。二维对象所确定的平面需与所剖切的实体相截交才能剖切成功。

启动剖切命令选择对象完成后，根据命令行提示，输入"O"回车，选择用来确定剖切平面的对象。

（3）Z 轴法　输入"Z"回车，先后在屏幕上拾取两点，剖切实体的平面通过第一点，且与第一点和第二点的连线垂直。此处的 Z 轴并不等同于当前坐标系的 Z 轴，而是指剖切平面的法向方向。

（4）视图法　定义剖切平面与当前视图平面平行。输入"V"回车，命令行提示指定当前视图平面上的点，即剖切平面通过的点。从屏幕上拾取一点，剖切平面通过该点且与当前视图平面平行。

（5）当前坐标平面法　剖切平面与当前坐标系的某一坐标平面平行，输入"XY""XZ"或"YZ"回车，分别定义剖切平面与 XY 平面、XZ 平面或 YZ 平面平行。从屏幕上指定一点，剖切平面通过该点。

二、三维实体编辑

三维实体通过布尔运算可以生成许多复杂的实体，有并集运算、交集运算和差集运算，如图 7-26 所示。

图 7-26　实体编辑菜单

1. 并集

将多个独立的实体相加合并成一个单一的对象。各个用于求并集的对象并不要求一定相交。

启动命令：

① 选择下拉菜单【编辑】→【实体编辑】→【并集】；

② 单击"实体编辑"工具条上的并集按钮；

③ 输入"Uni"，回车。

选择合并的所有对象，选择完毕后确认。

2. 交集

将多个实体的相交部分提取出来，形成一个新的实体。

启动命令：

① 选择下拉菜单【编辑】→【实体编辑】→【交集】；

② 单击"实体编辑"工具条上的交集按钮；

③ 输入"In"，回车。

选择求交集的所有对象，选择完毕后确认。

3. 差集

将一些实体从另一些实体中排除，生成单一新实体的操作。

启动命令：

(1) 选择下拉菜单【编辑】→【实体编辑】→【差集】；

(2) 单击"实体编辑"工具条上的差集按钮；

(3) 输入"Su"，回车。

操作：启动命令→选择用来减去其他实体的所有实体对象→选择所有被减去的实体对象。

▷课后实践◁

将附录二中的图形的一层平面图绘制成三维空间模型。

模块八 结构施工图的绘制

思政融入

通过结构施工图的绘制,让学生认识到结构构件在建筑中的重要性,深刻体会到课程的专业性,引导学生热爱行业探索未来。

思维导图

模块八 结构施工图的绘制
- 8.1 基础施工图
- 8.2 框架柱施工图绘制
- 8.3 框架梁施工图绘制
- 8.4 现浇板施工图绘制

学习目标

◇ 熟悉 AutoCAD 工程图中基础、柱、梁、板施工图之间的空间关系;

◇ 综合运用 AutoCAD 基本绘图与编辑命令绘制基础、柱、梁、板施工图;

◇ 合理运用 AutoCAD 基本绘图与编辑命令,以提高绘制基础、柱、梁、板施工图的精确度以及工作效率。

▶ 任务 8.1　基础施工图 ◀

前面我们已经掌握了平面图的绘制方法和步骤,本章将根据宿舍楼建筑的平面图、立面图、剖面图(附录二)以及前面所学的结构基础平面布置图,用相关的绘图和编辑命令,通过绘制宿舍楼基础平面图,将知识贯穿起来,进一步加深对基本绘图与编辑命令的理解。

8.1.1 设置绘图环境及图层

首先,新建一个文件并将其命名为"基础施工图",再参照建筑平面图绘制时设置好的相应绘图环境设置"基础平面图"的绘图环境;使用【图层特性管理器】建立轴线、基础线、尺寸标注、文字标注等基本图层,并设定颜色、线型和线宽,图层如图 8-1 所示;使用【草图设置】设置捕捉点,如图 8-2 所示;点击主菜单→【格式】→【标注样式】菜单项根据模块三中选择好的标注样式参数确定立面图的标注样式;点击主菜单→【格式】→【文字样式】菜单项根据模块三中选择好的文字标注参数确定立面图的文字样式。

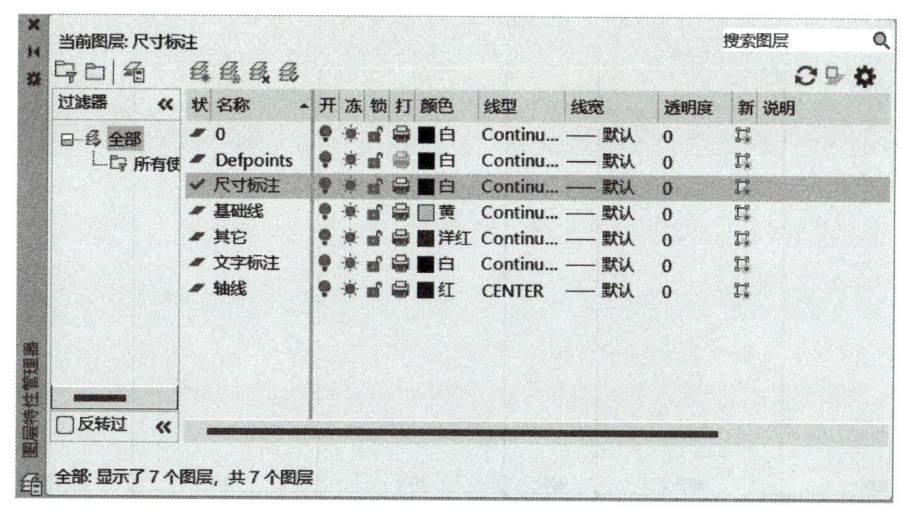

图 8-1 图层设置

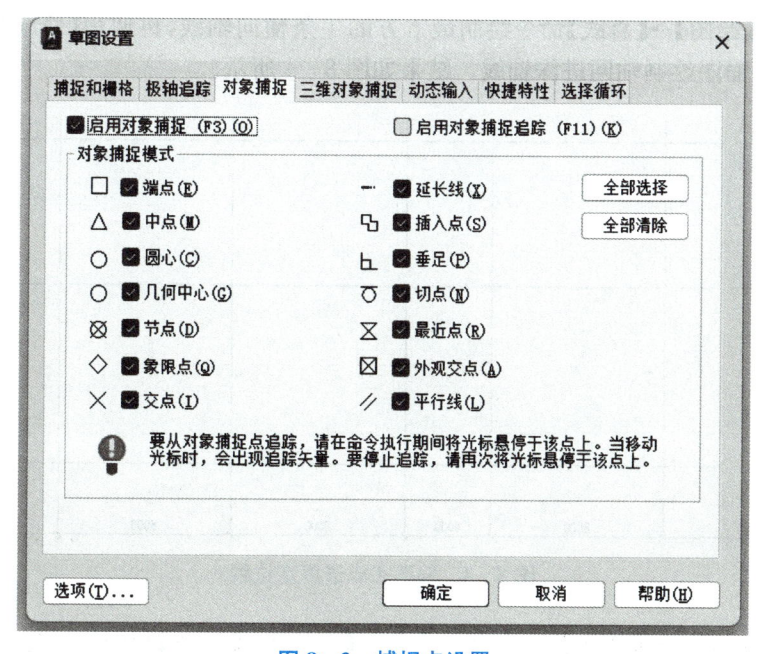

图 8-2 捕捉点设置

最后，点击主菜单→【格式】→【线型】菜单项，把线型比例改为适当值。基础施工图的绘图环境到此设置完成。

▶ 8.1.2 绘制基础轴网

（1）设置【轴线】图层为当前图层。

（2）查阅建筑平面图轴网数据，使用【直线】命令绘制出第1条竖向轴线，再使用【修改】→【偏移】命令按照轴线间距要求偏移出开间方向上的其他轴线。点击主菜单→【标注】→【线性】利用线性标注命令将开间轴线的间距标注出来，以便后续进一步绘图。如图 8-3 所示。

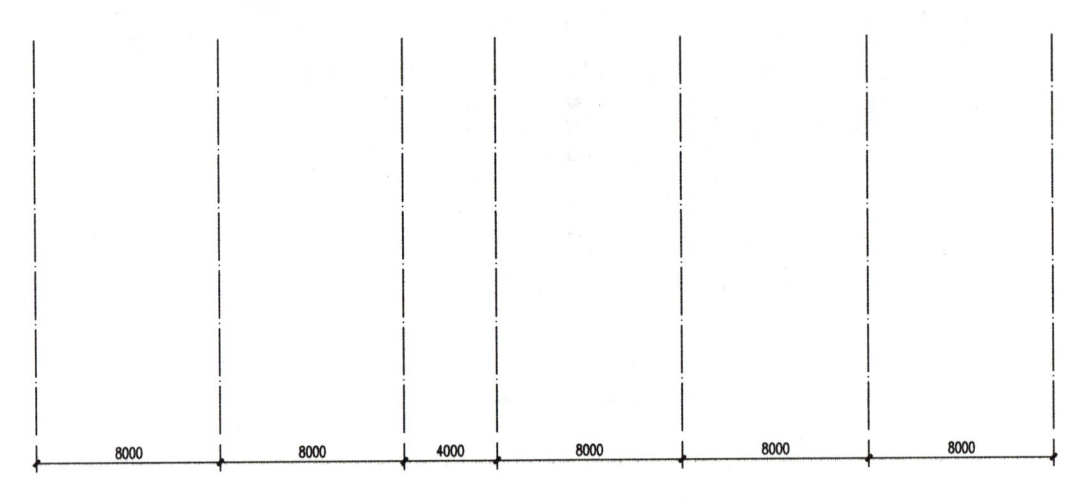

图 8-3　偏移完成开间定位轴线

（3）使用【绘图】→【直线】命令绘制最下方的1条横向轴线，再使用【修改】→【偏移】命令按照建筑平面图绘制轴网进深轴线。结果如图 8-4 所示。

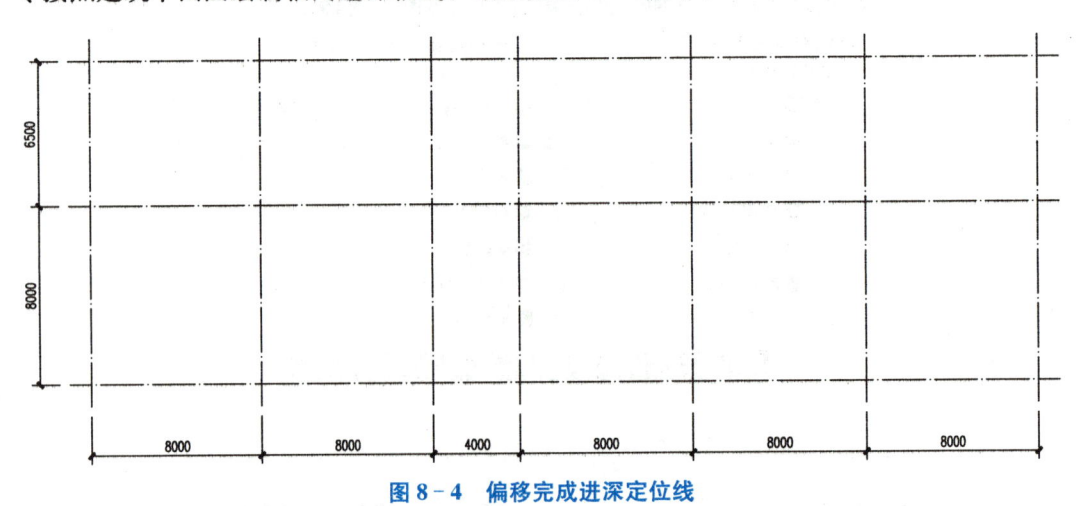

图 8-4　偏移完成进深定位线

（4）将图层调整到【标注】层，点击主菜单→【标注】→【线性】利用线性标注命令将进深轴网间距标注出来，以便后续进一步绘图。按照平面图中轴号的绘制方法和参数，给开间轴线、进深轴线添加轴号，以便定位。如图8-5所示。

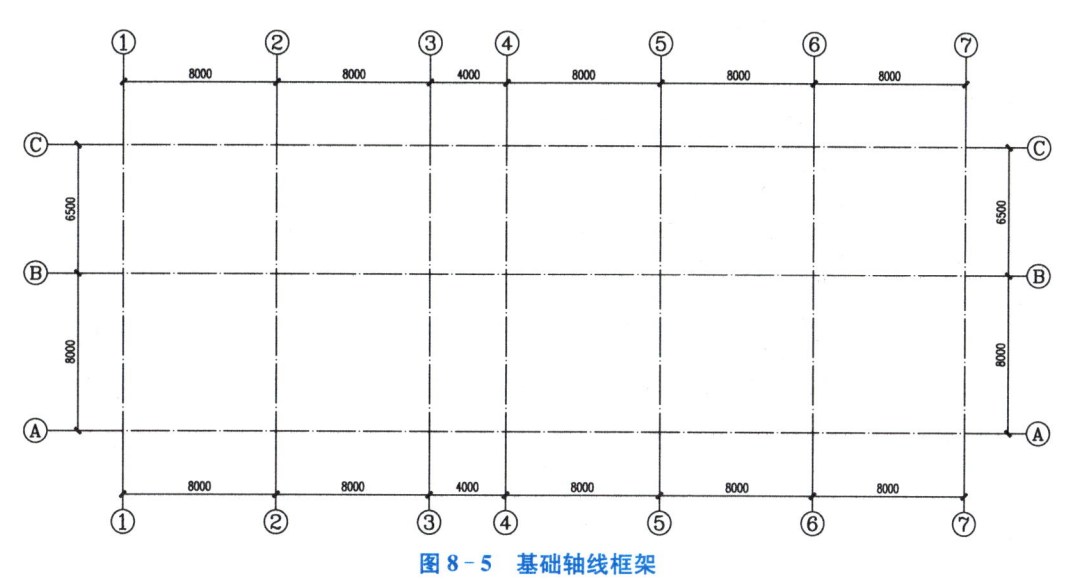

图8-5 基础轴线框架

（5）根据结构计算结果，使用【绘图】→【矩形】命令绘制基础轮廓线，使用【绘图】→【直线】命令绘制基础坡度线。以2轴线×B轴线基础为例，绘制基础底部轮廓尺寸4 300×4 300毫米、基础顶部尺寸800×800毫米、混凝土柱平面尺寸700×700毫米，基础轴线居中。将图层调整到【文字标注】图层绘制独立基础平法标注，其中DJz05，300/550表示普通锥形独立基础，h1=550，h2=300；B：X&Y：φ14@100表示底部双向钢筋为一级钢，直径14毫米，间距100毫米；T：X&Y：φ16@150表示顶部双向钢筋直径16毫米，间距150毫米。结果如图8-6、8-7所示。

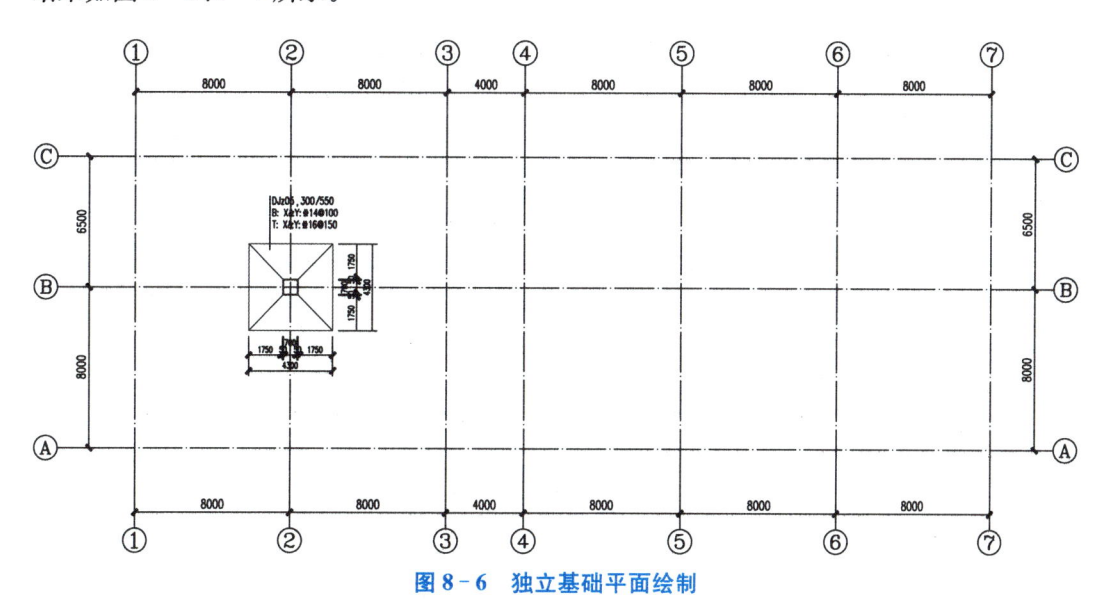

图8-6 独立基础平面绘制

图 8-7 独立基础平面绘制

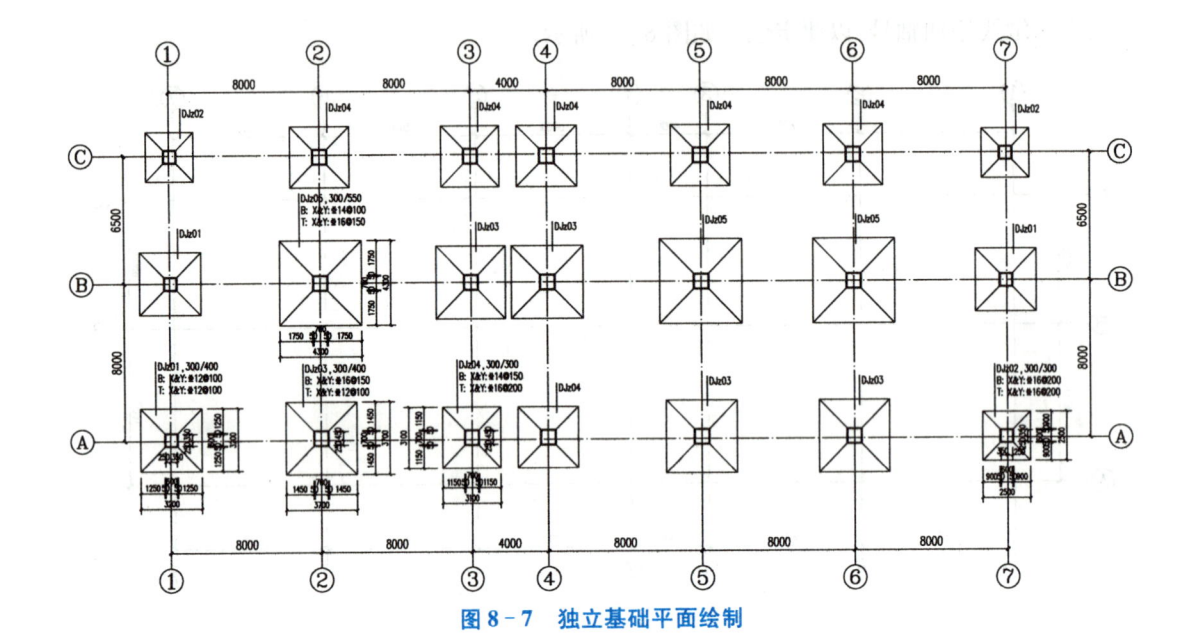

（6）根据结构计算结果，使用【绘图】→【直线】命令绘制基础梁轮廓线。以 C 轴线×5～6 轴线基础梁为例，绘制基础梁宽度 600 毫米。将图层调整到【文字标注】图层绘制独立基础平法标注，其中 JL3(6)600×1 000 表示基础梁 3，有 6 跨，截面尺寸 600 毫米×1 000 毫米；ϕ8@200(4)，表示箍筋为一级钢，直径 8 毫米，间距 200 毫米，4 支箍；B:2ϕ20＋(2 12);T:4ϕ22，表示底部钢筋，角筋 2 个 20 毫米，中间两个 12 毫米、顶部钢筋四个 22 毫米；G8ϕ14，表示构造钢筋 8 根直径 14 毫米钢筋。结果如图 8-8、8-9 所示。

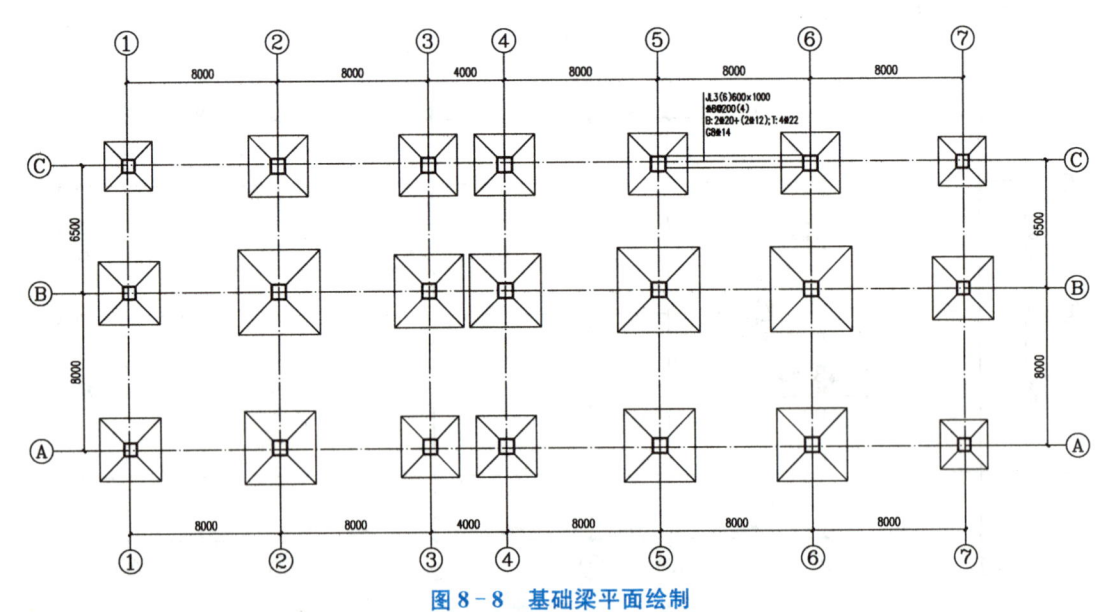

图 8-8 基础梁平面绘制

图 8－9　基础梁平面绘制

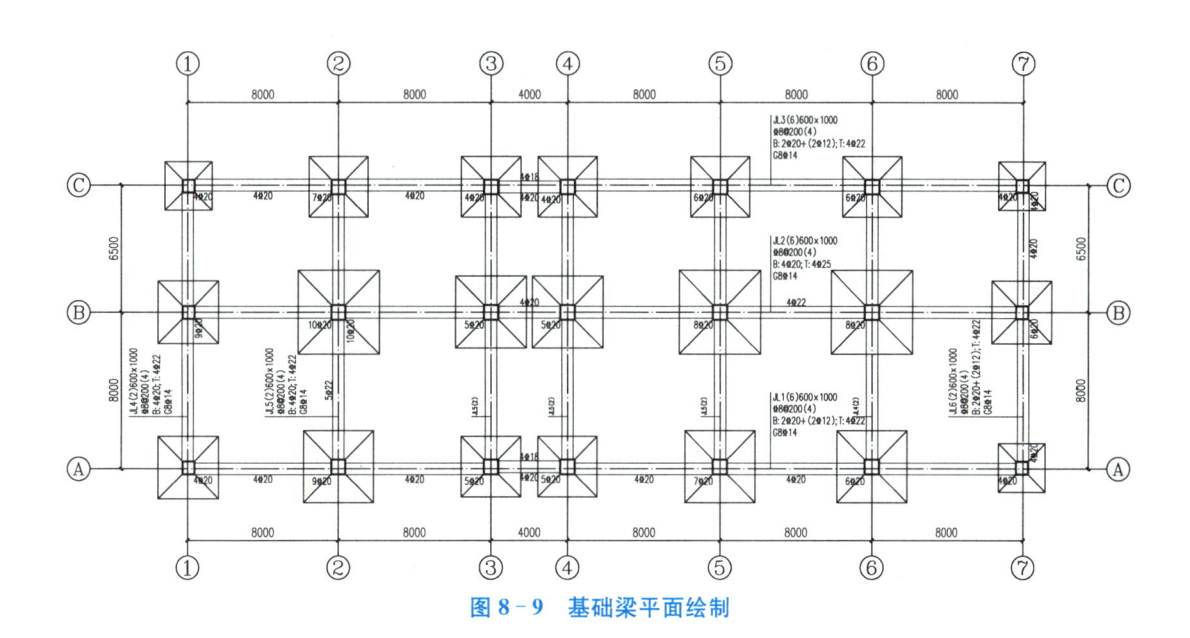

▶ 任务 8.2　框架柱施工图绘制 ◀

8.2.1　绘制框架柱轴网

（1）设置【轴线】图层为当前图层。

（2）查阅基础平面图轴网数据，使用【直线】命令绘制出第 1 条开间轴线，再使用【修改】→【偏移】命令按照轴线间距要求偏移出开间方向上的其他轴线。点击主菜单→【标注】→【线性】利用线性标注命令将开间轴线的间距标注出来，以便后续进一步绘图。结果如图 8－10 所示。

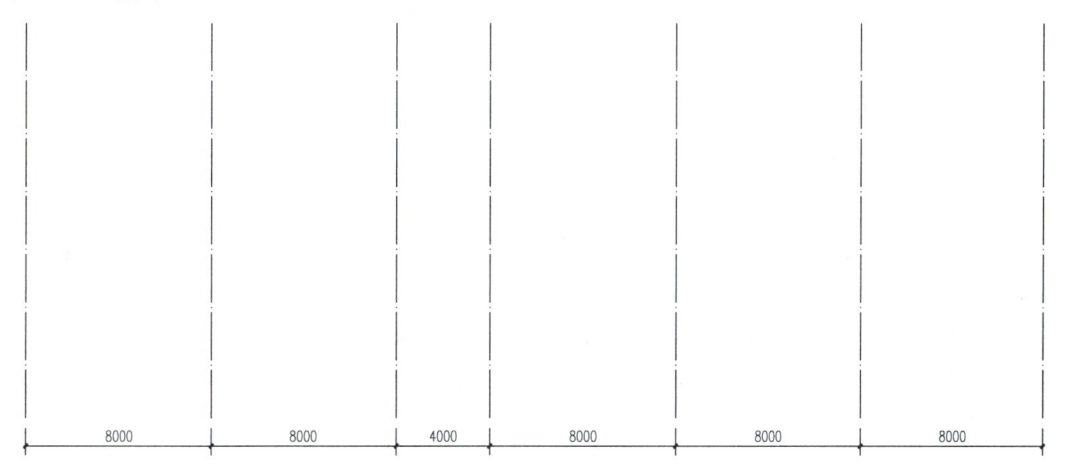

图 8－10　偏移完成开间定位轴线

(3)使用【绘图】→【直线】命令绘制最下方的 1 条横向轴线,再使用【修改】→【偏移】命令按照基础平面图绘制轴网进深轴线。点击主菜单【标注】→【线性】利用线性标注命令将进深轴网间距标注出来,以便后续进一步绘图。结果如图 8-11 所示。

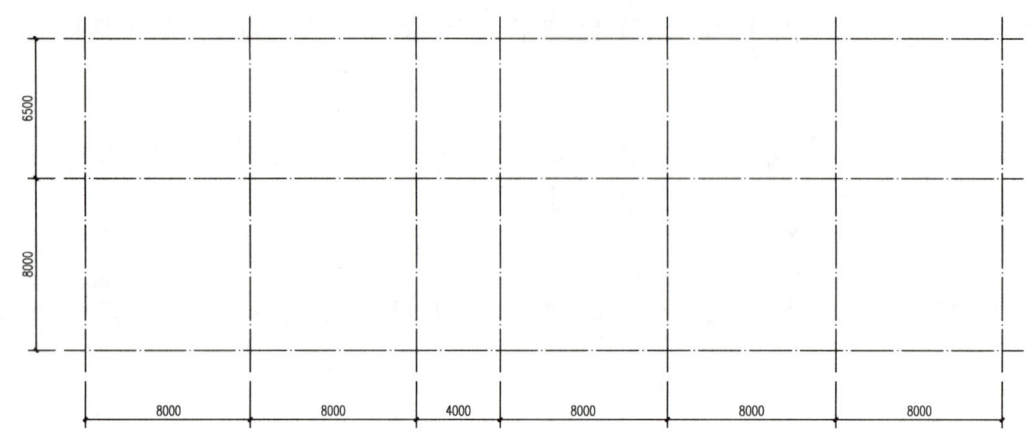

图 8-11　偏移完成进深定位线

(4)将图层调整到【标注】层,按照平面图中轴号的绘制方法和参数,给开间轴线、进深轴线添加轴号,以便定位。如图 8-12 所示。

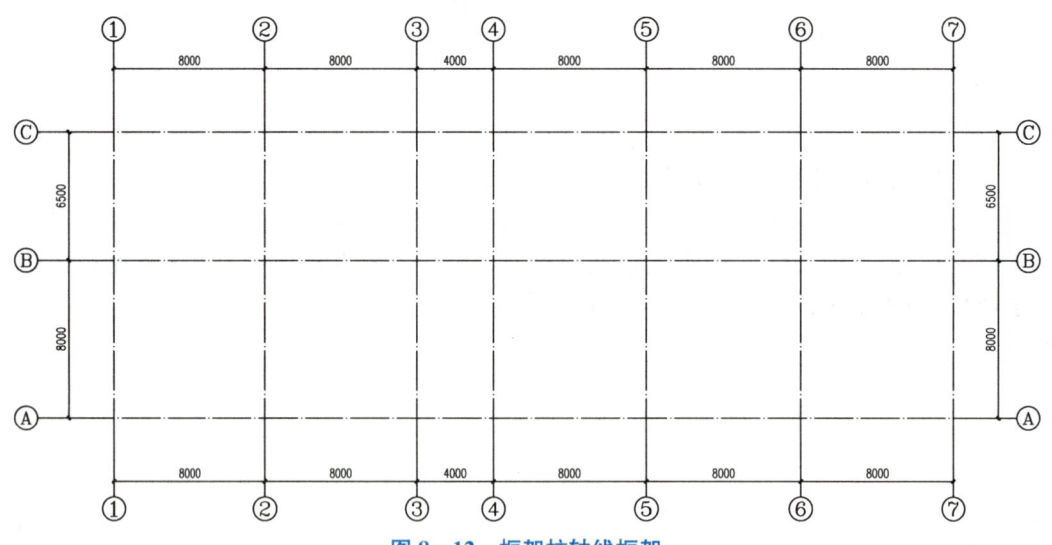

图 8-12　框架柱轴线框架

(5)根据结构计算结果,使用【绘图】→【矩形】命令绘制框架柱轮廓线,使用【复制】命令绘制相同截面框架柱。以 2 轴线×B 轴线框架柱为例,绘制框架柱轮廓尺寸 700×700 毫米,框架柱轴线居中。打开【图层特性管理器】新建【填充】图层,线宽、线型、颜色均为默认,并设为当前图层,使用【图案填充】命令,用选择对象模式选择框架柱轮廓线完成图案填充,需要注意:顶层柱不需要填充。设置【标注】图层为当前图层绘制框架柱标注,其中 KZ2 表示框架柱编号 2。如图 8-13、8-14 所示。

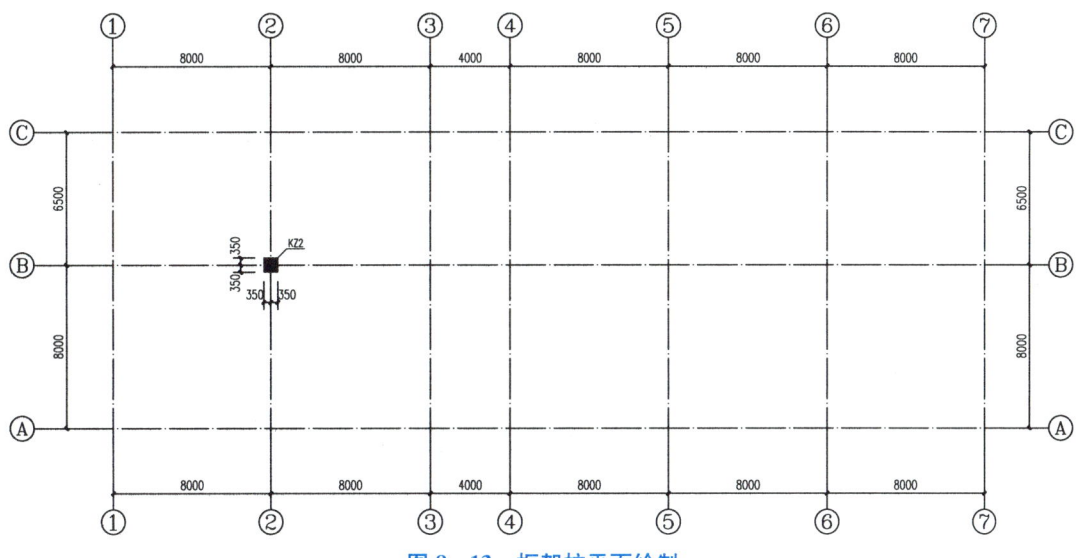

图 8-13　框架柱平面绘制

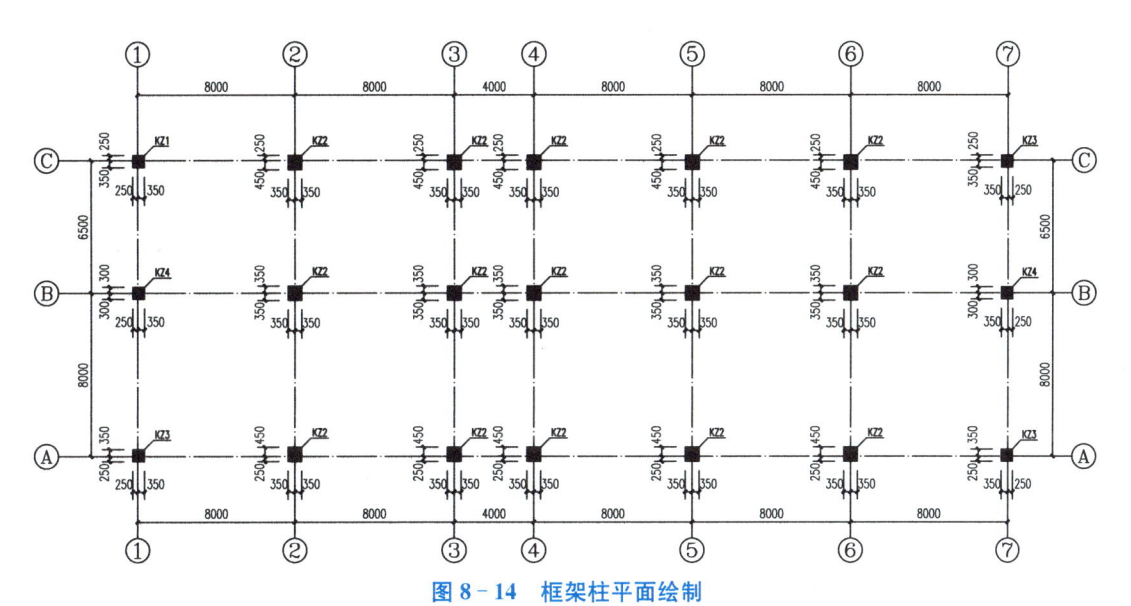

图 8-14　框架柱平面绘制

任务 8.3　框架梁施工图绘制

8.3.1　绘制框架梁轴网

（1）使用【修改】→【复制】命令，复制框架柱平面图。

（2）使用【修改】→【删除】命令，删除复制过的框架柱图中的标注，以便后续进一步绘图。结果如图 8-15 所示。

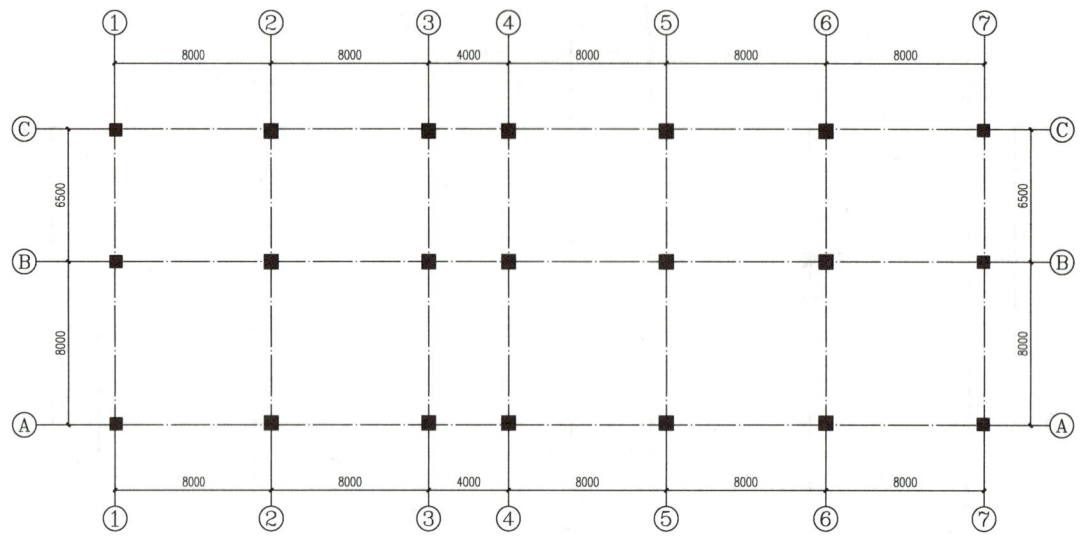

图 8‑15　删除框架柱标注完成开间、进深框架梁定位轴线

（3）根据结构计算结果，使用【修改】→【偏移】命令绘制开间方向次梁轴线，再使用【标注】→【线性】利用线性标注命令将次梁开间轴网间距标注出来，以便后续进一步绘图。结果如图 8‑16 所示。

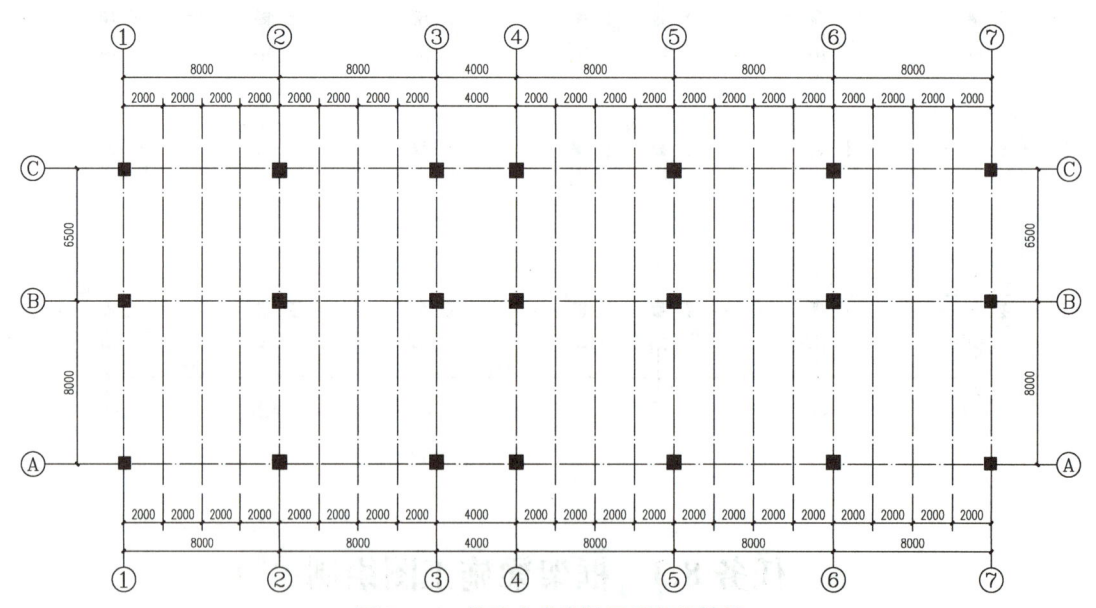

图 8‑16　偏移完成次梁开间定位轴线

（4）根据结构计算结果，使用【修改】→【偏移】命令绘制进深方向次梁轴线，再使用【标注】→【线性】利用线性标注命令将次梁进深轴网间距标注出来，以便后续进一步绘图。结果如图 8‑17 所示。

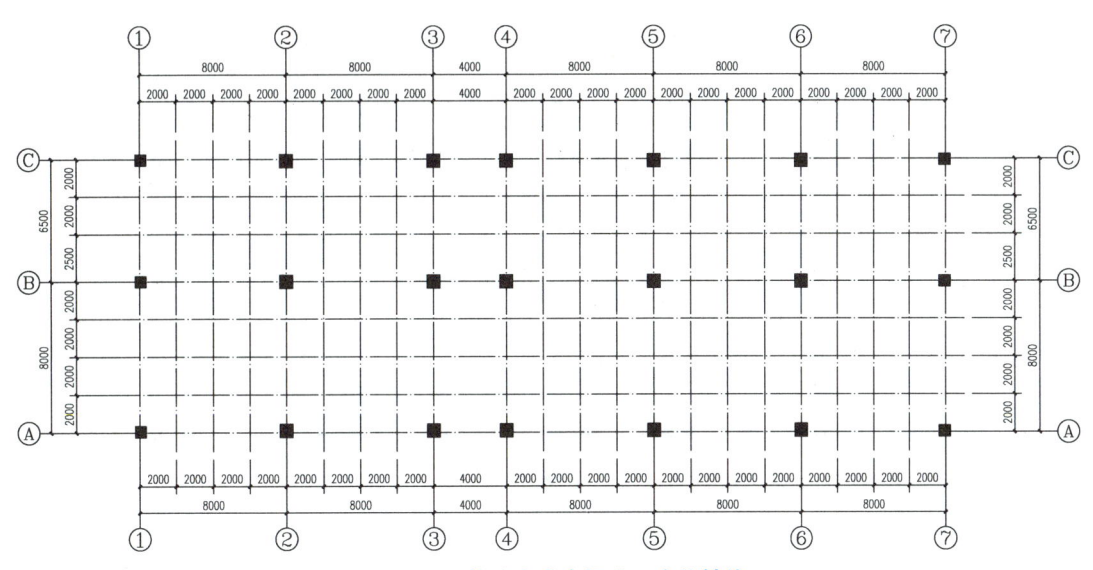

图 8-17 偏移完成次梁进深定位轴线

(5) 根据结构计算结果，使用【绘图】→【直线】命令绘制框架梁轮廓线，使用【复制】命令绘制相同截面主框架梁轮廓线。以1轴线×A～B轴线框架梁为例，绘制框架梁截面宽度300毫米，此处框架梁外边线与框架柱外边线对齐。将图层调整到【文字标注】图层绘框架梁平法标注，其中 KL4(2)300×900 表示框架梁4有两跨，截面尺寸 300 毫米×900 毫米；ϕ8@100/200(2)，表示箍筋为直径8毫米的一级钢，加密区间距100毫米，非加密区间距200毫米，两支箍；2ϕ22；4ϕ18，表示上部钢筋2ϕ22,下部钢筋4ϕ18；N8ϕ10，表示变扭钢筋8根，直径10毫米，一级钢。如图 8-18、8-19 所示。

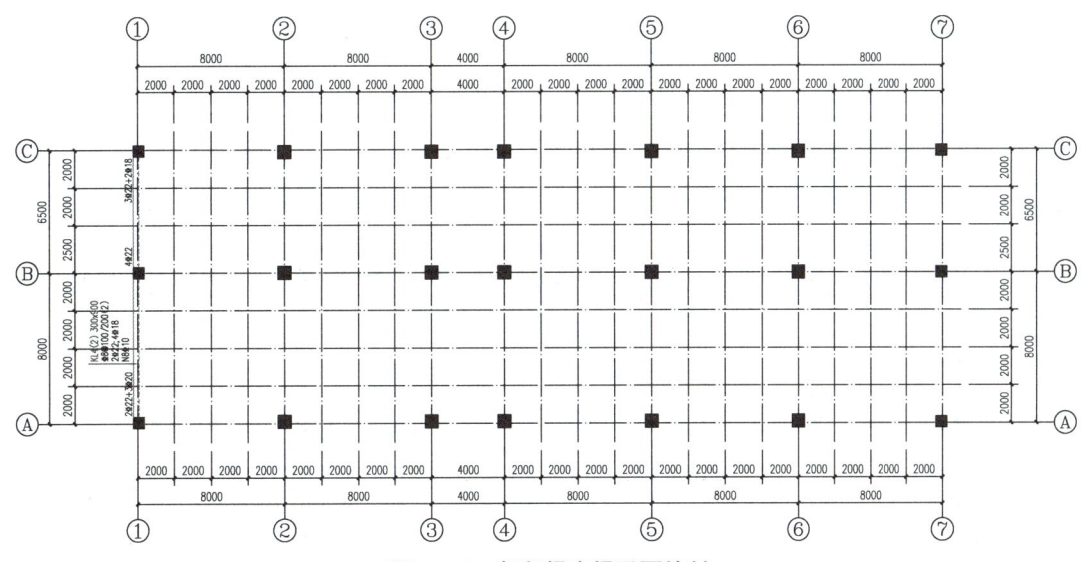

图 8-18 框架梁主梁平面绘制

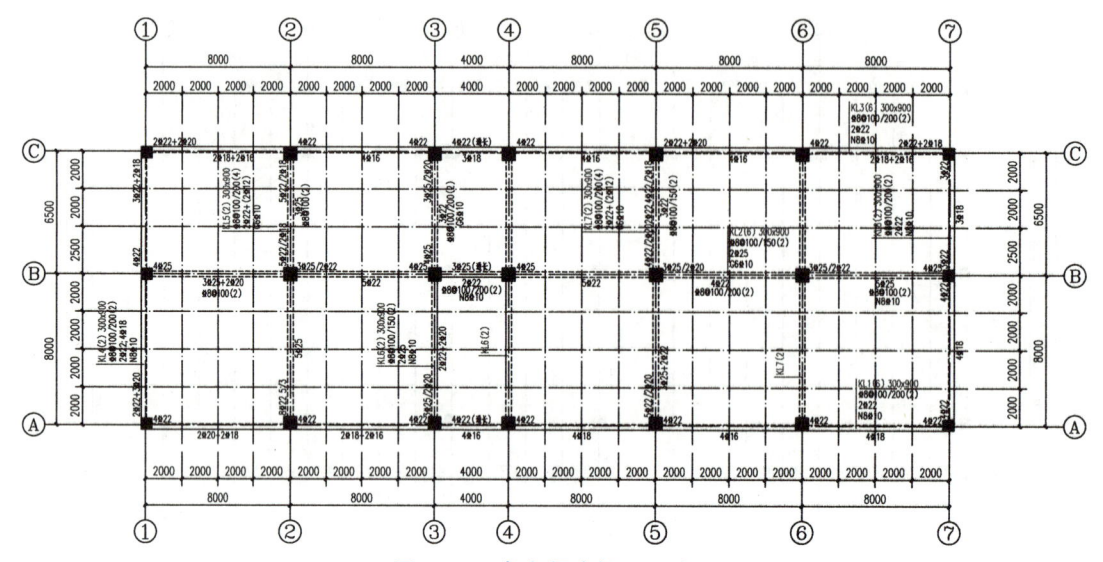

图 8-19　框架梁主梁平面绘制

（6）根据结构计算结果，使用【绘图】→【直线】命令绘制框架梁次梁轮廓线，使用【复制】命令绘制相同截面框架次梁轮廓线，次梁交接处使用【修改】→【修剪】命令将多余的线条修剪完成。以 2 轴线左侧第一次梁为例，绘制次梁截面宽度 250 毫米，次梁相对轴线居中。将图层调整到【文字标注】图层绘次梁平法标注，其中 L10(2)250×450 表示梁 10 有两跨，截面尺寸 250 毫米×450 毫米；ϕ6@150(2)，表示箍筋为直径 6 毫米一级钢，间距 150 毫米，两支箍；2ϕ12，表示架立筋 2ϕ22。并标注主梁与次梁交接处附加箍筋、附加吊筋，次梁与次梁交接处附加箍筋。结果如图 8-20、8-21、8-22 所示。

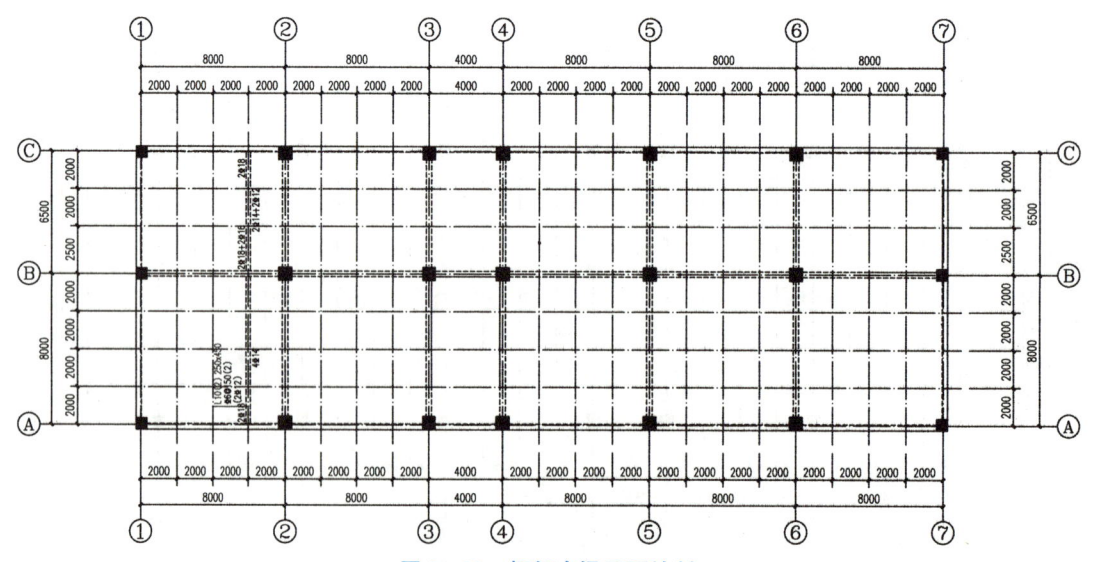

图 8-20　框架次梁平面绘制

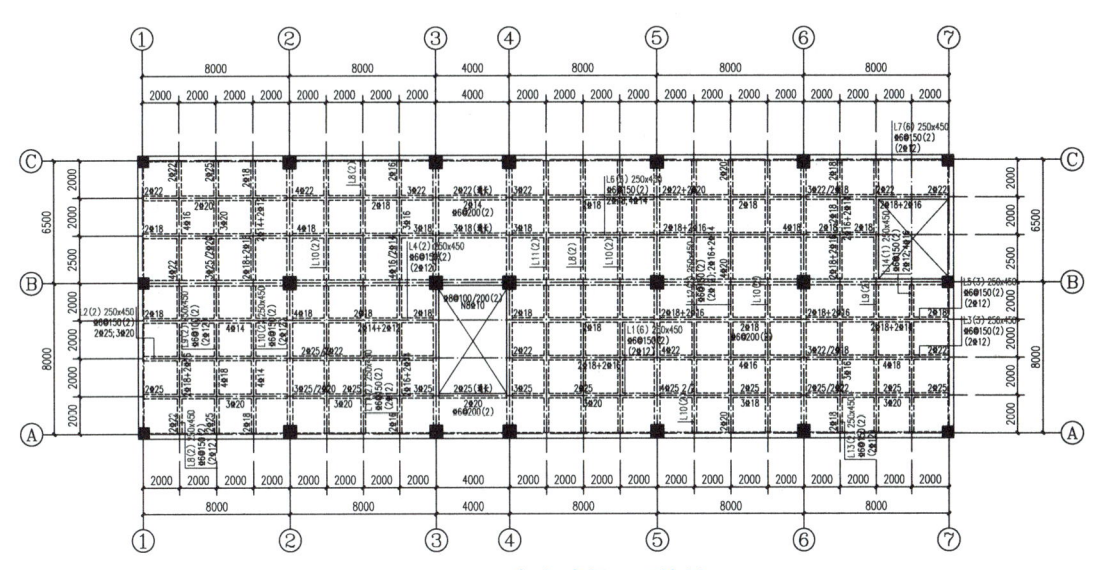

图 8‑21　框架次梁平面绘制

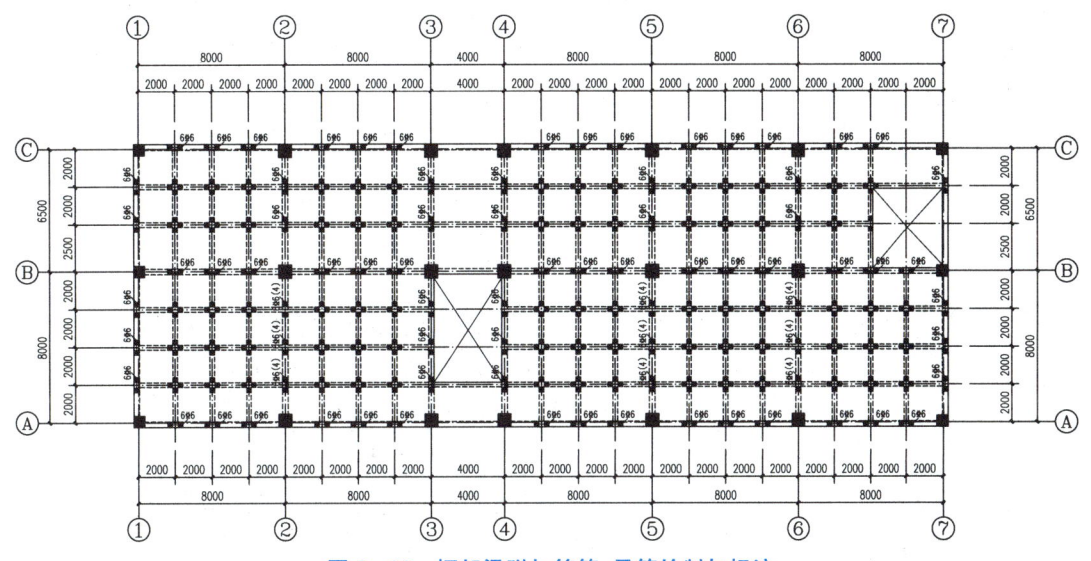

图 8‑22　框架梁附加箍筋、吊筋绘制与标注

任务 8.4　现浇板施工图绘制

8.4.1　绘制现浇板轴网

（1）使用【修改】→【复制】命令，复制框架梁平面图。

（2）使用【修改】→【删除】命令，删除复制过的框架梁图中的平法标注，以便后续进一步绘图。结果如图 8‑23 所示。

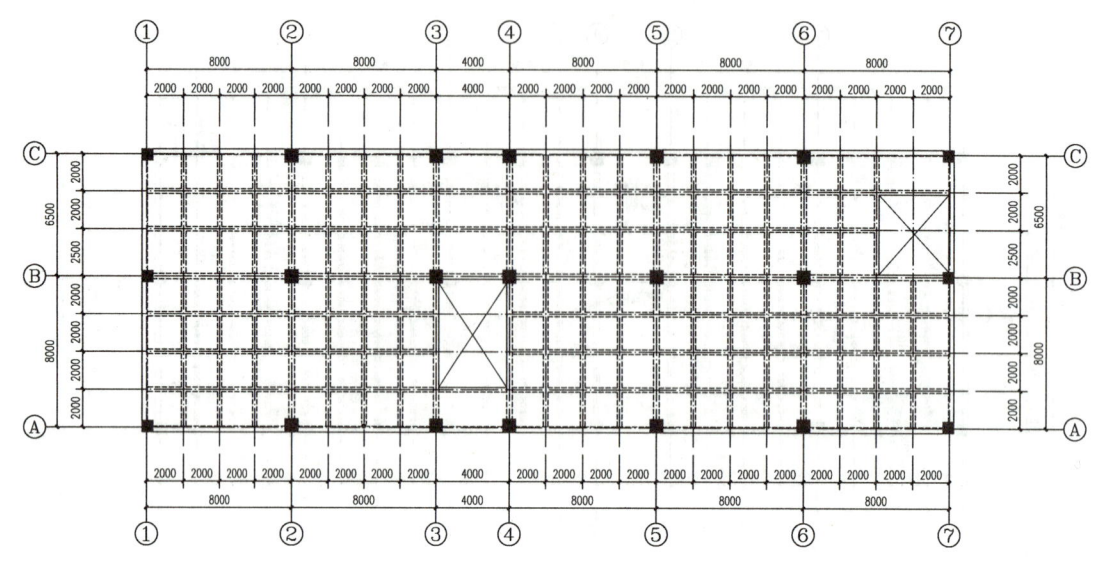

图 8‑23 删除框架梁标注，完成现浇楼板定位轴线

(3) 根据结构计算结果，使用【绘图】→【多段线】命令绘制现浇板支座负筋，再使用【修改】→【复制】将相同长度的支座负筋复制到对应的位置上。将图层调整到【文字标注】图层绘次板平法标注，以便后续进一步绘图。其中需要在图中说明：图中未注明的板底钢筋为 X:ϕ8@200，Y:ϕ8@200，板厚为 120 mm；图中未注明的板顶支座筋为ϕ8@200。如图 8‑24 所示。

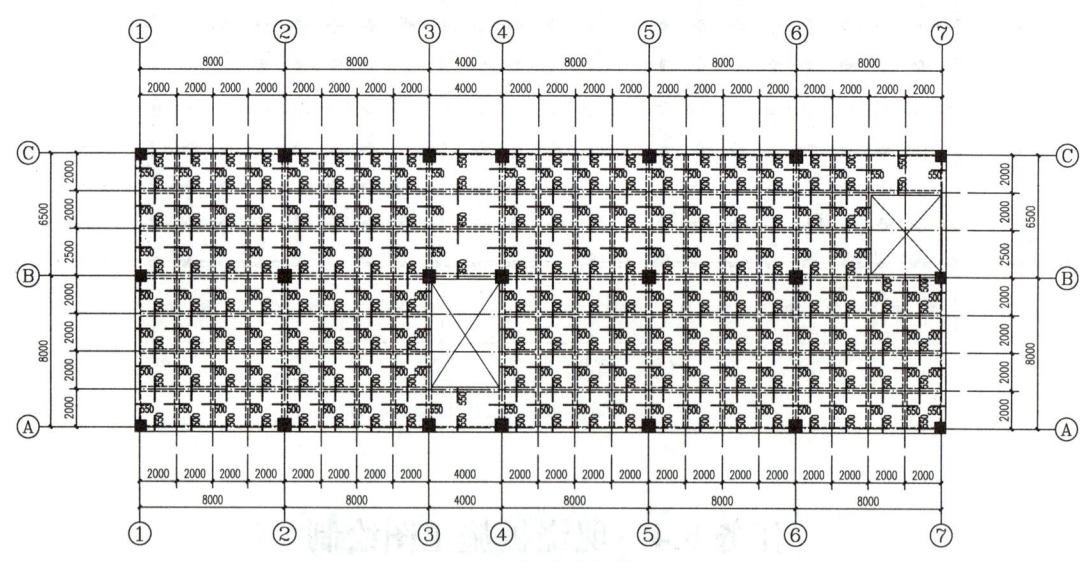

图 8‑24 现浇板支座负筋平面绘制

▷课后实践◁

1. 完成图 8‑14 框架柱平面绘制。
2. 完成图 8‑24 现浇板支座负筋平面绘制。

模块九　天正建筑软件和 PKPM 结构软件简介

思政融入

在介绍天正建筑软件和 PKPM 结构软件时，强调国产软件的崛起和发展，增强学生的民族自豪感和科技自信，鼓励他们学习和使用国产软件。

思维导图

模块九　天正建筑软件和PKPM结构软件简介
- 9.1 天正建筑软件简介
- 9.2 PKPM 结构软件

学习目标

◇ 熟悉天正建筑软件，了解其相关命令操作以及绘图步骤；
◇ 熟悉 PKPM 结构软件，了解其相关命令操作以及绘图步骤。

前面介绍了 AutoCAD 的基本应用以及相关的命令操作，但使用 AutoCAD 绘制建筑施工图的速度并不太快。在实际的建筑工程设计中，直接用 AutoCAD 绘图只占其中一部分，更多是采用二次开发的专用软件。本教材主要介绍目前应用较多的两个软件：天正建筑软件和 PKPM 结构软件。前者以建筑施工图的绘制为主，后者以结构施工图为主。

任务 9.1　天正建筑软件简介

9.1.1　天正建筑软件

TArch(天正建筑)是由北京天正工程软件公司在 AutoCAD 平台的基础上研制开发的一个专用的建筑图绘制软件，也是目前国内最流行的专用绘图软件，有着十分庞大的用户群和潜在的用户群。该软件针对建筑图的绘制特点开发,用其绘制建筑施工图,尤其是建筑平面图,要比用 AutoCAD 等通用软件快几倍甚至几十倍。因而国内的建筑设计单位一般多用 TArch 绘制主要的建筑图样,然后用 AutoCAD 来修正成准确的建筑施工图样。

既然 TArch 绘制建筑图这么方便、快捷,直接学习 TArch 就可以了,为什么还要先花费许多精力来学习 AutoCAD 呢?事实上,虽然 TArch 绘图速度快,但绘出的图样并不是很完整、准确,尤其一些不太规整的建筑布局,这时就需要 AutoCAD 来修改调整,可以说用 TArch 作图离不开 AutoCAD,它们之间相辅相承。

TArch 是针对建筑图中的标准结构和相对不变的结构二次开发而成。建筑图中的许多多变结构,必须用 AutoCAD 绘制,另外生成的建筑立面图、建筑剖面图等都需要用 AutoCAD 来修改调整。AutoCAD 主要以点、线、面为几何元素,而天正 CAD 主要以墙、门、窗、楼梯为建筑类元素。所以,即使 TArch 最擅长的平面施工图,也要与 AutoCAD 的一些命令配合使用,才能取得最佳作图效率,顺利完成所有作图。所以我们在 AutoCAD 的学习基础打牢之后,再开始学习 TArch 绘图。

T20 天正建筑软件基于 AutoCAD 2010 以上版本的应用而开发,因此在安装 T20 天正建筑前,首先应安装 2010 以上版本 AutoCAD 软件,并能够正常运行;天正建筑安装完成并启动后,首先会显示"天正注册",天正建筑软件界面如图 9-1 所示:

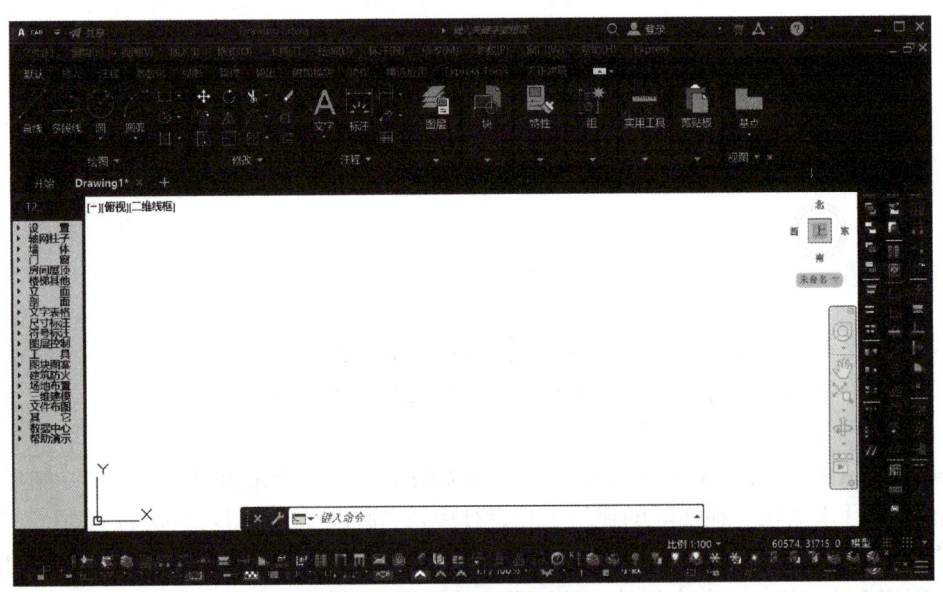

图 9-1 天正建筑软件界面

9.1.2 绘制建筑平面图

绘制建筑平面图一般有如下步骤:绘制定位轴线、标注轴网、绘制墙体、绘制柱子、插入门窗、插入楼梯、绘制台阶和散水等。

1. 绘制轴网

天正建筑中的轴网分为直线轴网和弧线轴网。直线轴网又由水平和垂直的轴线构成,它是绘制墙体、门窗、阳台、楼梯等建筑构件和标注建筑物件的依据。

启动"绘制轴网"命令的方法如下：
(1) 快捷命令：HZZW
(2) 菜单位置：【轴网柱子】→【绘制轴网】

单击绘制轴网菜单命令后，显示【绘制轴网】对话框，在其中单击"直线轴网"标签输入开间间距，如图9-2所示。

图9-2 绘制轴网对话框

输入轴网数据方法：
(1) 直接在"键入"栏内键入轴网数据，每个数据之间用空格或英文逗号隔开，输入完毕后按回车键。
(2) 在电子表格中键入"轴间距"和"个数"，常用值可直接点取右方数据栏或下拉列表的预设数据。
(3) 切换到对话框单选按钮"上开"、"下开"、"左进"、"右进"之一，单击【拾取】按钮，在已有的标注轴网中拾取尺寸对象获得轴网数据。

对话框控件的说明：
【上开】在轴网上方进行轴网标注的房间开间尺寸。
【下开】在轴网下方进行轴网标注的房间开间尺寸。
【左进】在轴网左侧进行轴网标注的房间进深尺寸。
【右进】在轴网右侧进行轴网标注的房间进深尺寸。
【个数】【尺寸】栏中数据的重复次数，点击右方数值栏或下拉列表获得，也可以键入。
【间距】开间或进深的尺寸数据，点击右方数值栏或下拉列表获得，也可以键入。
【键入】键入一组尺寸数据，用空格或英文逗点隔开，回车，数据输入到电子表格中。
【轴网夹角】输入开间与进深轴线之间的夹角数据，默认为夹角90度的正交轴网。
【清空】把某一组开间或者某一组进深数据栏清空，保留其他组的数据。
【拾取】提取图上已有的某一组开间或者进深尺寸标注对象获得数据。
【删除轴网】将不需要的轴网进行批量删除。

2. 轴网标注

启动轴网标注命令的方法如下：

(1) 快捷命令：ZWBZ

(2) 菜单命令：【轴网柱子】→【轴网标注】。

本命令对始末轴线间的一组平行轴线(直线轴网与圆弧轴网的进深)或者径向轴线(圆弧轴线的圆心角)进行轴号和尺寸标注，自动删除重叠的轴线。本命令可识别外部参照以及块参照中的轴线，受高级选项中参照设置的控制。

单击【轴网标注】菜单命令后，首先显示无模式对话框，如图9-3所示。

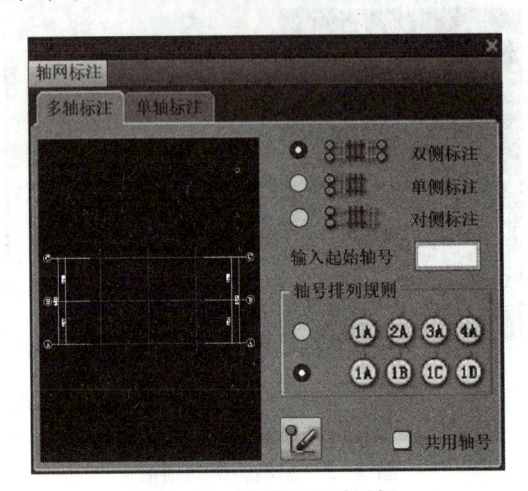

图 9-3　轴网标注对话框

轴网标注对话框控件的说明：

【起始轴号】希望起始轴号不是默认值1或者A时，在此处输入自定义的起始轴号，可以使用字母和数字组合轴号。

【轴号排列规则】使用字母和数字的组合表示分区轴号，共有两种情况，变前项和变后项，默认变后项。

【尺寸标注对侧】用于单侧标注，勾选此复选框，尺寸标注不在轴线选取一侧标注，而在另一侧标注。

【共用轴号】勾选后表示起始轴号由所选择的已有轴号后继数字或字母决定。

【单侧标注】表示在当前选择一侧的开间(进深)标注轴号和尺寸。

【双侧标注】表示在两侧的开间(进深)均标注轴号和尺寸。

【删除轴网标注】在已有的轴网标注中删除多余的标注尺寸。

3. 墙体绘制

启动墙体绘制命令的方法如下：

(1) 快捷命令：HZQT

(2) 菜单命令：【墙体】→【绘制墙体】

在如图9-4所示对话框中选取要绘制墙体的左右墙宽组数据，选择一个合适的墙基线方向，然后单击下面的工具栏图标，在"直墙""弧墙""矩形布置"3种绘制方式中选择其中之一，进入绘图区绘制墙体。

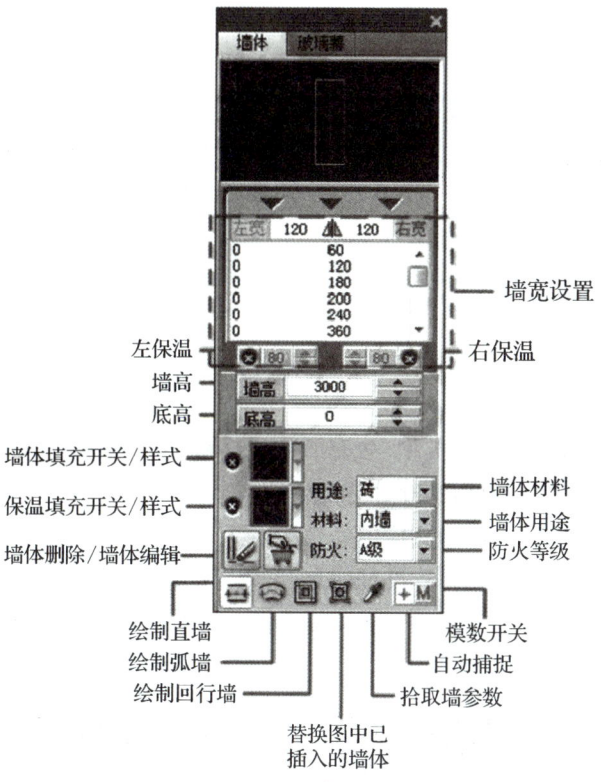

图 9-4 绘制墙体对话框

绘制墙体工具栏中新提供的墙体参数拾取功能,可以通过提取图上已有天正墙体对象的一系列参数,接着依据这些参数绘制新墙体。

绘制墙体对话框控件说明:

【墙宽设置】包括左宽、右宽、左保温、右保温,一共四个参数,其中墙体的左、右宽度,指沿墙体定位点顺序,基线左侧和右侧部分的宽度,对于矩形布置方式,则分别对应基线内侧宽度和基线外侧的宽度。其中左宽、右宽都可以是正数,也可以是负数,也可以为零。

【墙宽组】在数据列表预设有常用的墙宽参数,每一种材料都有各自常用的墙宽组系列供选用,用户新的墙宽组定义使用后会自动添加进列表中。

【墙高】墙高是从墙底到墙顶计算的高度。可以点击墙高按钮,到图中拾取已有墙体对象的高度值,或尺寸线值。单击"墙高"按钮后,命令行提示:

请选择参考墙体或尺寸线<退出>:如选择了参考墙体,则将该墙的墙高值提取到当前对话框显示;如选择了尺寸线,则将尺寸线的值提取到当前对话框显示。

【底高】底高是墙底标高,从本图零标高(Z=0)到墙底的高度。可以点击底高按钮,到图中拾取已有墙体对象的底高值,或尺寸线值。单击"底高"按钮后,命令行提示:

请选择参考墙体或尺寸线<退出>:如选择了参考墙体,则将该墙的底高值提取到当前对话框显示;如选择了尺寸线,则将尺寸线的值提取到当前对话框显示。

【墙体填充开关/样式】当开关开启时,墙体填充图案可用,点击右侧三角,可以弹出【墙体填充】对话框进行选择,所绘制的墙体以【墙体填充】对话框中所选图案填充,不再受【墙柱填充】中的设置控制。当开关关闭时,墙体填充图案不可用,所绘墙体的填充样式受【墙柱填

203

充】中的设置控制。

4. 柱子的绘制

柱子是具有均匀断面形状的竖直构件,起支撑建筑物的作用。其三维空间的位置和形状主要由底标高(即构件底部相对于坐标原点的高度)、柱高和柱截面参数来决定,同时还受材料的影响。在天正建筑软件中,柱子分为:标准柱、角柱、构造柱和"PLINE"转柱。这里我们只介绍标准柱的绘制和编辑。

启动绘制标准柱命令的方法如下:

(1) 快捷命令:BZZ

(2) 菜单命令:【轴网柱子】→【标准柱】

创建标准柱的步骤如下:

① 设置柱的参数,包括截面类型、截面尺寸和材料,或者从构件库取得以前入库的柱;

② 单击下面的工具栏图标,选择柱子的定位方式;

③ 根据不同的定位方式回应相应的命令行输入;

④ 重复①—③步或回车结束标准柱的创建。以下是具体的交互过程:

点取菜单命令后,显示标准柱对话框,在选取不同形状后会根据不同形状,显示对应的参数输入。如图 9-5～图 9-8 所示。

图 9-5　标准柱对话框方柱　　图 9-6　标准柱对话框圆柱

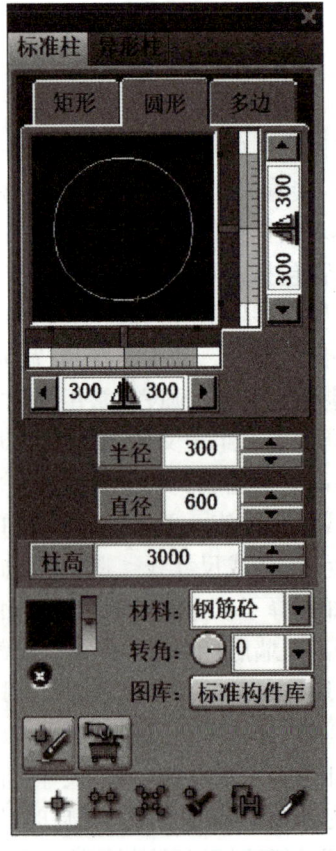

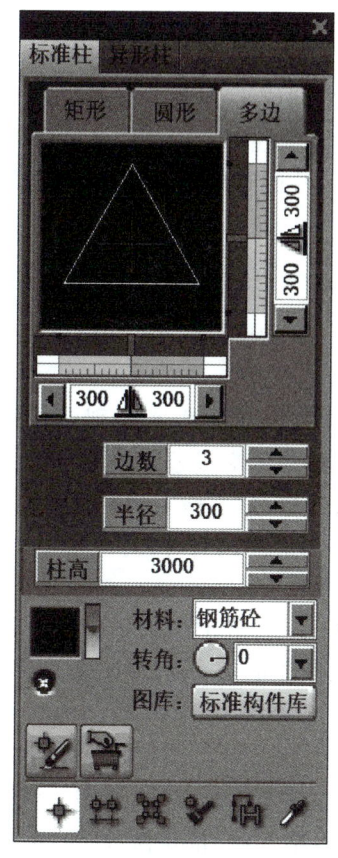

图9-7 标准柱对话框多边形柱　　图9-8 异形柱对话框

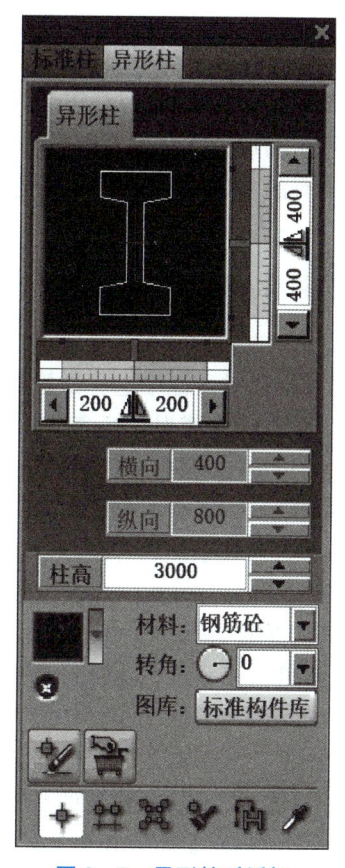

绘制标准柱对话框控件说明：

【柱尺寸】其中的参数因柱子形状而略有差异，如图图9-5～图9-8所示。可以点击尺寸按钮，到图中拾取已有柱对象尺寸，或尺寸线值。

【柱高】柱高默认取当前层高。可以点击柱高按钮，到图中拾取已有柱对象柱高值，或尺寸线值。

【柱偏心】设置插入柱光标的位置，可以直接输入偏移尺寸，也可以拖动红色指针改变偏移尺寸数，还能点击左右两侧的小三角改变偏移尺寸数。

【柱填充开关】及【柱填充图案】当开关开启时，柱填充图案可用，点击右侧三角，可以弹出【柱子填充】对话框进行选择，所绘制的柱子以【柱子填充】对话框中所选图案填充，不再受【墙柱填充】中的设置控制。当开关关闭时，柱填充图案不可用，所绘柱子的填充样式受【墙柱填充】中的设置控制。

【柱转角】其中旋转角度在矩形轴网中以X轴为基准线；在弧形、圆形轴网中以环向弧线为基准线，以逆时针为正，顺时针为负自动设置。

【材料】由下拉列表选择材料，柱子与墙之间的连接形式以两者的材料决定，目前包括砖、耐火砖、石材、毛石、混凝土、钢筋砼或金属，默认为钢筋砼。

【标准构件库…】从柱构件库中取得预定义柱的尺寸和样式。

【柱删除】用于批量删除图中所选择范围内的柱对象。

点击 ![按钮] 按钮后,命令行提示:

请选择需要删除的柱子:选择柱子后回车,被选中的柱对象会被删除。

【柱编辑】用于筛选图中所选范围内的当前类型的柱对象(如在"多边形"页面,则只能选中所选范围内所有的"多边形"柱,而不能选中矩形柱或圆形柱),并将柱数据提取到柱对话框内显示,以便统一进行修改。

点击 ![按钮] 按钮后,命令行提示:

请选择需要修改的柱子:支持点选和框选,选择柱对象后,被选中的对象信息会显示到对话框中,可以直接在对话框中进行批量修改。

【点选插入柱子】优先捕捉轴线交点插柱,如未捕捉到轴线交点,则再点取位置插柱。

【沿一根轴线布置柱子】在选定的轴线与其它轴线的交点处插柱。

【矩形区域的轴线交点布置柱子】在指定的矩形区域内,所有的轴线交点处插柱。

【替换图中已插入柱子】以当前参数柱子替换图上的已有柱,可以单个替换或者以窗选成批替换。

【选择 PLINE 创建异形柱】以图上已绘制的闭合 PLINE 线就地创建异形柱。

【在图中拾取柱子形状或已有柱子】以图上已绘制的闭合 PLINE 线或者已有柱子作为当前标准柱读入界面,接着插入该柱。

5. 门窗绘制

门窗是具有建筑采光、通风作用的重要建筑构件之一,其样式较多。门的样式有:门联窗、子母门、平开门、推拉门等等,窗的样式主要有:平开窗、推拉窗、凸窗等。启动绘制门窗命令的方法如下:

(1) 屏幕菜单:【门窗】→【门窗】

(2) 快捷命令:MC

本命令可创建普通门、普通窗、门连窗、子母门、弧窗、凸窗和洞口,下图中对绘制门界面各个功能进行介绍:

执行命令后,将弹出"门窗参数对话框"对话框,如图9-9~图9-15所示。

图9-9 普通门参数对话框

图 9-10　普通窗参数对话框

图 9-11　门连窗参数对话框

图 9-12　子母门参数对话框

图 9-13　弧窗参数对话框

图 9-14　凸窗参数对话框

图 9-15　洞口参数对话框

门窗参数控件说明：

【编号】用于给门、窗赋予代号。如：M3 是指编号为 3 的门。点击右边的小三角按钮还可查看已插入的门、窗编号。

【门(窗)宽】指门(窗)的宽度。门(窗)的宽度可通过下拉列表进行选择，也可以直接输入门、窗的宽度数值。

【门(窗)高】指门(窗)的高度。设置方法与门(窗)宽相同。

【左预览窗】用于显示门(窗)的二维图形。在窗口内双击可打开"天正图库"选择门(窗)的二维图样。

【查表】单击"查表"按钮，可打开"门窗编号验证表"，查看插入门窗编号。

【自由插入】可在墙段的任意位置插入，速度快但不易准确定位，通常用在方案设计阶段。

【沿墙顺序插入】以距离点取位置较近的墙边端点或基线端为起点，按给定距离插入选定的门窗。

【依据点取位置两侧的轴线进行等分插入】将一个或多个门窗等分插入到两根轴线间的墙段等分线中间，如果墙段内没有轴线，则该侧按墙段基线等分插入。

【在点取的墙段上等分插入】与轴线等分插入相似，本命令在一个墙段上按墙体较短的一侧边线，插入若干个门窗，按墙段等分原则使各门窗之间墙垛的长度相等。

【垛宽定距插入】系统选取距点取位置最近的墙边线顶点作为参考点，按指定垛宽距离插入门窗。

【轴线定距插入】与垛宽定距插入相似，系统自动搜索距离点取位置最近的轴线的交点，将该点作为参考位置按预定距离插入门窗。

【按角度插入弧墙上的门窗】本命令专用于弧墙插入门窗，按给定角度在弧墙上插入直线型门窗。

【智能插入】本命令用于在墙段中按预先定义的规则自动在合理位置插入门窗。

【满墙插入】门窗在门窗宽度方向上完全充满一段墙，使用这种方式时，门窗宽度参数由系统自动确定。

【插入上层门窗】在同一个墙体已有的门窗上方再加一个宽度相同、高度不同的窗，这种情况常常出现在高大的厂房外墙中。

【在已有洞口插入多个门窗】在同一个墙体已有的门窗洞口内再插入其他样式的门窗，常用于防火门、密闭门和户门、车库门中。

【门窗替换】用对话框内的当前参数作为目标参数，替换图中已经插入的门窗。

6. 楼梯的绘制

楼梯是连接上下楼层和垂直疏散的重要建筑构件。本教材以双跑楼梯为例来介绍其绘制方法与步骤。

启动绘制楼梯命令的方法如下：

(1) 屏幕菜单:【楼梯其他】→【双跑楼梯】

(2) 快捷命令:SPLT

执行命令后,将弹出"双跑楼梯"对话框,如图 9-16 所示;选择其他参数中"作为坡道"选项,如图 9-17 所示。

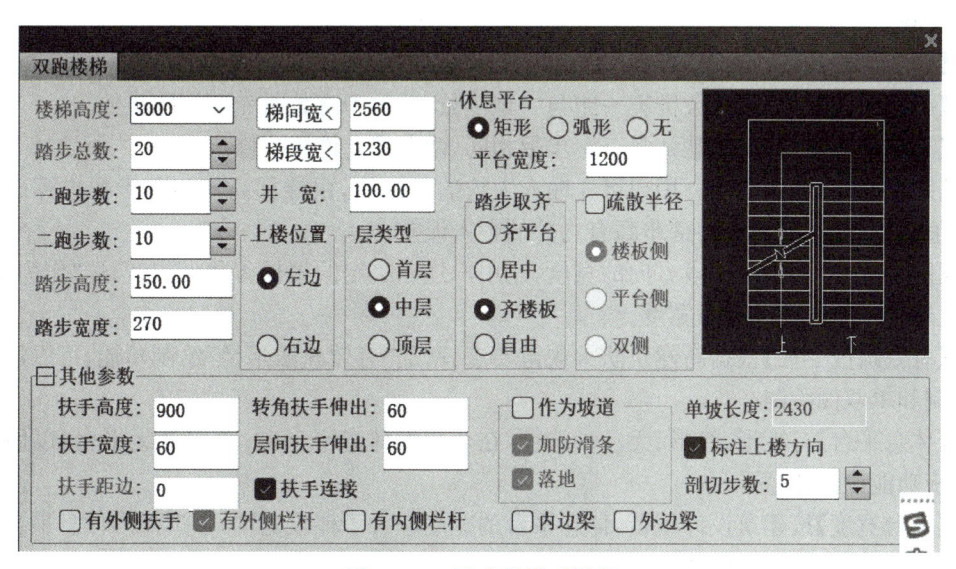

图 9-16 双跑楼梯对话框

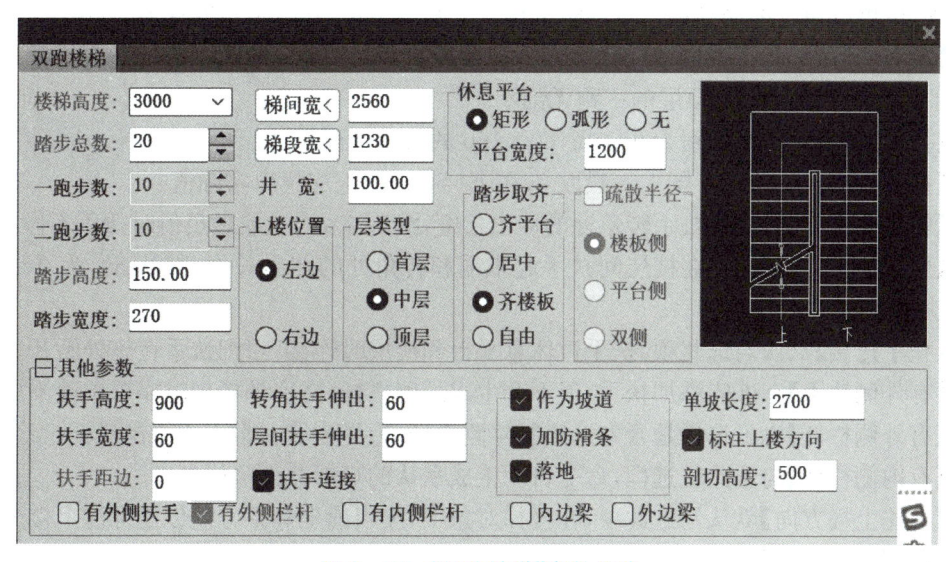

图 9-17 "作为坡道"参数勾选

双跑楼梯对话框控件说明：

【梯间宽<】双跑楼梯的总宽。单击按钮可从平面图中直接量取楼梯间净宽作为双跑楼梯总宽。

【梯段宽<】默认宽度或由总宽计算，余下二等分作梯段宽初值，单击按钮可从平面图中直接量取。

【楼梯高度】双跑楼梯的总高，默认取当前层高的值，对相邻楼层高度不等时应按实际情况调整。

【井宽】设置井宽参数，井宽＝梯间宽－（2×梯段宽），最小井宽可以等于0，这三个数值互相关联。

【踏步总数】默认踏步总数20，是双跑楼梯的关键参数。

【一跑步数】以踏步总数推算一跑与二跑步数，总数为奇数时先增一跑步数。

【二跑步数】二跑步数默认与一跑步数相同，两者都允许用户修改。

【踏步高度】踏步高度。用户可先输入大约的初始值，由楼梯高度与踏步数推算出最接近初值的设计值，推算出的踏步高有均分的舍入误差。

【踏步宽度】踏步沿梯段方向的宽度，是用户优先决定的楼梯参数，但在勾选"作为坡道"后，仅用于推算出的防滑条宽度。

【有效疏散半径】根据新建筑防火规范要求，增加"有效疏散半径"绘制功能，可以选择是否绘制和单双侧绘制。

【休息平台】有矩形、弧形、无三种选项，在非矩形休息平台时，可以选无平台，以便自己用平板功能设计休息平台。

【平台宽度】按建筑设计规范，休息平台的宽度应大于梯段宽度，在选弧形休息平台时应修改宽度值，最小值不能为零。

【踏步取齐】除了两跑步数不等时可直接在"齐平台""居中""齐楼板"中选择两梯段相对位置外，也可以通过拖动夹点任意调整两梯段之间的位置，此时踏步取齐为"自由"。

【层类型】在平面图中按楼层分为3种类型绘制：① 首层只给出一跑的是下剖断；② 中间层的一跑是双剖断；③ 顶层的一跑无剖断。

【扶手高宽】默认值分别为900高，60×100的扶手断面尺寸。

【扶手距边】在1：100图上一般取0，在1：50详图上应标以实际值。

【转角扶手伸出】设置扶手转角处的伸出长度，默认60，为0或者负值时扶手不伸出。

【层间扶手伸出】设置在楼层间扶手起末端和转角处的伸出长度，默认60，为0或者负值时扶手不伸出。

【扶手连接】默认勾选此项，扶手过休息平台和楼层时连接，否则扶手在该处断开。

【有外侧扶手】在外侧添加扶手，但不会生成外侧栏杆，在室外楼梯时需要单独添加。

【有外侧栏杆】也可选择是否勾选绘制外侧栏杆，边界为墙时常不用绘制栏杆。

【有内侧栏杆】勾选此复选框，命令自动生成默认的矩形截面竖栏杆。

【标注上楼方向】默认勾选此项，在楼梯对象中，按当前坐标系方向创建标注上楼下楼方向的箭头和"上""下"文字。

【剖切步数（高度）】作为楼梯时按步数设置剖切线中心所在位置，作为坡道时按相对标高设置剖切线中心所在位置。

【作为坡道】勾选此复选框,楼梯段按坡道生成,在"单坡长度"中输入坡道长度。

【单坡长度】在此输入其中一个坡道梯段的长度,但精确值依然受"踏步总数×踏步宽度"的制约。

7. 扶手的绘制

扶手作为与梯段配合的构件,与梯段和台阶产生关联。放置在梯段上的扶手,可以遮挡梯段,也可以被梯段的剖切线剖断,通过连接扶手命令把不同分段的扶手连接起来。

添加扶手命令需以楼梯段或沿上楼方向的 PLINE 路径为基线,生成楼梯扶手,本命令可自动识别楼梯段和台阶,但是不识别组合后的多跑楼梯与双跑楼梯。启动添加扶手命令的方法如下:

(1) 菜单位置:【楼梯其他】→【添加扶手】

(2) 快捷命令:TJFS

点取菜单命令后,命令行提示:

请选择梯段或作为路径的曲线(线/弧/圆/多段线):选取梯段或已有曲线。

扶手宽度<60>:60 键入新值或回车接受默认值

扶手顶面高度<900>:键入新值或回车接受默认值

扶手距边<0>:键入新值或回车接受默认值

双击创建的扶手,可进入对话框进行扶手的编辑,如图 9-18 所示:

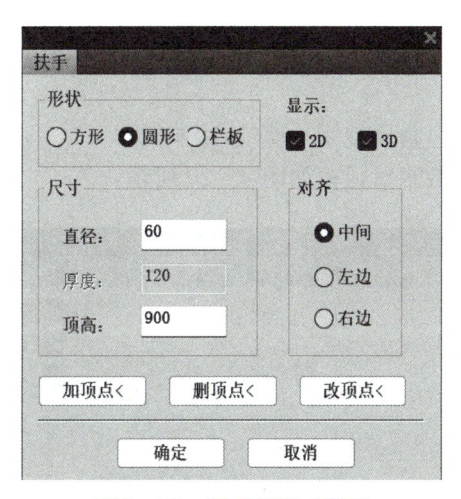

图 9-18 扶手编辑对话框

扶手对话框的控件说明:

【形状】扶手的形状可选矩形、圆形和栏板三种。

【对齐】仅对 PLINE、LINE、ARC 和 CIRCLE 作为基线时起作用。PLINE 和 LINE 用作基线时,以绘制时取点方向为基准方向;对于 ARC 和 CIRCLE 内侧为左,外侧为右;而楼梯段用作基线时对齐默认为对中,为与其他扶手连接,往往需要改为一致的对齐方向。

【加顶点/删顶点/改顶点】可通过单击"加顶点<""删顶点<"和"改顶点<"按钮进入图形中修改扶手顶点,重新定义各段高度。

8. 台阶的绘制

启动台阶命令的方法如下:

(1) 菜单位置:【楼梯其他】→【台阶】
(2) 快捷命令:TJ

本命令直接绘制矩形单面台阶、矩形三面台阶、阴角台阶、沿墙偏移等预定样式的台阶，或把预先绘制好的 PLINE 转成台阶、直接绘制平台创建台阶，如平台不能由本命令创建，应下降一个踏步高绘制下一级台阶作为平台；直台阶两侧需要单独补充 LINE 线画出二维边界。

启动命令后，弹出台阶对话框如图 9-19 所示：

图 9-19　台阶对话框

9. 散水的绘制

启动散水命令的方法如下：

(1) 菜单位置:【楼梯其他】→【散水】
(2) 快捷命令:SS

【散水】命令的功能：通过自动搜索外墙线，绘制散水。

点取菜单命令后，显示散水对话框如图 9-20 所示：

图 9-20　散水对话框

散水对话框的控件说明：

【室内外高差】键入本工程范围使用的室内外高差，默认为 450。

【偏移外墙皮】键入本工程外墙勒脚对外墙皮的偏移值。

【散水宽度】键入新的散水宽度，默认为 600。

【创建高差平台】勾选复选框后，在各房间中按零标高创建室内地面。

【散水绕柱子/阳台/墙体造型】勾选复选框后，散水绕过柱子或阳台及墙体造型创建，否则穿过柱子或阳台及墙体造型创建，请按设计实际要求勾选。

【搜索自动生成】第一个图标是搜索墙体自动生成散水对象。

【任意绘制】第二个图标是逐点给出散水的基点，动态地绘制散水对象，注意散水在路径的右侧生成。

【选择已有路径生成】第三个图标是选择已有的多段线或圆作为散水的路径生成散水对象，多段线不要求闭合。

在显示对话框中设置好参数，然后执行命令行提示：

请选择构成一完整建筑物的所有墙体（或门窗）：全选墙体后按对话框要求生成散水与勒脚、室内地面

▶ 9.1.3 绘制建筑立面图

建筑立面图即立面图，是平行于建筑房屋立面的投影图，用于体现建筑物外观、风格特征的二维图形。立面图可根据房屋的朝向分为：南立面、北立面、东立面、西立面。通常把主要入口或反映房屋主要外貌特征的立面图称为："正立面"；其他三个立面分别为："背立面""左立面"和"右立面"。另外，还可以根据立面图两端的定位轴编号来进行命名。

启动建筑立面命令的方法如下：

（1）菜单位置：【立面】→【建筑立面】

（2）快捷命令：JZLM

或采用楼层表中的【建筑立面】，即单击启动命令。

命令提示如下：

请输入立面方向【正立面(F)/背立面(B)/左立面(L)/右立面(R)】＜退出＞：根据需要绘制的立面，键入快捷键或者按视线方向给出两点指出生成建筑立面的方向，例如：输入 F（正立面）；

请选择要出现在立面上的轴线：选择立面上的轴线，回车。

显示如图 9-21 所示的"立面生成设置"对话框：

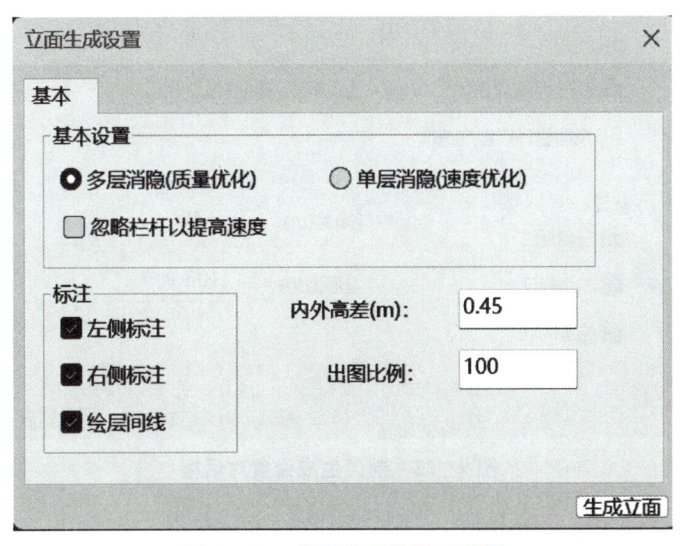

图 9-21　立面生成设置对话框

单击"生成立面"按钮，系统自动计算，生成建筑立面，并且自动完成"标高"的标注；其它立面图形绘制方法同正立面图形。

立面生成设置对话框控件说明：

【多层消隐/单层消隐】前者考虑到两个相邻楼层的消隐，速度较慢，但可考虑楼梯扶手等伸入上层的情况，消隐精度比较好。

【内外高差】室内地面与室外地坪的高差。

【出图比例】立面图的打印出图比例。

【左侧标注/右侧标注】是否标注立面图左右两侧的竖向标注，含楼层标高和尺寸。

【绘层间线】楼层之间的水平横线是否绘制。

【忽略栏杆】勾选此复选框，为了优化计算，忽略复杂栏杆的生成。

9.1.4 绘制建筑剖面图

在创建剖面图之前，首先要在平面图中标注好剖切的符号，则剖面剖切命令主要功能是在建筑图中标注剖面图的剖切符号。我们已在首层平面图上绘制好了剖切符号。

启动建筑剖面图命令的方法如下：

（1）屏幕菜单：【剖面】→【建筑剖面】

（2）快捷命令：JZPM

单击菜单命令后，命令行提示：

请点取一剖切线以生成剖视图：点取首层需生成剖面图的剖切线；

请选择要出现在剖面图上的轴线：一般点取首末轴线或回车不要轴线；

屏幕显示"剖面生成设置"对话框，其中包括基本设置与楼层表参数。建筑剖面生成设置对话框如图 9-22 所示：

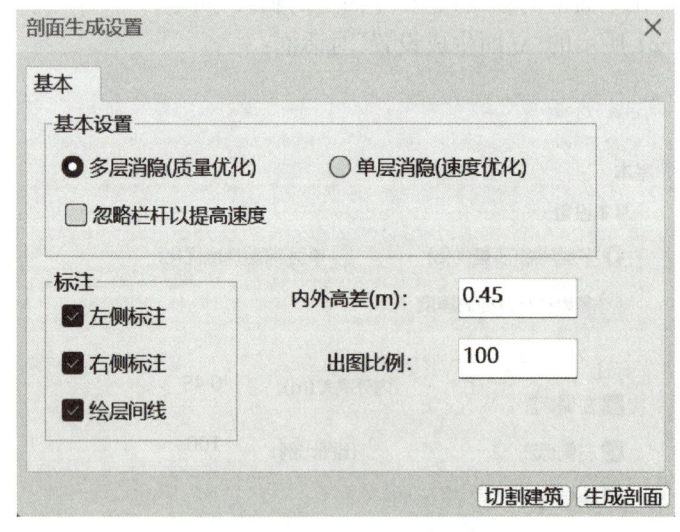

图 9-22 剖面生成设置对话框

剖面生成设置对话框控件说明：

【多层消隐/单层消隐】前者考虑到两个相邻楼层的消隐，速度较慢，但可考虑楼梯扶手等伸入上层的情况，消隐精度比较好。

【内外高差】室内地面与室外地坪的高差。

【出图比例】剖面图的打印出图比例。

【左侧标注/右侧标注】是否标注剖面图左右两侧的竖向标注,含楼层标高和尺寸。

【绘层间线】楼层之间的水平横线是否绘制。

【忽略栏杆】勾选此复选框,为了优化计算,忽略复杂栏杆的生成。

设置完毕,单击"生成剖面"按钮,即可自动生成剖面图。

在绘制好的建筑平面、立面、剖面图中,对于一些不太规整的建筑布局,这时可以用 AutoCAD 来修改调整。

任务 9.2 PKPM 结构软件

9.2.1 PKPM 结构软件简介

PKPM 是一个系列,除了集建筑、结构、设备(给排水、采暖、通风空调、电气)设计于一体的集成化 CAD 系统以外,PKPM 目前还有建筑概预算系列(钢筋计算、工程量计算、工程计价)、施工系列软件(投标系列、安全计算系列、施工技术系列)、施工企业信息化(目前全国很多特级资质的企业都在用 PKPM 的信息化系统)。PKPM 系列软件的特点有以下几点。

1. 数据共享

PKPM 系列软件具有良好的兼容性,可以在建筑、结构、设备、概预算各专业间实现数据共享。建筑工程设计方案开始建立的建筑物整体公用数据库,以及平面布置、柱网轴线等全部数据都可以实现共享,这样就可以避免重复输入数据,减小工作量和误差。

此外,结构专业中各个设计模块之间也同样实现了数据共享,可以对各种结构模型的建立、荷载统计、上部结构内力分析、配筋计算、绘制施工图、基础计算程序接力运行进行信息共享,最大限度地利用数据资源,提高工作效率。

2. 独特的人机交互输入方式

PKPM 系列软件输入时采用鼠标或键盘在窗口上勾画建筑模型。软件由中文菜单指导用户操作,并提供了丰富的图形输入功能,用户可以通过单击右侧功能菜单、菜单栏、工具栏或直接在窗口底部的命令提示区输入命令完成操作。这种独特的人机交互输入方式避免了繁琐数据文件的填写,效率比传统的输入方法提高了十几倍。PKPM 系列软件都在同样的 CFG 支撑系统下工作,操作方法一致,只要会使用本系列中的一个软件,其他软件就很容易掌握。

3. 计算数据自动生成技术

PKPM 系列软件自动计算结构自重,自动传导恒、活荷载和风荷载,并且自动提取结构几何信息完成结构单元划分,可以自动把剪力墙划分成壳单元,使复杂的计算模式简单实用化。在这些工作的基础上,PKPM 系列软件自动完成内力分析、配筋计算等并生成各种计算数据。基础程序自动接力上部结构的平面布置信息及荷载数据,完成基础的设计计算。

9.2.2 主界面

点击桌面 PKPM 快捷菜单,进入 PKPM 主界面。

如图 9-23 所示,为混凝土结构界面。本文案例以混凝土结构为例。

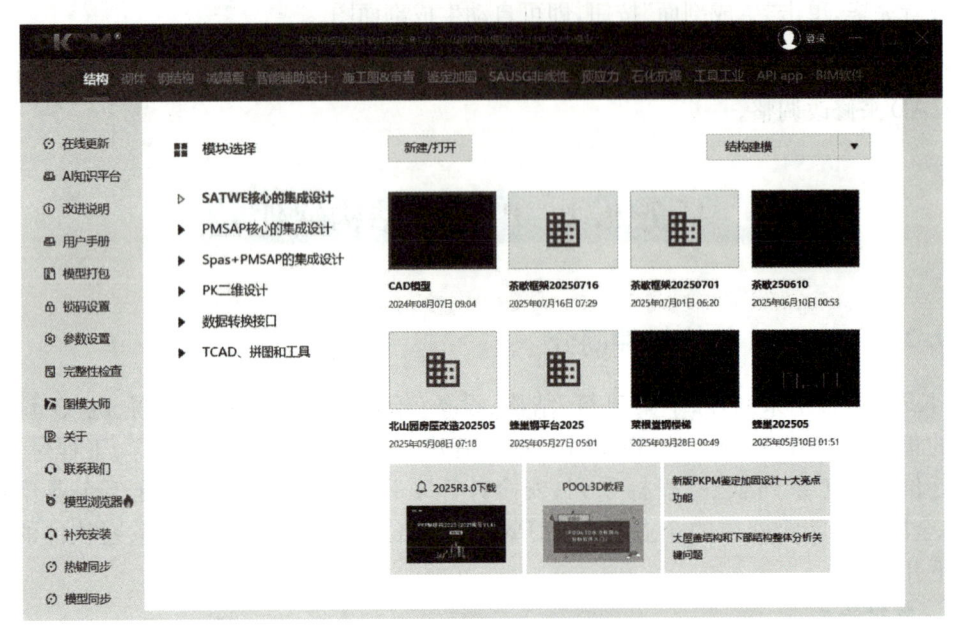

图 9-23 混凝土结构界面

如图 9-24 所示,为砌体结构界面。

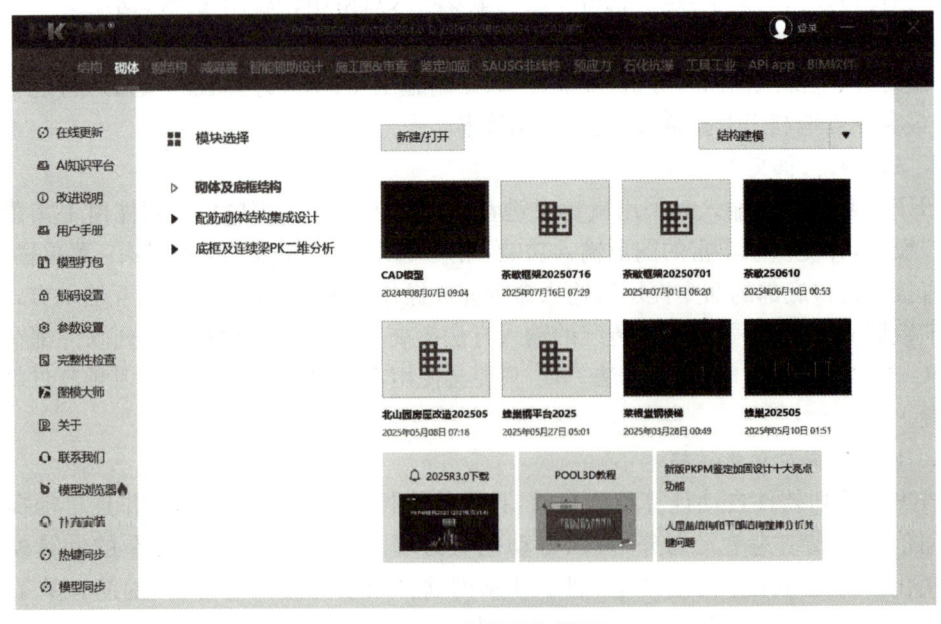

图 9-24 砌体结构界面

如图 9-25 所示，为钢结构界面。

图 9-25　钢结构界面

9.2.3　结构平面计算机辅助设计软件 PMCAD

1. 结构平面计算机辅助设计软件（PMCAD）

PMCAD 是整个结构 CAD 的核心，它建立的全楼结构模型是 PKPM 各二维、三维结构计算软件的前处理部分，也是梁、柱、剪力墙、楼板等施工图设计软件和基础 CAD 的必备接口软件。

PMCAD 也是建筑 CAD 与结构的必要接口。

用简便易学的人机交互方式输入各层平面布置及各层楼面的次梁、预制板、洞口、错层、挑檐等信息和外加荷载信息，在人机交互过程中提供随时中断、修改、拷贝复制、查询、继续操作等功能。

自动进行从楼板到次梁、次梁到承重梁的荷载传导并自动计算结构自重，自动计算人机交互方式输入的荷载，形成整栋建筑的荷载数据库，可由用户随时查询修改任何一部位数据。由此数据可自动给 PKPM 系列各结构计算软件提供数据文件，也可为连续次梁和楼板计算提供数据。

绘制各种类型结构的结构平面图和楼板配筋图，包括柱、梁、墙、洞口的平面布置、尺寸、偏轴，画出轴线及总尺寸线，画出预制板、次梁及楼板开洞布置，计算现浇楼板内力与配筋并画出板配筋图。画砖混结构圈梁构造柱节点大样图。

2. PMCAD 主要功能

（1）自动导算荷载。

具有较强的荷载统计和传导计算功能。除计算结构自重外，还自动完成从楼板到次梁，从次梁到主梁,从主梁到承重的柱和墙,再从上部结构传导到基础的全部计算,加上局部的外加荷载,方便建立起整栋建筑的数据。

(2) 提供各类计算模型所需的数据。

① 可指定任何一个轴线形成 PK 数据文件,包括结构简图,荷载数据;

② 可指定任一层平面的任意一组主梁、次梁形成 PK 文件;

③ 为高层建筑结构三维分析软件 TAT 提供计算数据;

④ 为高层建筑结构空间有限元分析软件 SATWE 提供计算数据。

(3) 为上部结构的各种绘图 CAD 模块提供结构构件的精确尺寸。

(4) 为基础设计 CAD 模块提供底层结构布置和轴线网格布置,还提供上部结构传下的恒、活荷载。

(5) 现浇钢筋混凝土楼板结构计算与配筋设计。

(6) 结构平面施工图辅助设计。

(7) 砖混结构圈梁布置,画砖混圈梁大样及构造柱大样图。

(8) 砌体结构和底框上砖房结构的抗震计算,受压、高厚比、局部承压计算。

(9) 统计结构工程量,以表格形式输出。

3. PKCAD 的安装环境

该软件与 PKPM 的其他模块装载在一张光盘上,其安装环境就是 PKPM 软件的安装环境,可在 Win98 及其以上的任意操作系统下运行。在运行该软件的时候,必须将加密锁插在计算机的 USB 接口上。

4. PMCAD 主菜单,如图 9-26 所示

图 9-26 PMCAD 主菜单

(1) 轴线输入界面(可以参照天正建筑软件的轴线设置方式),如图 9-27 所示。

图 9-27 轴线输入界面

(2) 网格生成界面,如图 9-28 所示。绘制好的轴网,如图 9-29 所示。

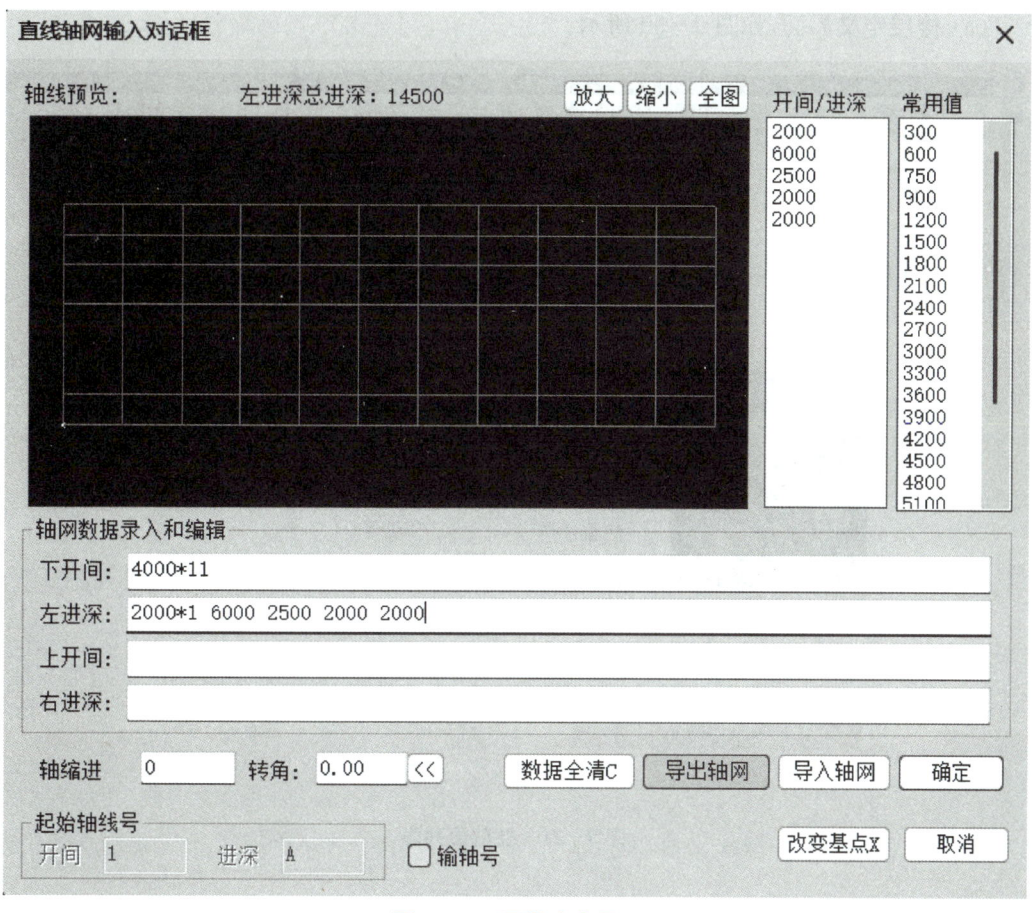

图 9‑28　网格生成界面

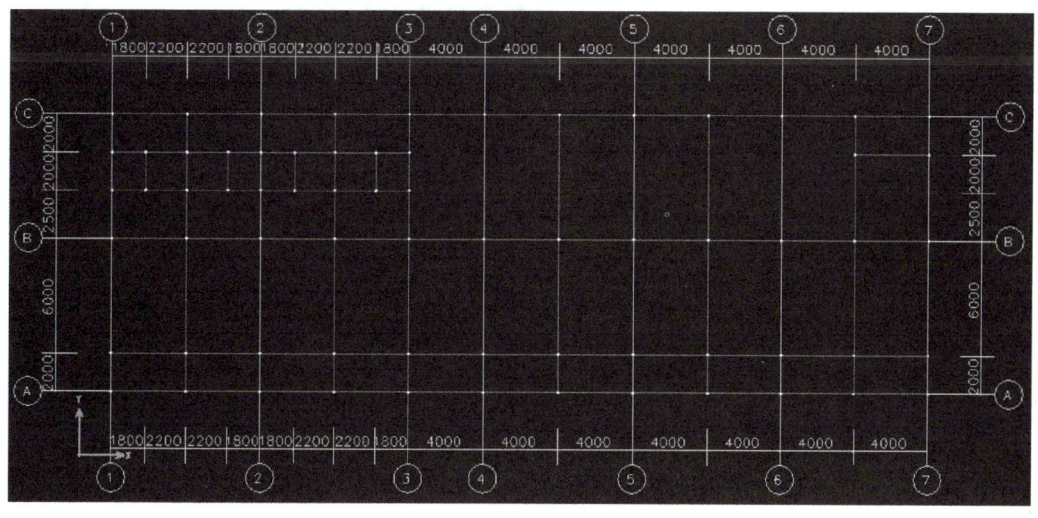

图 9‑29　绘制好的轴网

（3）楼层定义界面，如图 9-30 所示。

图 9-30　楼层定义界面

其中，柱截面列表以及参数设置如图 9-31、9-32 所示。

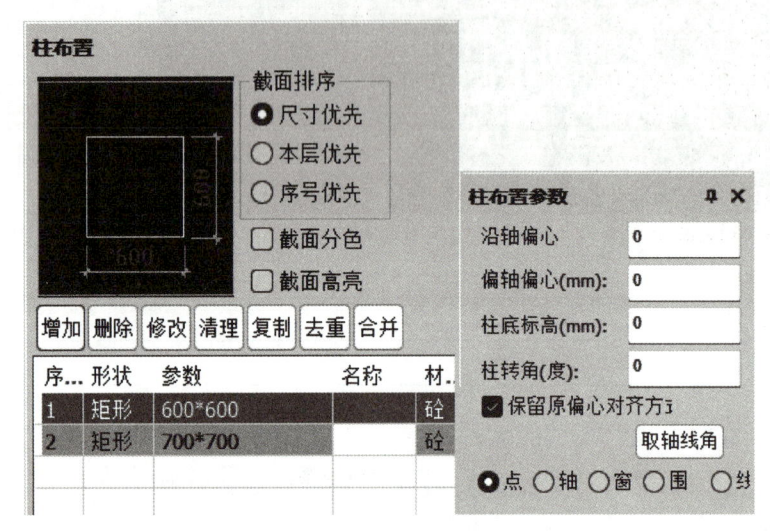

图 9-31　柱截面列表

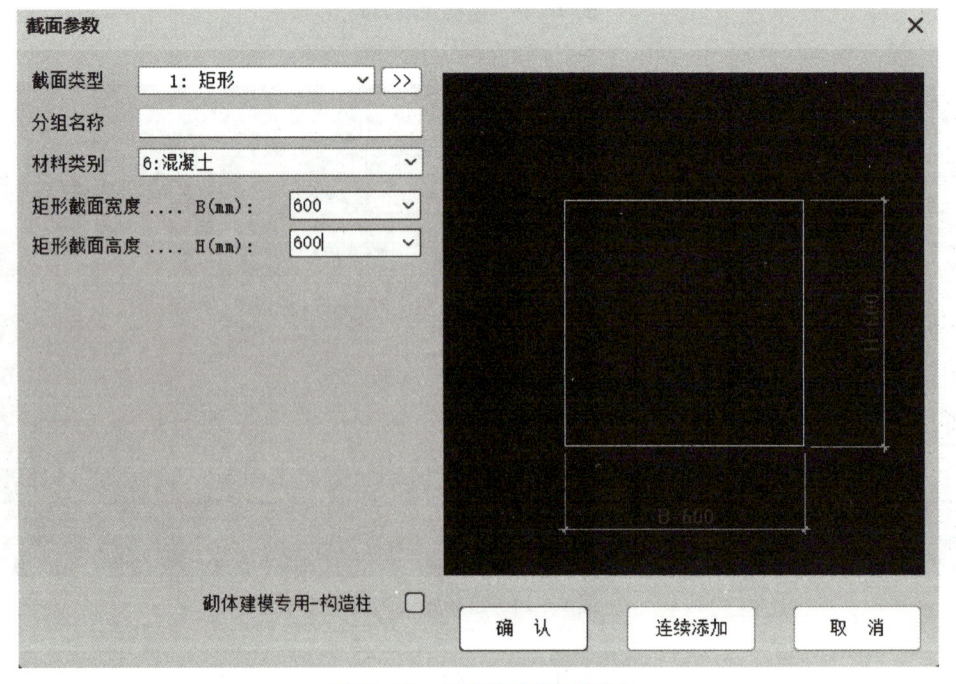

图 9-32　柱参数设置对话框

梁截面列表以及参数设置如图 9-33、9-34 所示。

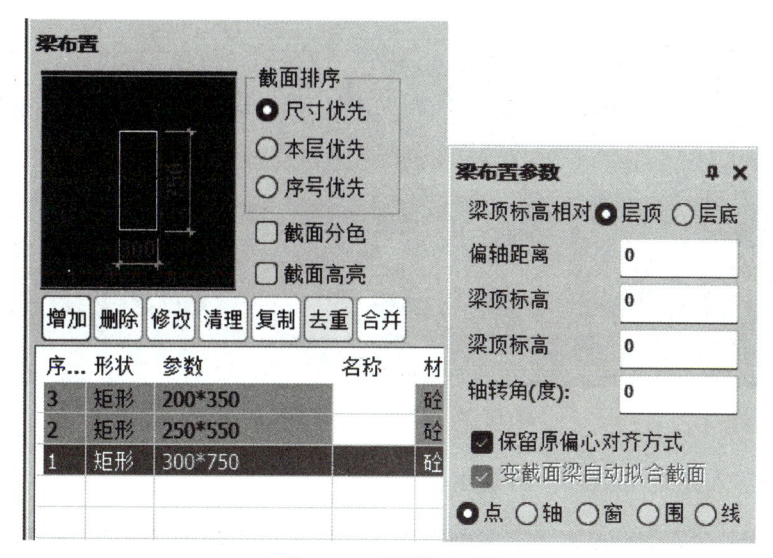

图 9-33　梁截面列表

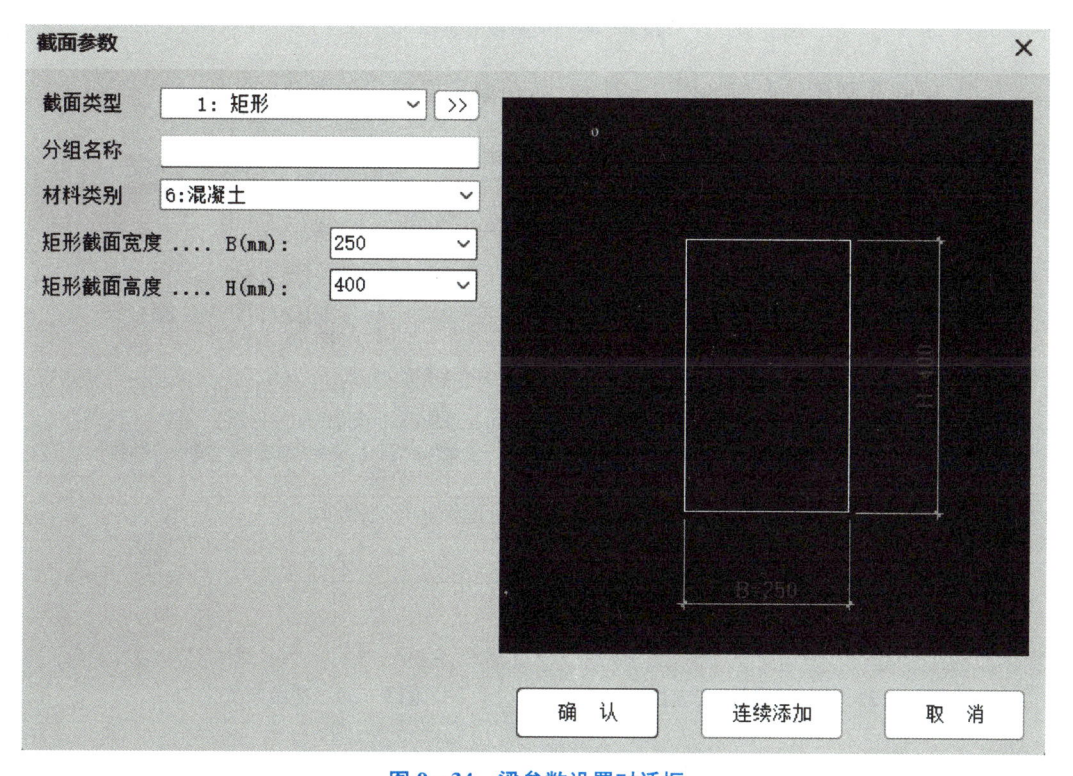

图 9-34　梁参数设置对话框

定义好的楼层如图9-35所示。

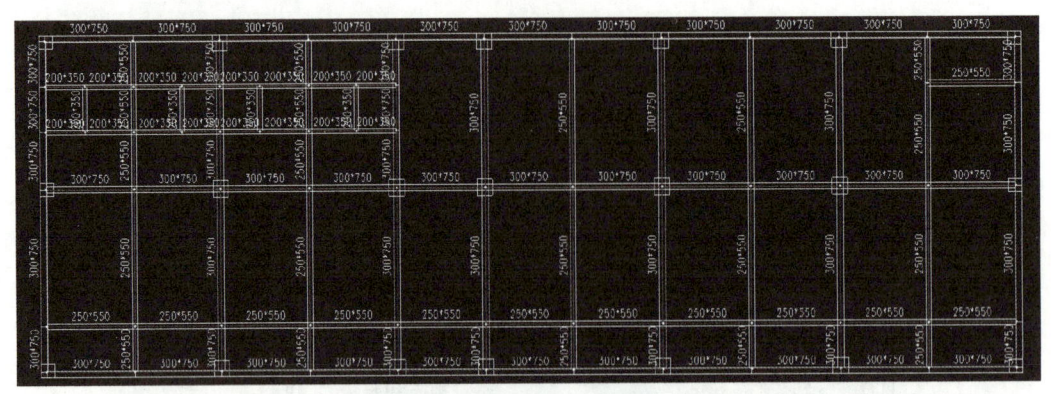

图9-35 楼层定义结束图形

（4）荷载输入界面，如图9-36所示。

图9-36 荷载输入界面

其中，层间复制拷贝窗口如图9-37所示，荷载定义窗口如图9-38所示。

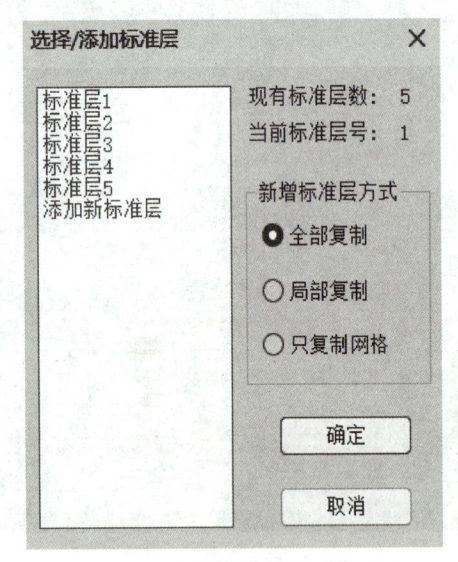

图9-37 层间复制拷贝窗口　　图9-38 荷载定义窗口

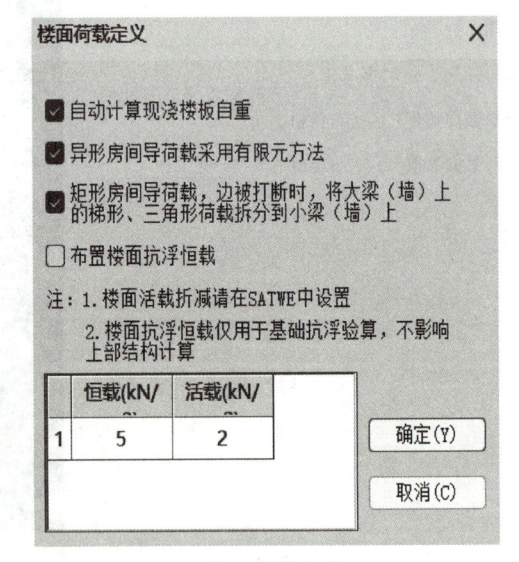

梁间荷载定义如图9-39所示。

添加荷载类型，可以点击添加荷载类型，如图9-40所示。

图 9‑39　梁间荷载定义

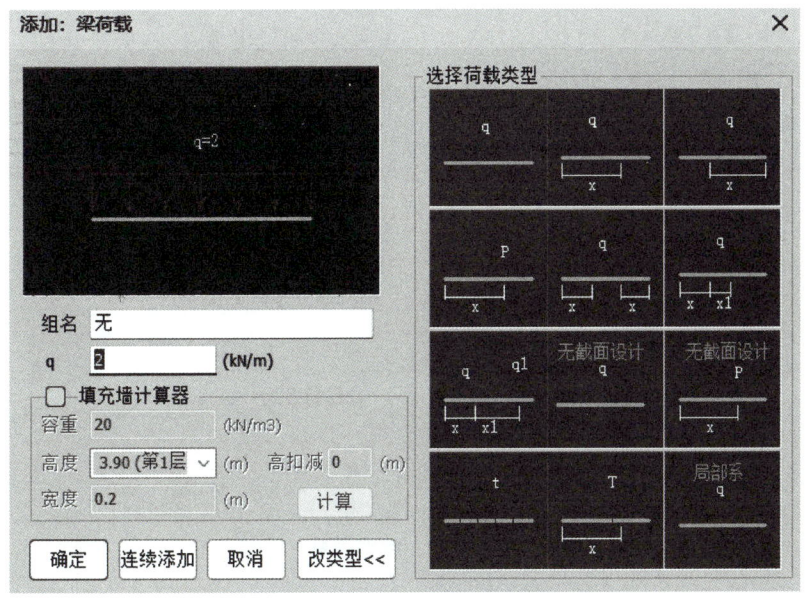

图 9‑40　添加荷载类型窗口

设计参数设置如图 9-41~图 9-44 所示。

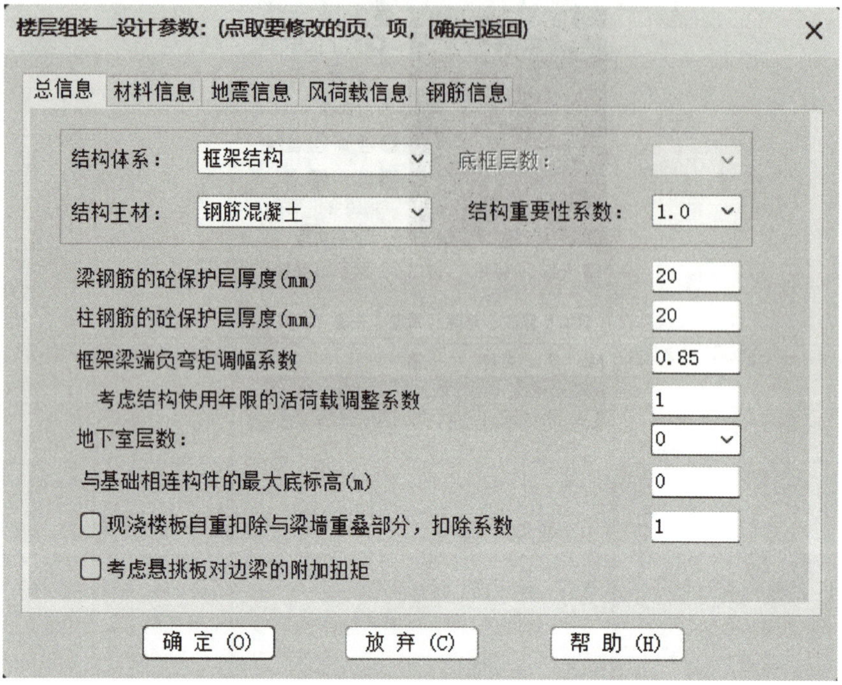

图 9-41 总信息

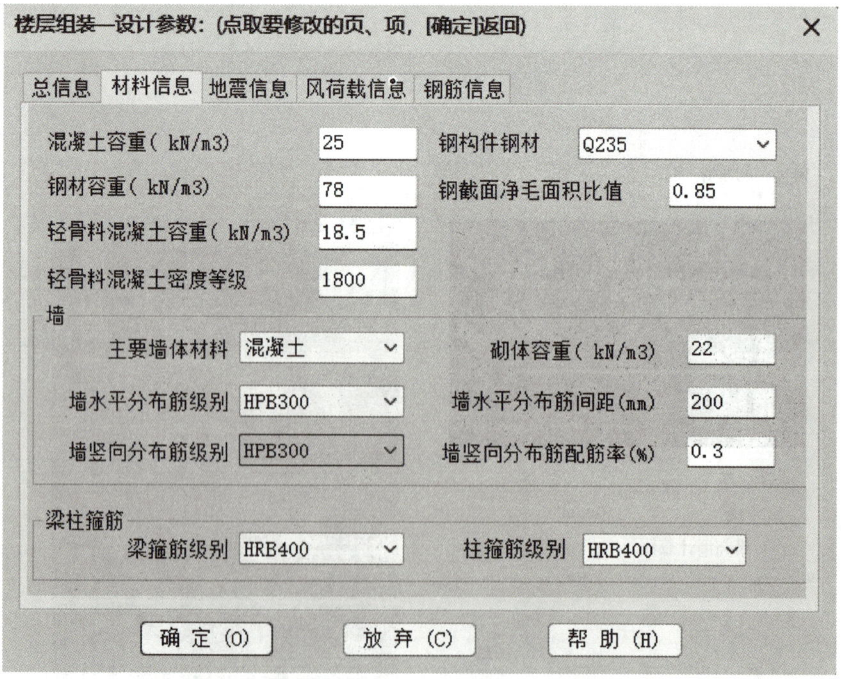

图 9-42 材料信息

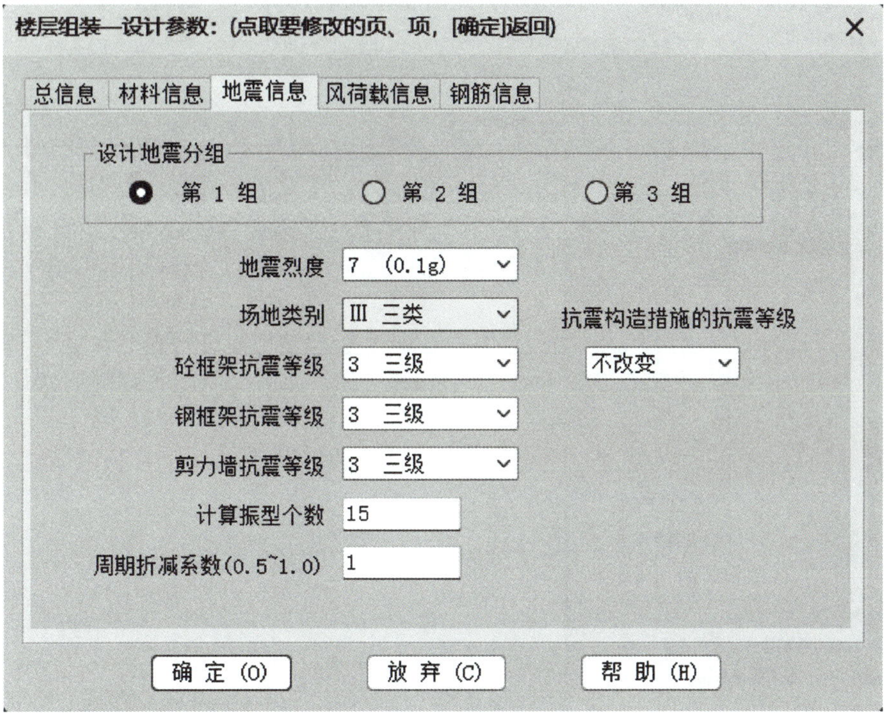

图 9-43 地震信息

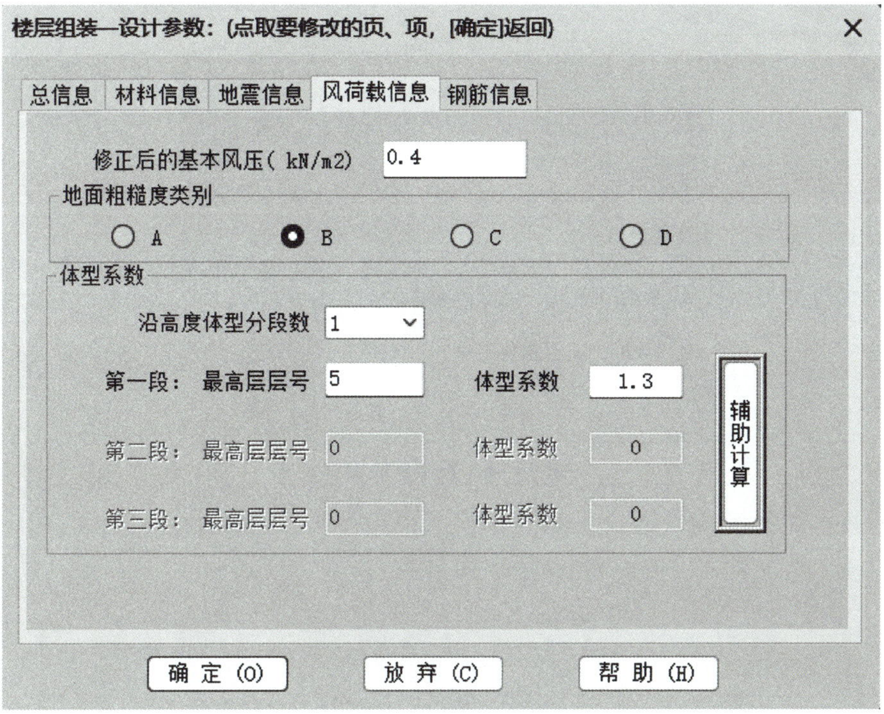

图 9-44 风荷载信息

(5) 楼层组装界面,如图9-45所示。点击整楼组装,如图9-46所示。

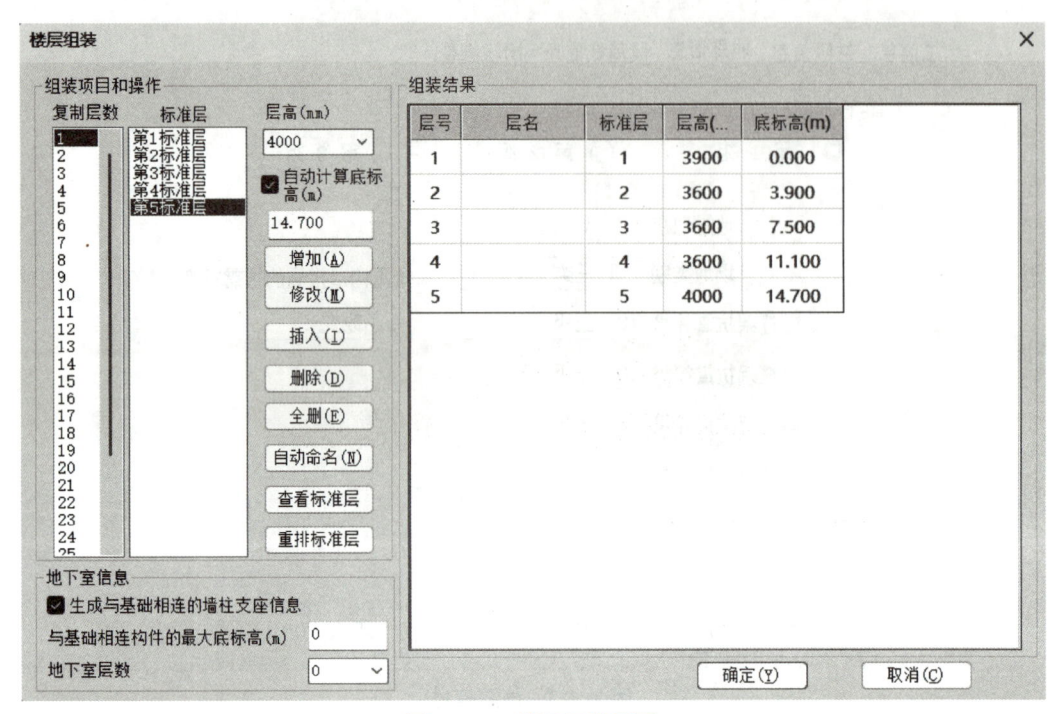

图9-45 楼层组装界面

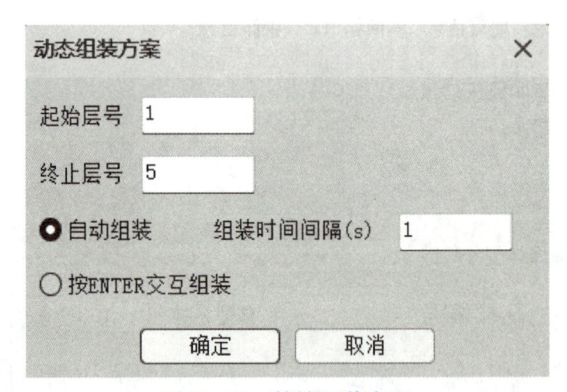

图9-46 整楼组装窗口

组装好的模型如图 9‑47 所示。

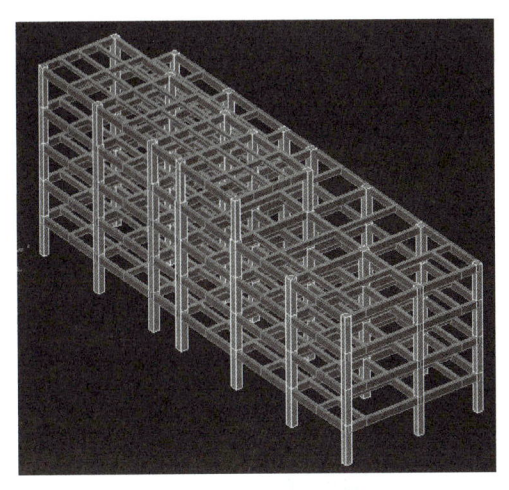

图 9‑47　组装好的模型

(6) 退出界面,如图 9‑48 所示,点击存盘退出。

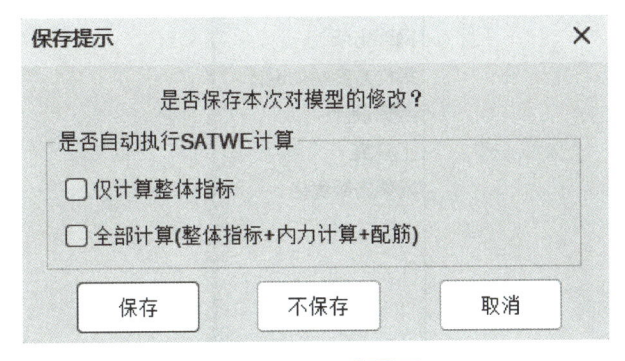

图 9‑48　退出界面

(7) 平面荷载校核显示如图 9‑49 所示。

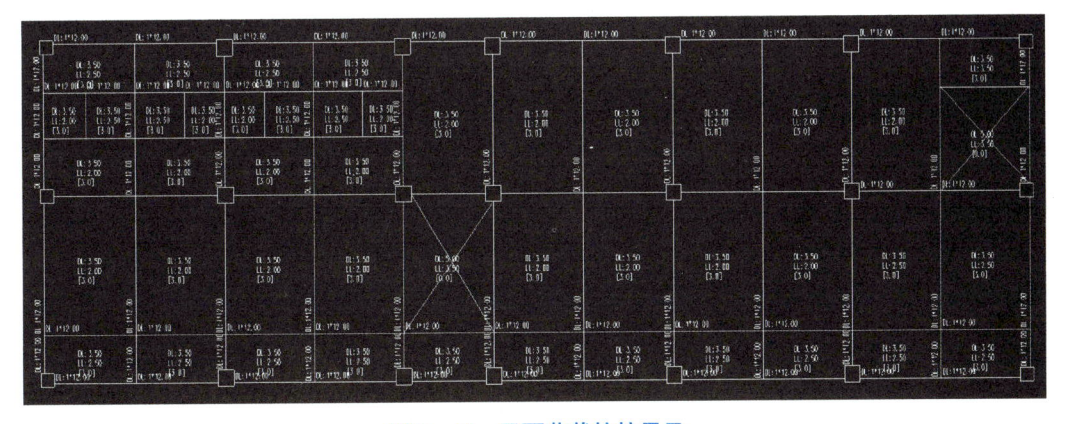

图 9‑49　平面荷载校核显示

9.2.4 多层及高层建筑结构空间有限元分析与设计软件 SATWE

(1) SATWE 界面如图 9-50 所示。

图 9-50 SATWE 界面

点击进入,如图 9-51 所示界面。

图 9-51 SATWE 处理窗口

执行分析与设计参数补充定义(必须执行)选项,具体参数设置,如图 9-52~图 9-59 所示。

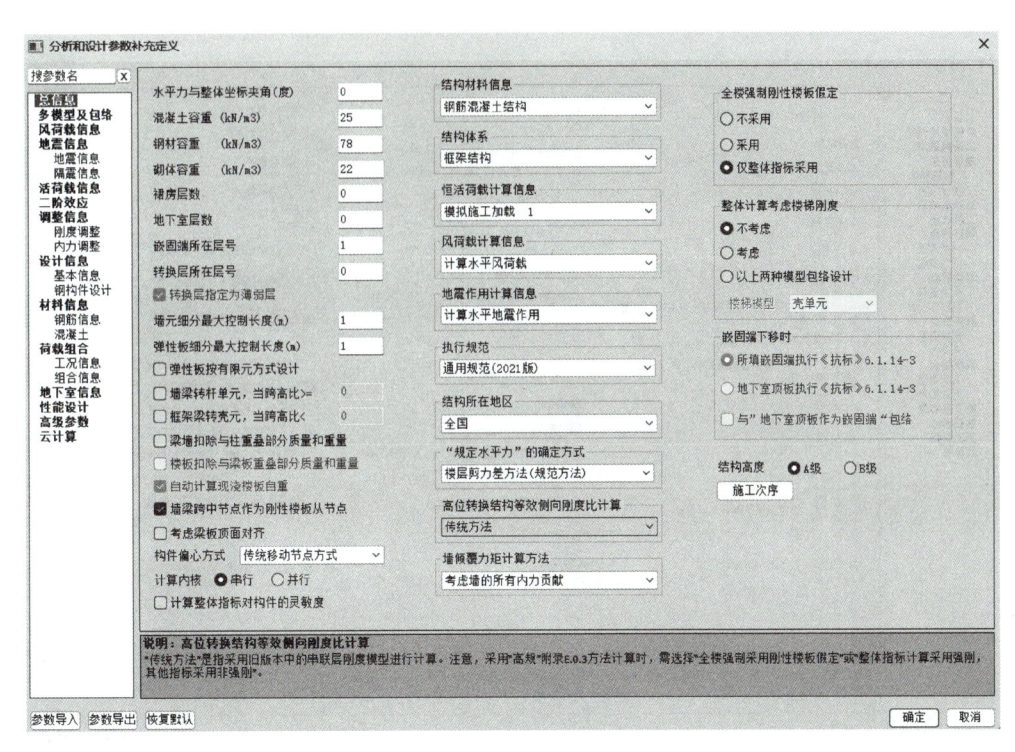

图 9-52　总信息

图 9-53　风荷载信息

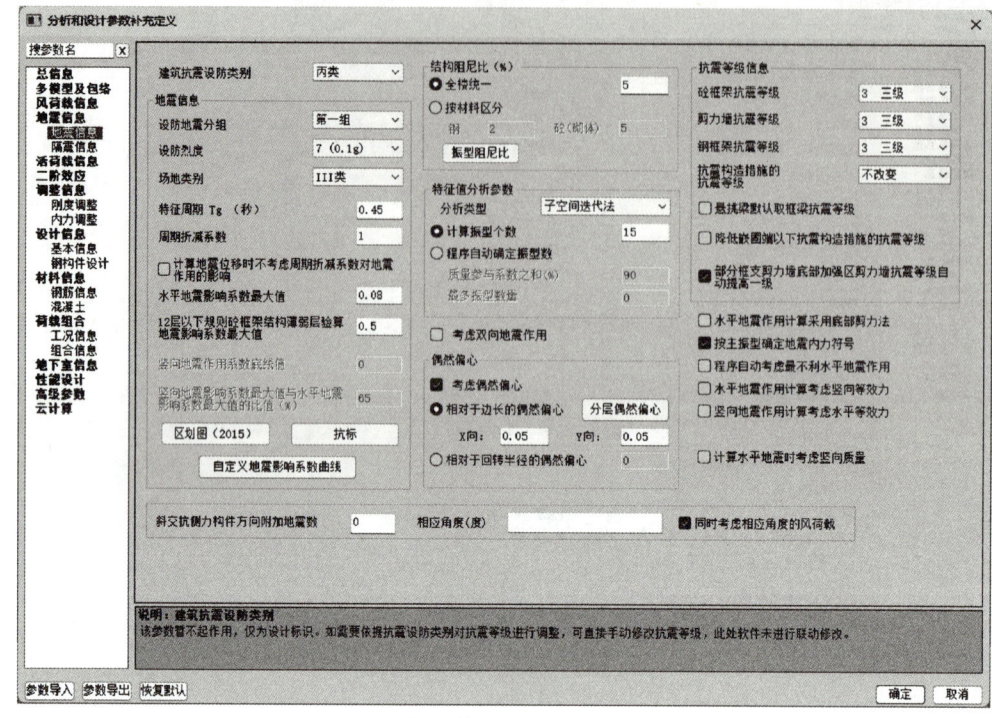

图 9‑54 地震信息

图 9‑55 活荷载信息

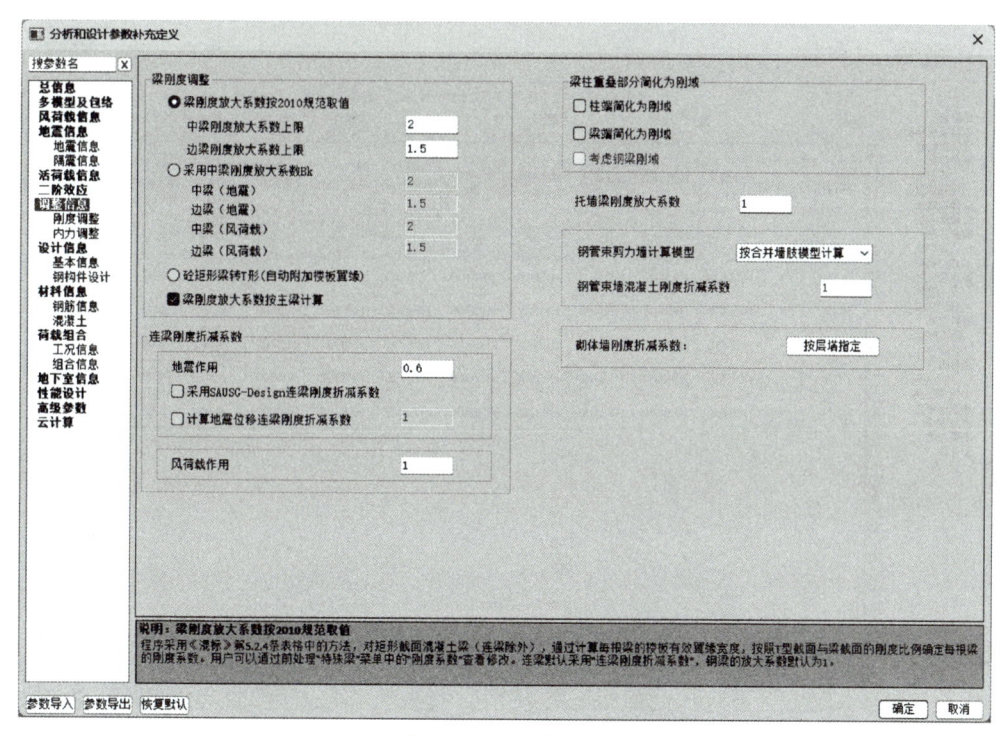

图 9‑56 调整信息

图 9‑57 设计信息

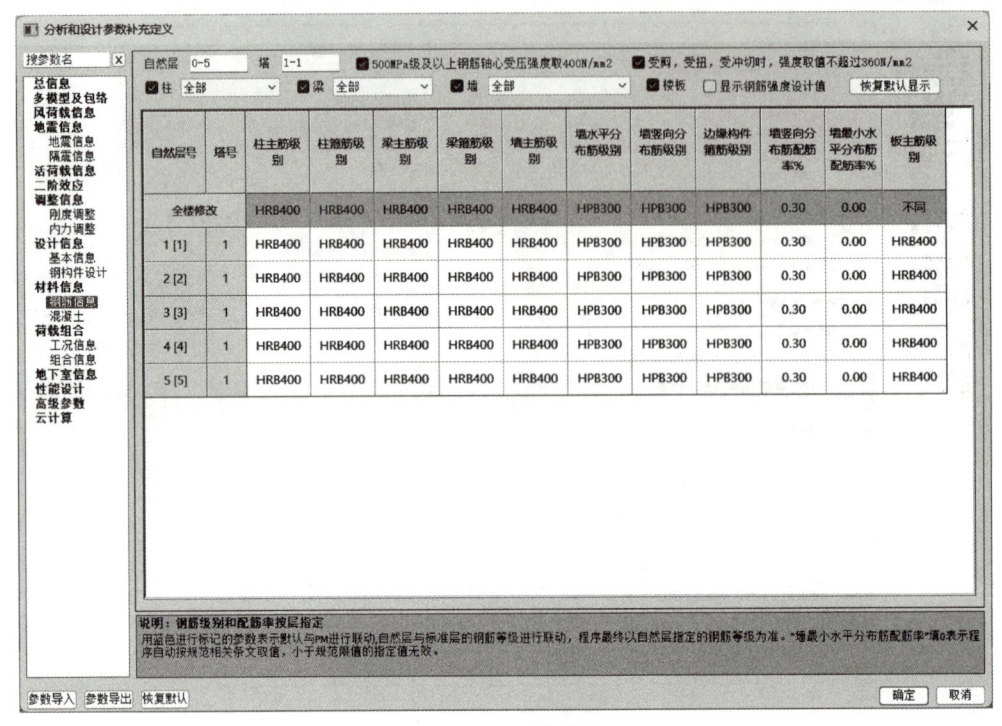

图 9-58　钢筋信息

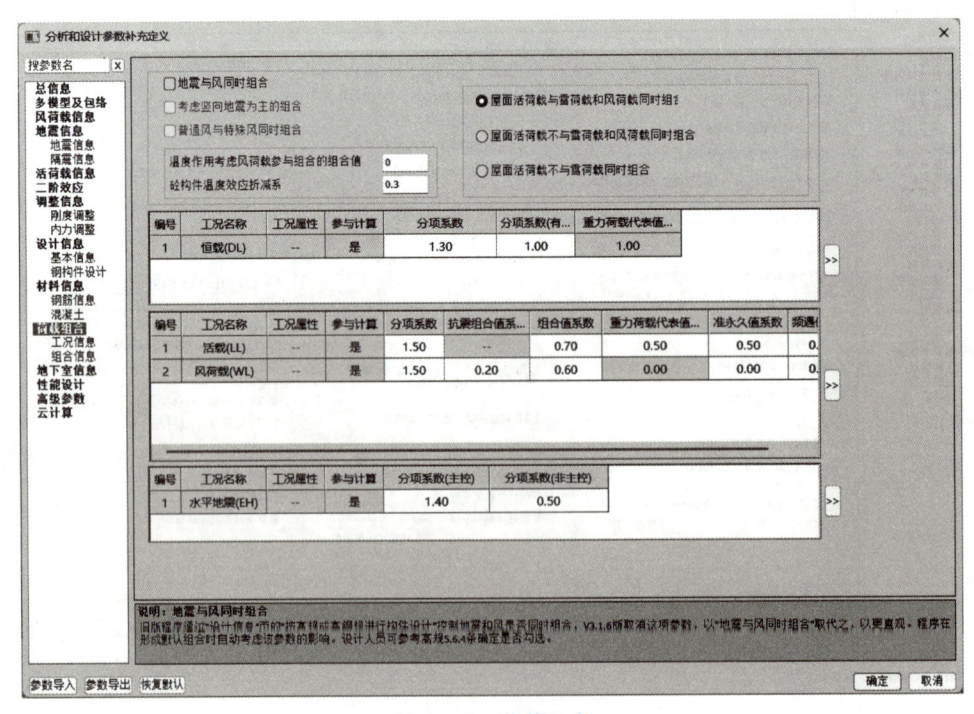

图 9-59　荷载组合

执行如图 9-60 所示生成 SATWE 数据文件及数据检查(必须执行)选项。

模块九 天正建筑软件和PKPM结构软件简介

图 9-60　生成 SATWE 数据文件及数据检查选项

出现界面如图 9-61 所示。

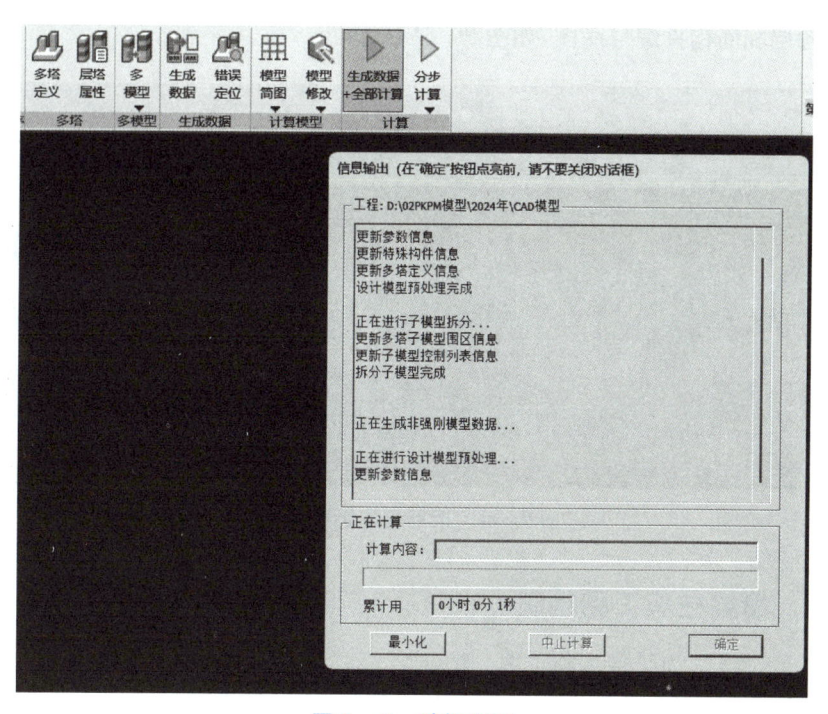

图 9-61　选择界面

点击确定,出现界面,如图 9-62 所示,说明 PKPM 建模正常。

图 9-62　验算结果界面

233

(2) 分析结果图形与文本显示,如图 9-63 所示。

图 9-63 分析结果显示界面

其中,各层配筋构件编号简图,如图 9-64 所示。

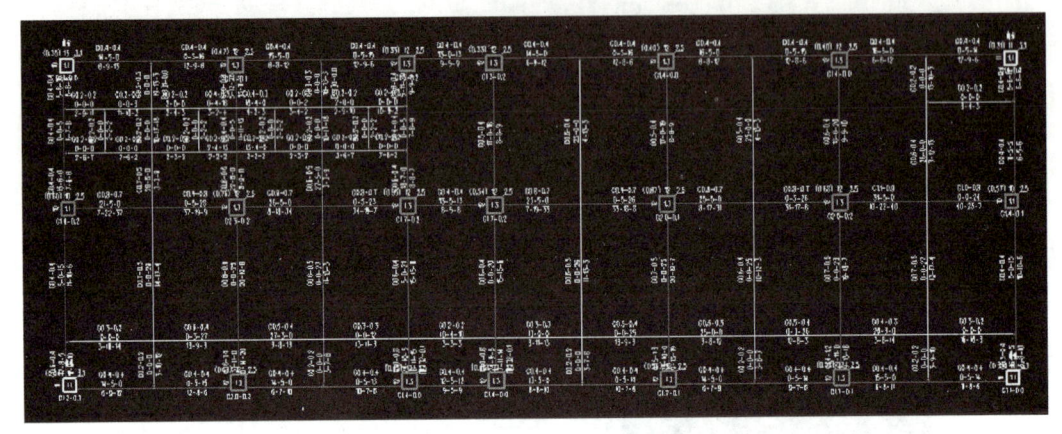

图 9-64 配筋构件编号简图

9.2.5 墙梁柱施工图绘制

如图 9-65 所示,为梁平法施工图。PKPM 绘制好的梁平法施工图,一般不能直接出图使用,需要进行归并,并且需要转到 AutoCAD 进行修改和补充。

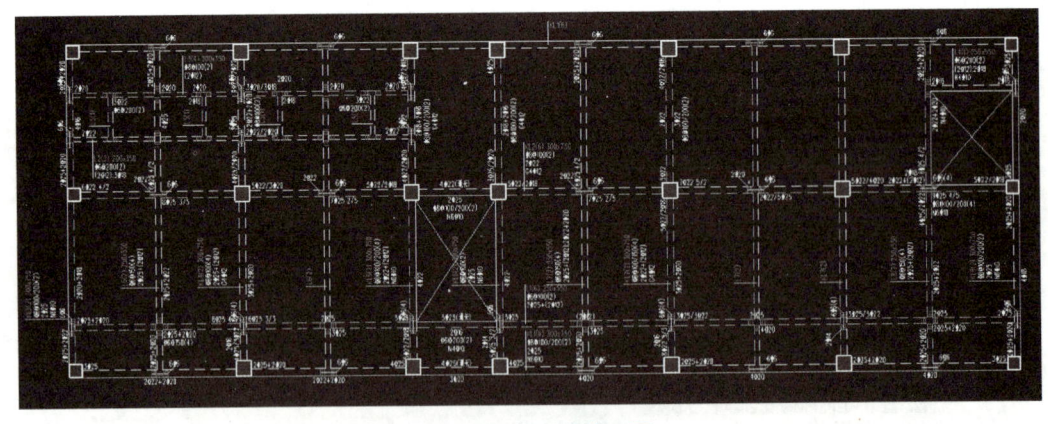

图 9-65 梁平法施工图

如图 9-66 所示,为柱平法施工图。PKPM 绘制好的柱平法施工图,需要进行归并,并且需要转到 AutoCAD 进行柱表的绘制。

图 9-66 柱平法施工图

9.2.6 楼板施工图绘制

点击进入板—画结构平面图，如图 9-67 所示。

图 9-67 画结构平面图界面

出现如图 9-68 所示的绘制楼板主菜单。

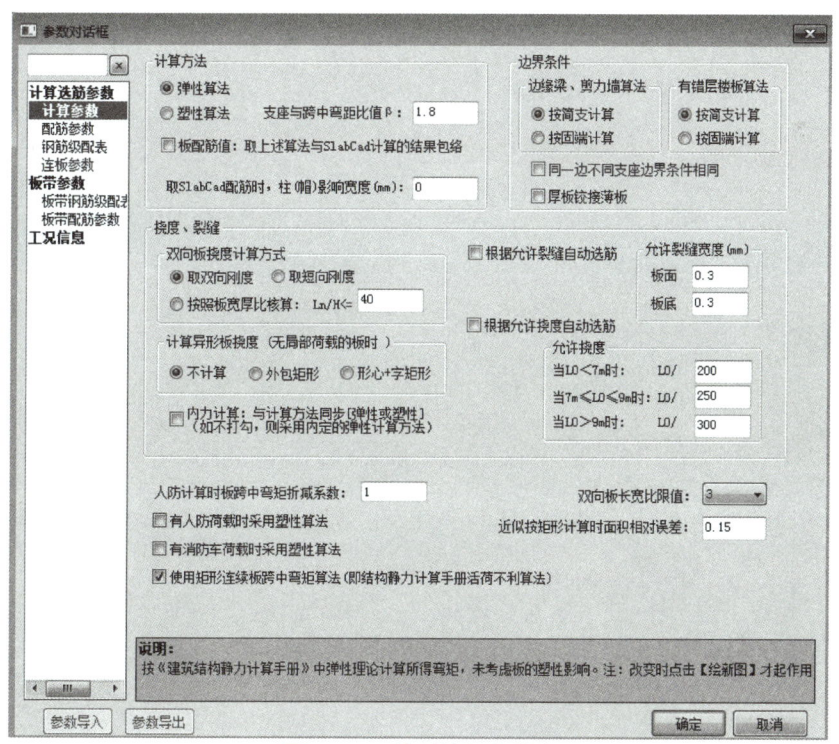

图 9-68 绘制楼板主菜单

可以对如图 9-69 所示图形进行楼板的配筋绘制。

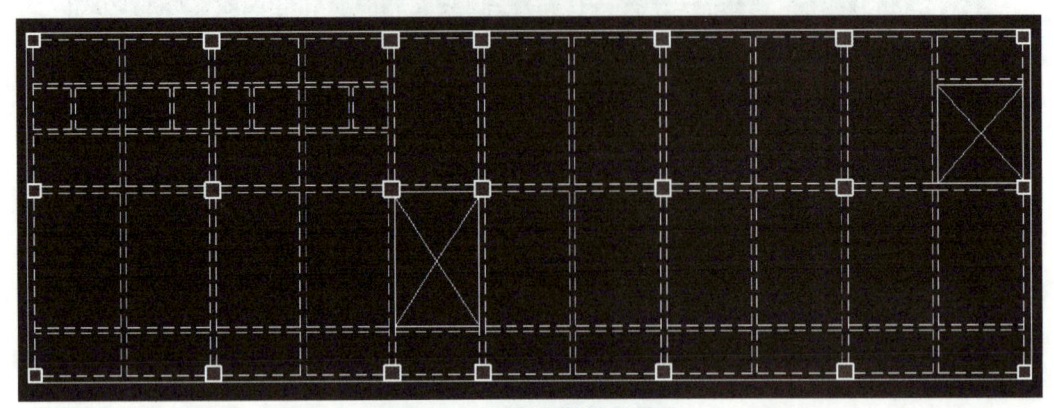

图 9-69　楼板配筋绘制界面

本教材对 PKPM 部分内容叙述。另外，如基础结构施工图，楼梯结构施工图，本教材不再叙述。

▷课后实践◁

以附录二中的建筑施工图为参照，进行结构施工图的绘制。

附录一 Auto CAD 快捷键大全

F1	获取帮助	Ctrl+B	栅格捕捉模式控制(F9)
F2	实现作图窗和文本窗口的切换	dra	半径标注
F3	控制是否实现对象自动捕捉	ddi	直径标注
F4	数字化仪控制	dal	对齐标注
F5	等轴测平面切换	dan	角度标注
F6	控制状态行上坐标的显示方式	Ctrl+C	将选择的对象复制到剪切板上
F7	栅格显示模式控制	Ctrl+F	控制是否实现对象自动捕捉(F3)
F8	正交模式控制	Ctrl+G	栅格显示模式控制(F7)
F9	栅格捕捉模式控制	Ctrl+J	重复执行上一步命令
F10	极轴模式控制	Ctrl+K	超级链接
F11	对象追踪式控制	Ctrl+N	新建图形文件
Ctrl+M	打开选项对话框	AA	测量区域和周长(area)
AL	对齐(align)	AR	阵列(array)
AP	加载*lsp程系	AV	打开视图对话框(dsviewer)
SE	打开对相自动捕捉对话框	ST	打开字体设置对话框(style)
SO	绘制二围面(2d solid)	LT	线性管理器
SC	图形等比例缩放比例(scale)	SP	拼音的校核(spell)
DT	文本的设置(dtext)	SN	栅格捕捉模式设置(snap)
OI	插入外部对相	DI	测量两点间的距离
Ctrl+2	打开图像资源管理器	Ctrl+1	打开特性对话框
Ctrl+O	打开图像文件	Ctrl+6	打开图像数据原子
Ctrl+S	保存文件	Ctrl+P	打开打印对话框

237

续表

F1	获取帮助	Ctrl+B	栅格捕捉模式控制(F9)
Ctrl+v	粘贴剪贴板上的内容	Ctrl+U	极轴模式控制(F10)
Ctrl+X	剪切所选择的内容	Ctrl+W	对象追踪式控制(F11)
Ctrl+Z	取消前一步的操作	Ctrl+Y	重做
B	定义块	A	绘圆弧
D	标注样式管理器	C	画圆
F	倒圆角	E	删除
H	填充	G	对相组合
S	拉伸	I	插入
W	写块并保存到硬盘中	T	多行文本输入
M	移动	L	直线
V	设置当前坐标	X	炸开
O	偏移	U	恢复上一次操作
Z	绘图窗口缩放	P	移动